JN050955

今すぐ使える かんたん PDF & Acrobat 完全ガイドブック

ガイドブック

困った解決 & 便利技

リンクアップ 著

技術評論社

本書の使い方

- 本書は、Adobe Acrobat の操作に関する質問に、Q&A 方式で回答しています。
- 目次やインデックスの分類を参考にして、知りたい操作のページに進んでください。
- 画面を使った操作の手順を追うだけで、Adobe Acrobat の操作がわかるようになっています。

クエスチョン名は具体的な質問や疑問を表しています。

クエスチョンという単位ごとに、Adobe Acrobat の機能や操作について解説しています。

クエスチョンに対する解答を簡潔に表しています。

番号付きの記述で、操作の順番が一目瞭然です。

操作の基本的な流れ以外は、このように番号がない記述になっています。

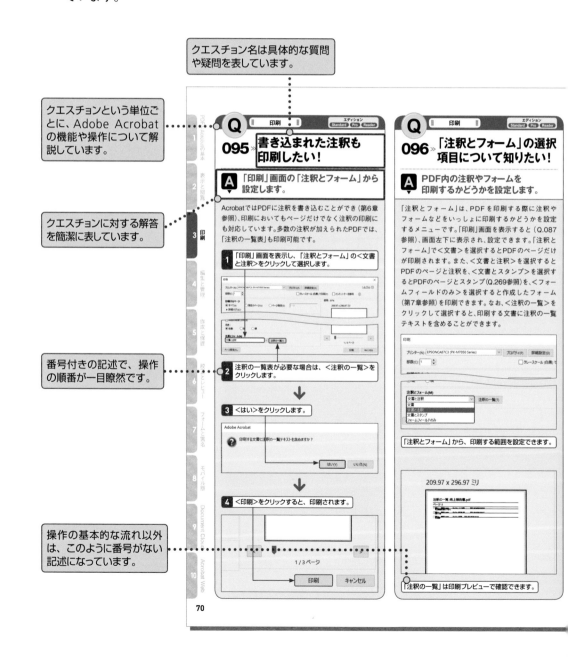

Q 095 書き込まれた注釈も印刷したい！

印刷　　エディション Standard Pro Reader

A 「印刷」画面の「注釈とフォーム」から設定します。

Acrobat ではPDFに注釈を書き込むことができ（第6章参照）、印刷においてもページだけでなく注釈の印刷にも対応しています。多数の注釈が加えられたPDFでは、「注釈の一覧表」も印刷可能です。

1 「印刷」画面を表示し、「注釈とフォーム」の＜文書と注釈＞をクリックして選択します。

2 注釈の一覧表が必要な場合は、＜注釈の一覧＞をクリックします。

3 ＜はい＞をクリックします。

Adobe Acrobat
印刷する文書に注釈の一覧テキストを含めますか？
［はい(Y)］　いいえ(N)

4 ＜印刷＞をクリックすると、印刷されます。

1/3ページ
［印刷］　［キャンセル］

Q 096 「注釈とフォーム」の選択項目について知りたい！

印刷　　エディション Standard Pro Reader

A PDF内の注釈やフォームを印刷するかどうかを設定します。

「注釈とフォーム」は、PDFを印刷する際に注釈やフォームなどをいっしょに印刷するかどうかを設定するメニューです。「印刷」画面を表示すると（Q.087参照）、画面左下に表示され、設定できます。「注釈とフォーム」で＜文書＞を選択するとPDFのページだけが印刷されます。また、＜文書と注釈＞を選択するとPDFのページと注釈を、＜文書とスタンプ＞を選択するとPDFのページとスタンプ（Q.269参照）を、＜フォームフィールドのみ＞を選択すると作成したフォーム（第7章参照）を印刷できます。なお、＜注釈の一覧＞をクリックして選択すると、印刷する文書に注釈の一覧テキストを含めることができます。

「注釈とフォーム」から、印刷する範囲を設定できます。

209.97 x 296.97 ミリ

「注釈の一覧」は印刷プレビューで確認できます。

70

薄くてやわらかい
上質な紙を使っているので、
開いたら閉じにくい書籍に
なっています！

クエスチョンの分類分けを
示しています。

対応するAcrobatのエディション
がひと目でわかります。

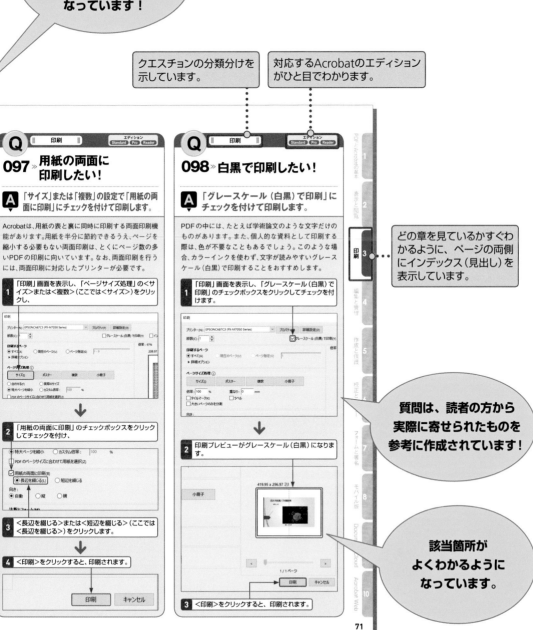

どの章を見ているかすぐわ
かるように、ページの両側
にインデックス（見出し）を
表示しています。

質問は、読者の方から
実際に寄せられたものを
参考に作成されています！

該当箇所が
よくわかるように
なっています。

第 **1** 章 PDFとAcrobatの基本の「こんなときどうする?」

第 **2** 章 表示と閲覧の「こんなときどうする?」

第3章 印刷の「こんなときどうする？」

第4章 編集と管理の「こんなときどうする？」

第5章 作成と保護の「こんなときどうする?」

第 6 章 校正とレビューの「こんなときどうする？」

第7章 フォームと署名の「こんなときどうする?」

第8章 モバイル版Acrobat Readerを利用するときの「こんなときどうする?」

Contents

13

第9章 Document Cloudの「こんなときどうする?」

第**10**章 Acrobat Webの「こんなときどうする?」

PDFと
Acrobatの基本の
「こんなときどうする?」

PDFとAcrobatの基本

1

2 表示と閲覧

3 印刷

4 編集と管理

5 作成と保護

6 校正とレビュー

7 フォームと署名

8 モバイル版

9 Document Cloud

10 Acrobat Web

Q ‖ 基本 ‖

001 » PDFって何？

A ビジネス資料や製品カタログなどで用いられる電子文書のことです。

PDFは「Portable Document Format」の頭文字を取ったもので、電子文書ファイルのフォーマットを表しています。ビジネス資料や製品のカタログで利用されているだけでなく、パソコンやアプリケーションのマニュアルなどにもPDFが使われています。

文書を紙に印刷したときと同じ状態を保持することができるため、パソコンだけでなく、スマートフォンやタブレットなどの端末からも同じレイアウトで閲覧することが可能です。

テキストだけでなく、画像や動画、音声、リンクなどを埋め込めることも大きな特徴の1つです。プレゼン資料などに動画を埋め込めば、より魅力的な資料に仕上げることができるでしょう。

セキュリティ面でも安心です。パスワードを設定することができるため、重要な書類が第三者に見られないよう保護することができます。

PDFはさまざまな端末で開ける

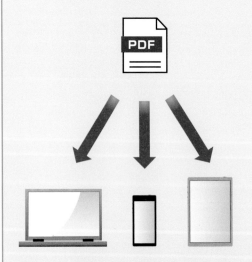

PDFは、パソコンやスマートフォン、タブレットなど、さまざまな端末で閲覧することができます。

レイアウトが崩れる心配もない

閲覧環境が異なっていても、文書のレイアウトやフォントなどが保たれる特徴があります。

セキュリティ面も安心

パスワードを設定して第三者に見られないように保護することができます。

PDFとAcrobatの基本

1

表示と閲覧

2

印刷

3

編集と管理

4

作成と保護

5

校正とレビュー

6

フォームと署名

7

モバイル版

8

Document Cloud

9

Acrobat Web

10

Q | 基本

002 » Acrobatって何？

A PDFを閲覧・作成・編集するアプリケーションです。

Adobe Acrobat（以下Acrobat）は、アドビが提供している有料のアプリケーションです。PDFを閲覧できるだけでなく、編集や加工、印刷など、PDFに関するさまざまな機能を搭載しています。ビジネスの現場ではプレゼン資料を作る機会も増えますが、相手によい印象を持ってもらうためには、見やすさやわかりやすさを意識した資料作りが大切です。

Acrobatを利用すれば、WordやExcelなどのOfficeソフトで作られたファイルからPDFを作成できます。その

ほかにも、テキストを編集したり、必要な箇所に注釈を加えたり、テキストをハイライト表示にして強調したりすることも可能です。さらに、パスワードを付けてPDFの閲覧や編集を制限したり、署名機能を利用してサインを入れたりすることもできます（有料版のみ）。よりインパクトのある資料を作るためにも、Acrobatは必須の存在といえるのです。なお、PDFの閲覧に特化した無料版もありますが（Q.003参照）、本書では有料版をメインに解説します。

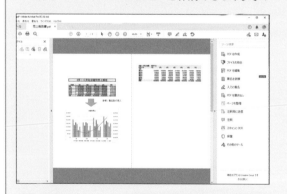

PDFの閲覧では、PDFの表示やかんたんな注釈の追加ができます。またPDFを印刷したり、署名したりすることも可能です。

WordファイルやExcelファイルやJPEGファイルなど、さまざまな形式のファイルからPDFを作成することができます。

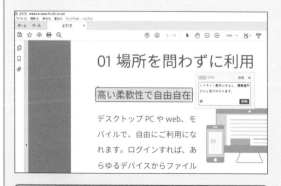

ハイライト機能を利用するとテキストに色を付けられるため、編集箇所がわかりやすくなります。必要に応じてコメントを付けることも可能です。

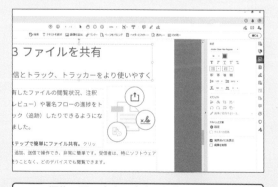

PDFの編集では、文書の内容を編集できるほか、フォント設定や文字サイズの変更、段落設定などの形式を変えたりすることができます。

PDFとAcrobatの基本

1

表示と閲覧

2

印刷

3

編集と管理

4

作成と保護

5

校正とレビュー

6

フォームと署名

7

モバイル版

8

Document Cloud

9

Acrobat Web

10

エディション Standard Pro Reader

003» Acrobatの種類が 知りたい！

A 大きく分けて4つのエディションが あります。

Acrobatには大きく分けて「Adobe Acrobat Reader」「Adobe Acrobat Standard DC」「Adobe Acrobat Pro DC」「Acrobat Web」の4つのエディションがあります。「Adobe Acrobat Reader」（以下Acrobat Reader）は、PDFの閲覧に特化した無料のアプリケーションです。「Adobe Acrobat Standard DC」（以下Acrobat

Standard DC）は、PDFの閲覧だけでなく編集や作成も可能なアプリケーションで、有料で提供されています。「Adobe Acrobat Pro DC」（以下Acrobat Pro DC）は、スキャンした文書の編集やファイルサイズの自動最適化など、より高度な機能が搭載されており、その分値段も高くなっています。

なお、有料版には、年間もしくは月々の料金を支払うサブスクリプション版と、買い切り型の永続ライセンス版があります。本書ではすべての機能が使えるサブスクリプション版で解説しています。

「Acrobat Web」は、Webブラウザ上でPDFを編集できる無料のWebサービスです。

エディション Standard Pro Reader

004» Acrobatの種類ごとの 機能の違いを知りたい！

A 閲覧以外の機能で違いがあります。

どのエディションも閲覧に関する機能はほぼ同じです。それ以外の機能や料金については表を参照してください。一般的には、PDFの閲覧だけであればAcrobat Readerを、PDFの編集や作成を行いたい場合はAcrobat Standard DCを、より高度な機能を使いたい場合はAcrobat Pro DCを利用することをおすすめします。Acrobat WebでもPDFの作成や編集は行えますが、一部制限があります（第10章参照）。

Acrobatの料金体系

プラン	料金
Acrobat Reader	無料
Acrobat Standard DC	1,518円／月（年間プラン） 2,728円／月（月々プラン）
Acrobat Pro DC	1,738円／月（年間プラン） 2,948円／月（月々プラン）
Acrobat Web	無料（一部制限あり）

有料版はサブスクリプション契約ができます。年間プランまたは月々プランが用意されているので、自分の使い方に合わせて最適なプランを購入することができます。

4つのエディションのおもな違い

機能	閲覧や印刷	テキストや画像の編集	注釈の追加	PDFの作成	Office形式への書き出し	スキャンした文書を検索可能なPDFに変換	PDFの保護	フォームの作成	署名
Acrobat Reader	○	×	○※	×	×	×	×	×	○
Acrobat Standard DC	○	○	○	○	○	×	○	○	○
Acrobat Pro DC	○	○	○	○	○	○	○	○	○
Acrobat Web	○	○※	○	○※	×	×	○	○	○

※…機能に一部制限あり

005 » Adobe IDって何？

A アドビのサービスを
利用するために必要なIDです。

Adobe IDは、アドビストアで製品を購入したり、体験版をダウンロードしたり、アドビ製品を登録したりするときに必要なIDです。基本的には、登録したメールアドレスがIDになります。Adobe IDを取得するとアドビの公式サイトにログインできるようになり、ログイン中のデバイスを確認したり、製品の注文履歴や請求書・領収書などを確認したりすることができるようになります。また、Acrobat Webの利用にもAdobe IDは必要です。Acrobatを最大限に活用するためにも、Adobe IDは取得しておくとよいでしょう（Q.006参照）。

アドビの公式サイトにAdobe IDでログインし、＜プラン＞をクリックすると、現在のプランや注文履歴、請求書などを確認できます。

公式サイトでは、お役立ち情報を確認することもできます。

006 » Adobe IDと
パスワードを取得したい！

A アドビの公式サイトから
登録します。

Adobe IDは、アドビの公式サイトから登録することができます（アドビの製品を購入している場合は、購入時に入力したメールアドレスがAdobe IDです）。なお、すでにAdobe IDを持っている場合は、メールアドレスとパスワードを入力することでアドビの公式サイトにログインできます。

1 Webブラウザで「www.adobe.com/jp/」にアクセスし、

2 ＜ログイン＞をクリックします。

3 ＜アカウントを作成＞をクリックし、

4 必要事項を記入して、

5 ＜アカウントを作成＞をクリックします。

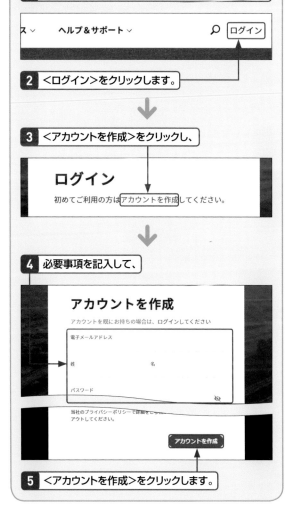

PDFとAcrobatの基本

1

表示と閲覧 2

印刷 3

編集と管理 4

作成と保護 5

校正とレビュー 6

フォームと署名 7

モバイル版 8

Document Cloud 9

Acrobat Web 10

PDFとAcrobatの基本

1

表示と閲覧

2

印刷

3

編集と管理

4

作成と保護

5

校正とレビュー

6

フォームと署名

7

モバイル版

8

Document Cloud

9

Acrobat Web

10

Q ‖ インストール ‖

007 » Acrobatを購入したい！

A Webブラウザから購入手続きを行い、インストールします。

ここでは、Acrobat Pro DCを有料版で購入する手順を紹介します。Adobe IDがない場合、手順**4**で入力したメールアドレスがAdobe IDになります。なお、Acrobat Standard DCも同様の手順で行えます。

1 Webブラウザで「https://www.adobe.com/jp/」にアクセスし、

2 ＜プランを見る＞をクリックします。

3 契約プランを選択して（ここでは月々プラン）、＜購入する＞をクリックします。

4 メールアドレスを入力し、

5 ＜支払い手続きへ＞をクリックしたら、

6 支払い情報を入力し、＜注文する＞をクリックします。

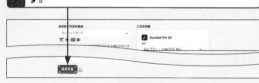

7 手順**4**で入力したメールアドレス宛にメールが届くので、メール内の＜アカウントの確認＞をクリックします。

8 任意のパスワードを入力し、＜続行＞をクリックすると、自動的にダウンロードが始まります。

9 ＜ファイルを開く＞をクリックすると、インストールが開始されます。

10 インストールが完了すると、Acrobat Pro DCが起動します。

‖ インストール ‖

Q

008 » Acrobat Readerをインストールしたい！

A　アドビの公式サイトからインストールし、無料で利用することができます。

Acrobatがどのようなものか試しに利用してみたいという場合は、無料で利用できる「Acrobat Reader」を使ってみるとよいでしょう。

1 Webブラウザで「https://www.adobe.com/jp/」にアクセスして、＜PDFと電子サイン＞をクリックし、表示されない場合はWebブラウザの枠を広げます。

2 ＜Acrobat Reader＞をクリックします。

3 ＜Acrobat Readerをダウンロード＞をクリックし、

4 ＜Acrobat Readerをダウンロード＞をクリックします。

ここをクリックするとAcrobat Pro DCの体験版がダウンロードできます。

5 画面右上にポップアップが表示されたら、＜ファイルを開く＞をクリックします。

6 「ユーザーアカウント制御」画面が表示されたら＜はい＞をクリックすると、ダウンロードが開始されます。

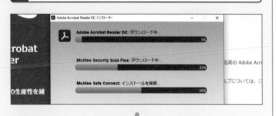

7 インストールが完了したら、＜終了＞をクリックすると、

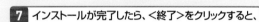

8 Acrobat Readerが起動します。

1　表示と閲覧
2　印刷
3　編集と管理
4　作成と保護
5　校正とレビュー
6　フォームと署名
7　モバイル版
8　Document Cloud
9　Acrobat Web
10

PDFとAcrobatの基本

1

表示と閲覧

2

印刷

3

編集と管理

4

作成と保護

5

校正とレビュー

6

フォームと署名

7

モバイル版

8

Document Cloud

9

Acrobat Web

10

Q ‖ インストール ‖

009》別のパソコンにもAcrobatをインストールしたい！

A 最大2台のパソコンで利用できます。

Acrobat Pro DC は、1契約で最大2台のパソコンでライセンス認証して利用することができます。社内のパソコンだけでなく、持ち歩き用のノートパソコンにインストールしておけば、外出先でも必要なファイルにアクセスすることができます。ただし、2台同時に利用することはできません。なお、3台目のパソコンでライセンス認証したいときは、2台のパソコンのうち、1台のパソコンでライセンス認証を解除する必要があります。ここでは、ライセンス認証を解除する方法を紹介します。

1 Webブラウザで「https://www.adobe.com/jp/」にアクセスし、

2 <ログイン>をクリックします。

3 メールアドレスを入力し、

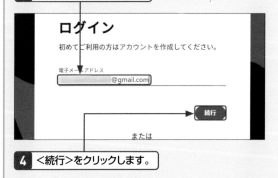

4 <続行>をクリックします。

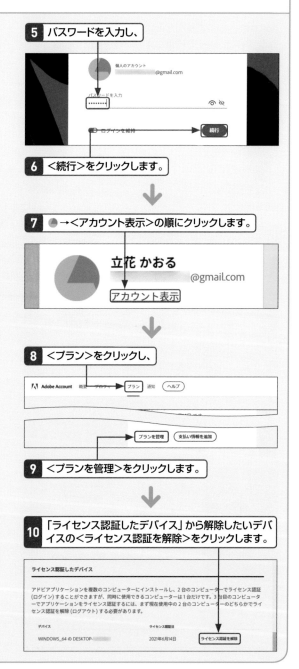

5 パスワードを入力し、

6 <続行>をクリックします。

7 🔵→<アカウント表示>の順にクリックします。

立花 かおる
@gmail.com

アカウント表示

8 <プラン>をクリックし、

9 <プランを管理>をクリックします。

10 「ライセンス認証したデバイス」から解除したいデバイスの<ライセンス認証を解除>をクリックします。

ライセンス認証したデバイス

アドビアプリケーションを複数のコンピューターにインストールし、2台のコンピューターでライセンス認証（ログイン）することができますが、同時に使用できるコンピューターは1台だけです。3台目のコンピューターでアプリケーションをライセンス認証するには、まず現在使用中の2台のコンピューターのどちらかでライセンス認証を解除（ログアウト）する必要があります。

デバイス	ライセンス認証日	
WINDOWS_64 の DESKTOP-	2021年6月14日	ライセンス認証を解除

PDFとAcrobatの基本

1

表示と閲覧

2

印刷

3

編集と管理

4

作成と保護

5

校正とレビュー

6

フォームと署名

7

モバイル版

8

Document Cloud

9

Acrobat Web

10

Q 010 ≫ Acrobatにログインするには？

‖‖ ログイン・ログアウト ‖‖

エディション
Standard Pro Reader

A Adobe IDとパスワードが必要です。

Acrobatにログインするには、「ホームビュー」（Q.012参照）画面右上の＜ログイン＞をクリックします。Adobe ID（メールアドレス）とパスワードの入力を求められるので、画面の指示に従って操作すると、ログインすることができます。

1 Acrobatを起動し、画面右上の＜ログイン＞クリックします。

2 メールアドレスを入力し、

3 ＜続行＞をクリックします。

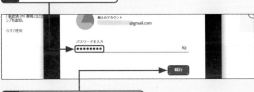

4 パスワードを入力し、

5 ＜続行＞をクリックします。

6 Acrobatにログインできます。

Q 011 ≫ Acrobatからログアウトするには？

‖‖ ログイン・ログアウト ‖‖

エディション
Standard Pro Reader

A 画面右上のプロフィールアイコンをクリックします。

Acrobatからログアウトしたいときは、画面右上のプロフィールアイコンをクリックして操作します。ログアウトすると、そのデバイスでログインしているすべてのアドビアプリからログアウトされます。2台のパソコンでライセンス認証している場合は、以下の手順でログアウトして切り替えます。

1 Acrobat Pro DCを起動し、画面右上のプロフィールアイコンをクリックします。

2 ＜サインアウト＞をクリックし、

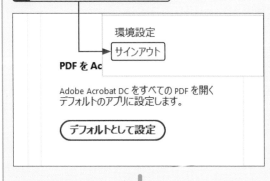

3 ＜ログアウト＞をクリックします。

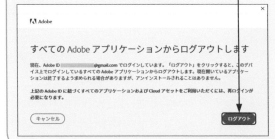

PDFとAcrobatの基本 1

表示と閲覧 2

印刷 3

編集と管理 4

作成と保護 5

校正とレビュー 6

フォームと署名 7

モバイル版 8

Document Cloud 9

Acrobat Web 10

 表示

012 ≫ Acrobatの画面構成を知りたい！

A 「ホームビュー」「ツールセンター」「文書ビュー」の3つのビューで構成されています。

Acrobatの画面構成を見ていきましょう。画面構成は、「ホームビュー」「ツールセンター」「文書ビュー」の3つの

ビューに分かれています。それぞれで役割が異なるため、各機能を押さえて、Acrobatを最大限に活用しましょう。

ホームビュー

Acrobatを起動すると表示される画面です。閲覧したいPDFを選択できるほか、最近使用したファイルや共有ファイルを確認したり、DropboxやGoogleドライブなどのクラウドストレージサービスのアカウントを追

加したりすることができます。何らかの操作を行っているときは、＜ホーム＞をクリックするとこのホームビューが表示されます。

ここをクリックするとホームビューが表示されます。

	名称	機能
❶	メニューバー	ファイルを保存できるほか、表示に関する設定などが行えます。
❷	ビューボタン	ホームビューとツールセンターを切り替えることができます。
❸	最近使用したファイル	最近使用したファイルやスターを付けたファイル、スキャンしたファイルが表示されます。
❹	ファイル	パソコン内に保存されているファイルを開いたり、クラウドストレージサービスを追加したりできます。
❺	共有	自分が共有しているファイルやほかのユーザーが共有しているファイルが表示されます。

	名称	機能
❻	署名	署名用に送受信した文書が表示されます。
❼	おすすめのツール	Acrobatで使用できるおすすめのツールがランダムで表示されます。
❽	ファイル一覧	最近表示したファイルやスターを付けたファイルなどが一覧表示されます。
❾	詳細情報	選択したファイルの詳細が表示されます。

ツールセンター

ツールを利用するためのビューで、「作成と編集」「フォームと署名」「共有とレビュー」「保護と標準化」「カスタマイズ」の5つのカテゴリに分かれています。各機能の<追加>をクリックするとツールパネルウィンドウに追加され、文書を開いたときにすぐにアクセスできるようになっています。

> ここをクリックするとツールセンターが表示されます。

	名称	機能
❶	ツール	Acrobatの機能がカテゴリごとに分かれて表示されています。各機能の<開く>をクリックすると操作を実行できます。
❷	ツールパネルウィンドウ	各機能のショートカットが表示されます。必要に応じて追加したり削除したりすることができます。

文書ビュー

PDFを閲覧したり編集したりするときのビューです。ホームビューやエクスプローラーでPDFファイルをダブルクリックすると文書ビューに切り替わり、PDFが表示されます。画面構成については、Q.028を参照してください。

Q ‖ 表示 ‖

013 » ファイルの表示方法を切り替えたい!

A リストビューとサムネイルビューに切り替えられます。

最近使用したファイルやスター付きファイルは、ファイルの表示方法を「リストビュー」または「サムネイルビュー」の2つの表示形式に切り替えることができます。リストビューにするとファイル名が探しやすくなりますが、サムネイルビューにすると画像が大きく表示されるため、イメージで確認したいときなどに便利です。

ここでは、「最近使用したファイル」の表示方法を切り替える方法を紹介します。

1 ホームビューで「最近使用したファイル」の ▦ をクリックすると、

2 サムネイルビューに切り替わります。

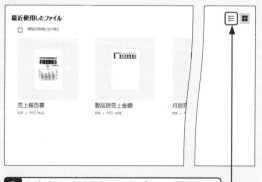

3 ≡ をクリックすると、リストビューに戻ります。

Q ‖ 表示 ‖

014 » 設定画面を表示したい!

A <編集>メニューから<環境設定>をクリックします。

基本ツールやページ表示、文書の開き方や注釈の表示・作成、フルスクリーンモードの表示といった、Acrobatの各種設定を確認・変更したいときは、「環境設定」ダイアログボックスから行います。自分の使いやすいように設定を変更してみましょう。

1 メニューバーの<編集>をクリックし、

2 <環境設定>をクリックします。

3 「環境設定」ダイアログボックスが表示され、左側の「分類」から任意の項目をクリックすると、それに応じた設定ができるようになります。

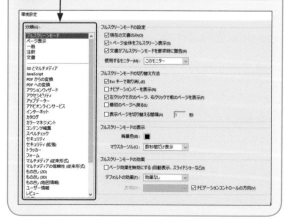

PDFとAcrobatの基本

1

表示と閲覧

2

印刷

3

編集と管理

4

作成と保護

5

校正とレビュー

6

フォームと署名

7

モバイル版

8

Document Cloud

9

Acrobat Web

10

Q 015 » 表示テーマを変更したい！

表示　エディション　Standard　Pro　Reader

A 3つのテーマから選べます。

Acrobatには、OSテーマに従って変更される「システムテーマ」、すべての背景がライトグレーで表示される「ライトグレー」、目の負担を軽減させたりバッテリーを節約したりできる「ダークグレー」の3つのテーマから選ぶことができます。なお、Acrobatのデフォルトはライトグレーです。

1 Acrobatを起動し、メニューバーから＜表示＞をクリックします。

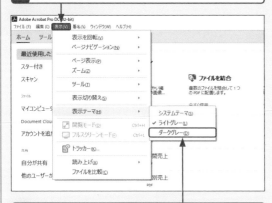

2 ＜表示テーマ＞→任意の表示テーマ（ここでは＜ダークグレー＞）の順にクリックすると、

3 表示テーマが変更されます。

Q 016 » PDFを毎回Acrobatで開きたい！

表示　エディション　Standard　Pro　Reader

A 既定のアプリケーションに設定します。

PDFを常にAcrobatで開きたいときは、Windowsの「設定」画面から既定のアプリを変更することができます。パソコンに複数のPDFアプリケーションが入っている場合は設定しておくようにしましょう。なお、Acrobatの初期状態では、起動した際に既定のPDFアプリケーションにするかどうかのポップアップが表示されるようになっています。＜はい＞をクリックすると、既定のアプリケーションになります。

1 Windowsの「設定」画面を表示し、＜アプリ＞→＜既定のアプリ＞の順にクリックして、

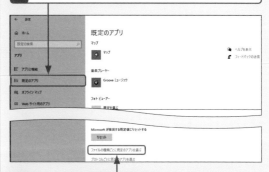

2 ＜ファイルの種類ごとに既定のアプリを選ぶ＞をクリックします。

3 「.pdf」に表示されているアプリをクリックし、

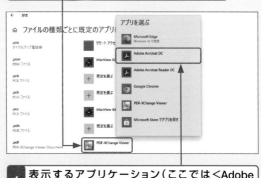

4 表示するアプリケーション（ここでは＜Adobe Acrobat DC＞）をクリックします。

PDFとAcrobatの基本 1

表示と閲覧 2

印刷 3

編集と管理 4

作成と保護 5

校正とレビュー 6

フォームと署名 7

モバイル版 8

Document Cloud 9

Acrobat Web 10

Q 017 » PDFの作成者や作成日を確認したい！

A ＜ファイル＞メニューの＜プロパティ＞をクリックします。

PDFの作成者や作成日を確認したいときは、メニューバーから＜ファイル＞→＜プロパティ＞の順にクリックします。プロパティでは、PDFの作成者や作成日のほか、PDFのバージョンやファイルサイズなどの詳細情報、使用しているフォント、セキュリティ設定などを確認することができます。

1 メニューバーの＜ファイル＞をクリックし、

2 ＜プロパティ＞をクリックします。

3 「文書のプロパティ」ダイアログボックスが表示されるので、＜概要＞をクリックすると、各情報を確認できます。

Q 018 » PDFのバージョンって何？

A バージョンによって文書の仕様が異なります。

PDFにはいくつかのバージョンがあるため、バージョンによってサポートされている機能に違いがあったり、そのPDFを開けるAcrobatのバージョンが異なったりすることがあります。PDFのバージョンによっては、古いAcrobatで開けない可能性もあるため、送ったPDFが開けなかったり編集できなかったりする場合は、PDFのバージョンを確認してみましょう。なお、現状ではPDF 1.4で作成されたPDFであれば、多くのアプリケーションで利用することができます。

1 Q.017を参考に「文書のプロパティ」ダイアログボックスを開きます。

2 ＜概要＞をクリックすると、

3 「詳細情報」の「PDFのバージョン」に、そのファイルのバージョン情報が記載されています。

Acrobatの対応バージョン

PDF 1.4	PDF 1.5	PDF 1.6	PDF 1.7
Acrobat 5.0	Acrobat 6.0	Acrobat 7.0	Acrobat 8.0

※Acrobat 5.0〜8.0は2001年から2006年にかけてリリースされた製品です。

Q 019 ‖ プロパティ ‖ エディション Standard Pro Reader

ファイルに埋め込まれた情報を確認するには？

A ファイルのプロパティから確認できます。

Acrobat 5.0以降で作成されたPDFには、プロパティとは別にXML形式で文書のタイトルや作成者、著作権情報などのメタデータが含まれています。こうした情報は自分で確認するうえではよいですが、たとえば社外の人にファイルを送信するようなときは、情報がさらされ、セキュリティ上の問題につながりかねません。メタデータは追加や削除、置換などが行えるので、重要な情報が流出しないよう、必要に応じて編集するようにしましょう。

1 Q.017を参考に「文書のプロパティ」ダイアログボックスを開きます。

2 ＜その他のメタデータ＞をクリックします。

3 ＜詳細＞をクリックすると、

4 メタデータの詳細を確認できます。

Q 020 ‖ プロパティ ‖ エディション Standard Pro Reader

フォントの埋め込みって何？

A 使用しているフォントの表示情報をPDFに保存しておくことです。

フォントの埋め込み表示とは、PDFに使用しているフォントの表示情報を保存しておくことです。フォントが埋め込まれていないと、たとえばファイルを共有したときに、テキストが崩れたり文字化けしたりするおそれがあります。フォントを埋め込んでおけば、どのような環境でも正常に表示されます。フォントの埋め込みの確認は、「文書のプロパティ」ダイアログボックスから行います。

1 Q.017を参考に「文書のプロパティ」ダイアログボックスを開きます。

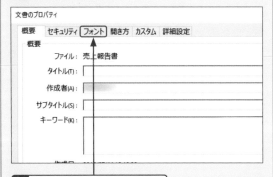

2 ＜フォント＞をクリックします。

3 フォント名の横に「埋め込みサブセット」と表示されていれば、フォントが埋め込まれています。

PDFとAcrobatの基本

1

表示と閲覧

2

印刷

3

編集と管理

4

作成と保護

5

校正とレビュー

6

フォームと署名

7

モバイル版

8

Document Cloud

9

Acrobat Web

10

Q | ツール | エディション Standard Pro Reader

021 » ツールパネルウィンドウに ツールを追加したい!

A ツールセンターで<追加>を クリックします。

ツールセンターには便利なツールが豊富に用意されています。よく使うツールをツールパネルウィンドウに登録しておけば、必要なときにすばやくアクセスすることができます。なお、ツールはドラッグすることで順番を入れ替えることができます。

1 <ツール>をクリックしてツールセンターを表示します。

2 ツールパネルウィンドウに追加したいツールの<追加>をクリックすると、

3 ツールパネルウィンドウにツールが追加されます。

4 ツールにマウスポインターを合わせて×をクリックすると、ツールを削除できます。

Q | ツール | エディション Standard Pro Reader

022 » ツールバーを カスタマイズしたい!

A ツールバーを右クリックして 設定します。

ツールバーは、文書ビューの画面上部に表示されています（Q.028参照）。頻繁に使うツールを登録しておけば、複数の操作ステップを踏まずにワンクリックで実行できるので便利です。

1 ツールバーを右クリックし、上部5つのカテゴリから任意のツールにチェックを付けると、ツールバーに追加されます。

Q | ツール | エディション Standard Pro Reader

023 » クイックツールバーを カスタマイズしたい!

A ツールバーを右クリックして<クイックツールを カスタマイズ>をクリックします。

クイックツールバーは、ツールバーの右横に表示されるツールです（Q.028参照）。よく使う機能を追加しておくと便利です。

1 Q.022の画面で<クイックツールをカスタマイズ>をクリックし、「追加するツールを選択」から任意のツールを選択します。

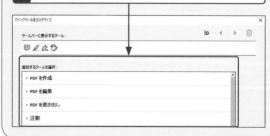

024 » PDFが開けない!

A 複数の原因が考えられます。

PDFが開けないなど、何らかの不具合が起きたときは、いくつかの原因が考えられます。以下の方法を順番に試してみてください。

既定のアプリにする

Acrobatを既定のPDFアプリに設定します(Q.016参照)。

アップデートを確認する

1 Acrobatを起動し、メニューバーから<ヘルプ>をクリックします。

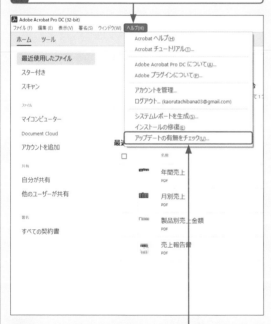

2 <アップデートの有無をチェック>をクリックし、アップデートがある場合は画面の指示に従って最新版にします。

Acrobat を修復する

上の手順**2**の画面で、<インストールの修復>をクリックして、Acrobatを修復します。

---

025 » 表示されるフォントや図がおかしい!

A ファイルのプロパティを確認します。

作成したPDF を開くときや、メールで共有されたPDFを開くとき、環境によっては文字化けしたり、図のレイアウトが崩れて表示されたりすることがあります。表示がおかしいときは、Q.020を参考に「文書のプロパティ」ダイアログボックスの「フォント」タブを表示して、フォントが埋め込まれているかどうかを確認してみましょう。埋め込まれていない場合は、PDF を作成した人にアプリでフォントの埋め込み設定を行ってもらいます(アプリによって手順は異なります)。ここではMicrosoft Wordで設定する方法を紹介します。

1 Microsoft Wordを起動し、<ファイル>→<オプション>の順にクリックします。

2 <保存>をクリックし、

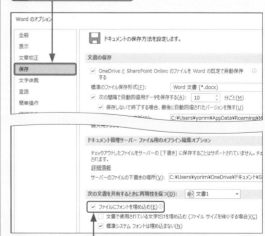

3 <ファイルにフォントを埋め込む>をクリックしてチェックを付けます。

PDFとAcrobatの基本

1

2

3

4

5

6

7

8

9

10

表示と閲覧

印刷

編集と管理

作成と保護

校正とレビュー

フォームと署名

モバイル版

Document Cloud

Acrobat Web

Q 026 » Acrobatが起動しない！

| 不具合 | エディション Standard Pro Reader |

A パソコンを再起動したり
既定のアプリを確認したりします。

Acrobatが起動しなくなってしまったときは、パソコン自体に問題が発生している可能性があります。パソコンを再起動し、再度Acrobatを起動して、正常に動くかどうかを確認します。また、PDFの既定のアプリも確認しておくとよいでしょう（Q.016参照）。複数のPDFアプリケーションをインストールしている場合は、ほかのソフトが既定になっていると、Acrobatでは表示されません。なお、上述した方法を試しても改善されないときは、以下の手順を参考に一度Acrobatをアンインストールして、再インストールを試してみることをおすすめします。

1 ■→＜Windowsシステムツール＞→＜コントロールパネル＞の順にクリックし、＜プログラムのアンインストール＞をクリックします。

↓

2 ＜Adobe Acrobat DC＞をクリックし、

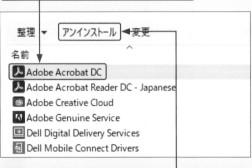

3 ＜アンインストール＞をクリックして、画面の指示に従ってアンインストールします。

Q 027 » 他社製のアプリケーションで作成したPDFの表示がおかしい！

| 不具合 | エディション Standard Pro Reader |

A 他社製アプリケーションではPDFの
作成時や閲覧時の再現度が異なります。

PDF作成・編集するためのアプリケーションは、無料・有料問わずさまざまなものが出ています。Acrobatよりも価格が安く、独自の機能を持つなどの特徴がありますが、PDFの作成時や閲覧時の再現度が不十分だったり、注釈などの編集機能が正しく反映されなかったりすることがあります。以下にいくつかの製品を紹介しますが、ビジネスで使う場合は、アドビのAcrobatをおすすめします。

PDFelement（ワンダーシェアー製）

PDFの編集や変換、ページ調整のほか、高性能なOCR機能が付属しています。Officeのような操作感覚で作業することができます。

いきなり PDF（ソースネクスト製）

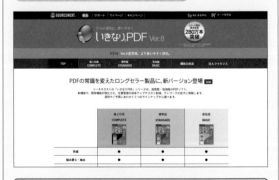

フォルダを一括してPDFデータに変換したり、zipファイルを展開せずにPDF変換したりできるなど、さまざまな機能が満載です。

表示と閲覧の「こんなときどうする？」

PDFとAcrobatの基本

2 表示と閲覧

3 印刷

4 編集と管理

5 作成と保護

6 校正とレビュー

7 フォームと署名

8 モバイル版

9 Document Cloud

10 Acrobat Web

Q 閲覧

028 » PDFを表示したときの見方を知りたい!

A 下図で文書ビューの画面構成を確認しましょう。

AcrobatでPDFを表示すると、文書ビューが表示されます。文書ビューは「ツールバー」「クイックツールバー」「ナビゲーションパネル」「文書パネル」「ツールパネル ウィンドウ」から構成されています。
「ツールバー」はカスタマイズすることが可能ですが、ここでは初期設定の状態での画面で解説します。

文書ビュー

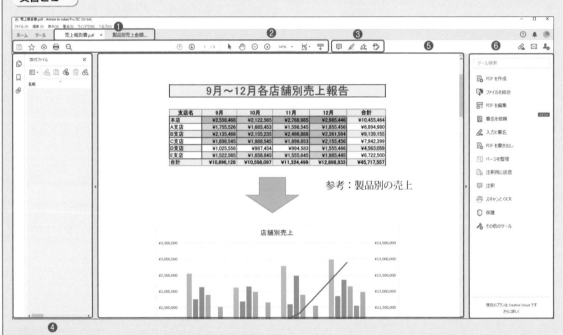

	名称	機能
①	タブ	ファイルを複数開いているときに、クリックして切り替えることができます。
②	ツールバー	注釈の追加やハイライト表示など、PDF編集の各機能を利用することができます。ここに表示されるツールは自由にカスタマイズ可能です。
③	クイックツールバー	よく使うツールが表示され、ツールバーと同様にカスタマイズすることができます。なお、Acrobat Readerではカスタマイズできません。
④	ナビゲーションパネル	ページサムネイルやしおりなどの機能を利用できます。
⑤	文書パネル	PDFが表示されるエリアです。編集などもここで行います。
⑥	ツールパネルウィンドウ	ツールのショートカットが一覧で表示され、クリックすると実行できます。

PDFとAcrobatの基本 1
表示と閲覧 2
印刷 3
編集と管理 4
作成と保護 5
校正とレビュー 6
フォームと署名 7
モバイル版 8
Document Cloud 9
Acrobat Web 10

Q

閲覧

エディション
Standard / Pro / Reader

029 » PDFを表示したい！

A ホームビューでPDFを
指定して開きます。

AcrobatでPDFを表示するには、Acrobatを起動し、ホームビューからPDFを指定します。パソコンに保存されているファイルを参照して、＜開く＞をクリックしましょう。

1 Acrobatを起動して、ホームビューの＜マイコンピューター＞をクリックします。

2 ＜参照＞をクリックします。

3 表示したいPDFをクリックして選択し、

4 ＜開く＞をクリックします。

5 PDFが表示されます。

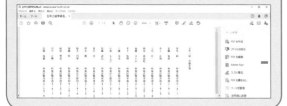

Q

閲覧

エディション
Standard / Pro / Reader

030 » PDFをすばやく 表示したい！

A エクスプローラーでPDFを
ダブルクリックします。

AcrobatでPDFをすぐに表示したいときは、エクスプローラーで任意のファイルをダブルクリックします。なお、前に一度開いたことのあるファイルであれば、ホームビューの「最近使用したファイル」から表示することも可能です。

1 Q.029手順 **1** ～ **2** を参考にパソコン内のフォルダを指定して表示します。

2 表示したいPDFをダブルクリックすると、

3 PDFが表示されます。

「最近使用したファイル」から表示する

1 ＜ホーム＞→＜最近使用したファイル＞の順にクリックして、任意のファイルをダブルクリックします。

PDFとAcrobatの基本

表示と閲覧 2

印刷 3

編集と管理 4

作成と保護 5

校正とレビュー 6

フォームと署名 7

モバイル版 8

Document Cloud 9

Acrobat Web 10

Q 031 » 表示しているページを移動したい！

|| 閲覧 ||　エディション Standard Pro Reader

A 「ページコントロール」やマウス、キーボードを使用します。

「ページコントロール」は「ナビゲーションパネル」に表示されている機能で、現在表示されているページを表示したり、ページを移動したりできます。ページ番号が表示されている箇所に、キーボードで数字を入力すると、入力した数字のページへ一気に移動することもできます。なお、❸と❹はどちらか一方を選択することができ、選択したほうが青く表示されます。

また、マウスのホイールスクロールやキーボードのカーソルキーでも、表示するページを移動することができます。キーボードのカーソルキーで移動する場合、❹が選択されている状態で画面下に横スクロールのバーが表示されていない状態であれば、カーソルキーの←→を押すことでページ単位で移動できます。

❶	クリックすると、ページを1ページ進めたり戻したりできます。
❷	現在表示されているページ番号が表示されています。番号を入力すると、そのページに移動できます。
❸	PDFに表示されている文字や画像を選択できます。
❹	クリックすると、拡大されているPDFをつかんで上下左右に表示を移動できます。

Q 032 » ページコントロールを移動するには？

|| 閲覧 ||　エディション Standard Pro Reader

A ドッキングを解除することで移動できます。

「ページコントロール」は初期設定では、「ナビゲーションパネル」にドッキングされています。ドッキングを解除することによって、文書パネル内で自由に「ページコントロール」を移動できるようになります。

1 <表示>をクリックします。

2 <表示切り替え>をクリックして、　**3** <ページコントロール>をクリックし、

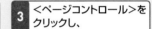

4 <ドッキング解除>をクリックします。

5 ドッキングが解除されます。この状態でドラッグをすると、好きな位置に配置することができます。

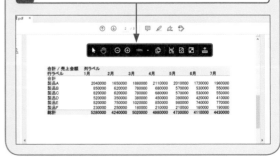

Q 033 » 閲覧

ページを見開きで表示したい！

A <表示>メニューから<ページ表示>→<見開きページ表示>をクリックします。

AcrobatでPDFを開くと、初期設定では単一ページで表示されています。本のように見開きで表示したい場合は、<表示>→<ページ表示>の順にクリックして、<見開きページ表示>に設定します。

1 <表示>をクリックします。

2 <ページ表示>をクリックして、

3 <見開きページ表示>をクリックします。

4 2ページ分が見開きで表示されます。

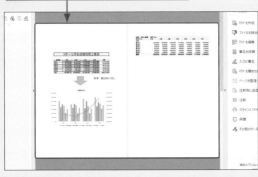

Q 034 » 閲覧

表紙は1ページにして見開きで表示したい！

A <表示>メニューから<ページ表示>→<見開きページ表示で表紙を表示>をクリックします。

通常の見開き設定では、最初のページから見開きで表示されています。最初の1ページ目を表紙として作成していた場合、1ページ目のみを単一ページ、2ページ目以降を見開きとして表示させることができます。

1 Q.033手順**2**の画面で<見開きページ表示で表紙を表示>をクリックします。

2 1ページ目は単一ページで表示され、

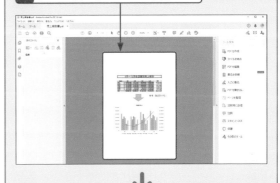

3 2ページ目以降は見開きで表示されます。

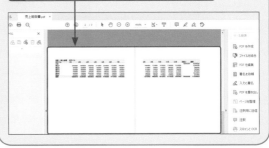

印刷 3

編集と管理 4

作成と保護 5

校正とレビュー 6

フォームと署名 7

モバイル版 8

Document Cloud 9

Acrobat Web 10

PDF＆Acrobatの基本

1

表示と閲覧

2

印刷

3

編集と管理

4

作成と保護

5

校正とレビュー

6

フォームと署名

7

モバイル版

8

Document Cloud

9

Acrobat Web

10

Q 035 閲覧　エディション Standard Pro Reader

ページ全体を表示したい！

A ＜表示＞メニューから＜ズーム＞→＜ページレベルにズーム＞をクリックします。

AcrobatでPDFを閲覧しているとき、閲覧するPDFのページサイズや、Acrobatのウィンドウサイズによっては、開いたPDFが大きすぎたり、小さすぎたりして、ページ全体を確認しづらいことがあります。そのような場合は、文書パネルにページ全体がぴったり入るサイズで表示すると便利です。

1 ＜表示＞をクリックして、

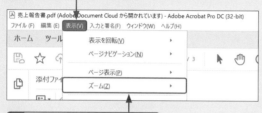

2 ＜ズーム＞をクリックします。

3 ＜ページレベルにズーム＞をクリックします。

4 ページ全体が表示されます。

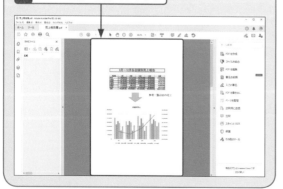

Q 036 閲覧　エディション Standard Pro Reader

文書パネルの幅や高さに合わせて表示したい！

A ＜表示＞メニューから＜ズーム＞→＜幅に合わせる＞をクリックします。

PDFは縦長のページのものも少なくないため、ディスプレイの小さいノートパソコンやタブレットなどで閲覧する際には、ページ全体を表示すると文字が小さくなりすぎて読みづらいことがあります。そのような場合は、文書パネルの幅に合わせてPDFを表示するとよいでしょう。

1 ＜表示＞をクリックして、

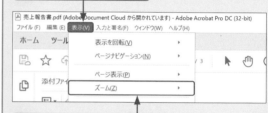

2 ＜ズーム＞をクリックします。

3 ＜幅に合わせる＞をクリックします。

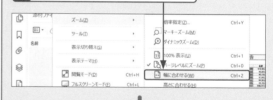

4 幅に合わせて表示されます。

Q 037 ≫ ページを実寸サイズで表示したい!

A ＜表示＞メニューから＜ズーム＞→＜100％表示＞をクリックします。

PDFの図やイラストは画像を埋め込んだもののため、拡大率によっては滲んだりぼやけたりすることがあります。そのような場合は、実寸表示、つまり「100％表示」にしましょう。100％表示であれば、PDF作成者の意図どおりの図やイラストで表示されます。

1 ＜表示＞をクリックして、

2 ＜ズーム＞をクリックします。

3 ＜100％表示＞をクリックします。

4 実寸サイズで表示されます。

Q 038 ≫ ページの表示を拡大／縮小したい!

A ⊕ や ⊖ をクリックします。

ページの表示を拡大／縮小することもできます。⊕ をクリックすると拡大、⊖ をクリックすると縮小されます。また数値を入力して任意のサイズにしたり、メニューから数値を選んだりすることもできます。そのほか、Ctrl キーを押しながらマウスのホイールスクロールを行うことでも拡大／縮小できます。

1 ⊕ をクリックすると拡大され、

2 ⊖ をクリックすると縮小されます。

3 ⊕ の横の数値をクリックして入力するか、数値の横の ▼ をクリックして一覧から選ぶこともできます。

Q 閲覧 | エディション Standard Pro Reader

039 » フルスクリーンモードで表示したい！／閲覧モードで表示したい！

A <表示>メニューから<フルスクリーンモード>か<閲覧モード>をクリックします。

フルスクリーンモードにすると、パソコンの画面全体にPDFが表示され、スライドのように使うことができます。閲覧モードに変更すると、文書モードが拡大表示され、通常よりも大きく表示することができます。どちらももとに戻すにはEscキーを押します。

1 <表示>をクリックして、

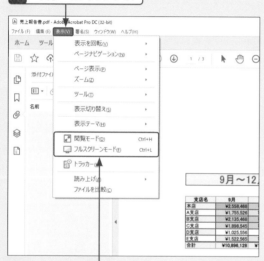

2 <フルスクリーンモード>もしくは<閲覧モード>をクリックします。

3 選択したモードで表示されます（下記画面は閲覧モード）。

Q 閲覧 | エディション Standard Pro Reader

040 » フルスクリーン表示時にアニメーションを追加表示されるようにしたい！

A <環境設定>の<フルスクリーンモード>で設定します。

フルスクリーンモードに変更しても、PDFに設定したアニメーションが表示されない場合があります。その場合は「環境設定」ダイアログボックスでアニメーションなどの効果が無効になっているので、有効にしましょう。

1 <編集>をクリックして、

2 <環境設定>をクリックします。

3 <フルスクリーンモード>をクリックし、

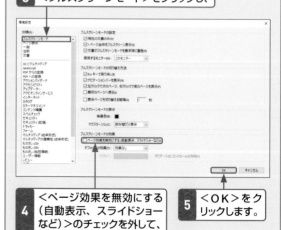

4 <ページ効果を無効にする（自動表示、スライドショーなど）>のチェックを外して、

5 <OK>をクリックします。

Q 041 » メニューバーやツールバーを非表示にしたい！

A <表示>メニューの<表示切り替え>で設定します。

メニューバーやツールバーを非表示にしておきたい場合は、<表示>をクリックして<表示切り替え>をクリックします。<メニューバー>をクリックしてチェックを外すとメニューバーを、<ツールバー項目>→<ツールバーを非表示>の順にクリックするとツールバーを非表示にできます。なお、非表示にしても、F8 キーや F9 キーを押すことで、もとに戻すことができます。

| **1** | <表示>をクリックして、 | **2** | <表示切り替え>をクリックし、 |

3 <メニューバー>をクリックします。

4 メニューバーが非表示になります。

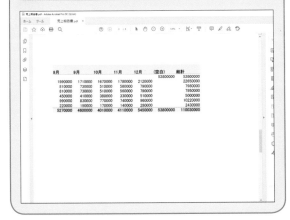

Q 042 » ナビゲーションパネルやツールパネルウィンドウを非表示にしたい！

A <表示>メニューの<表示切り替え>で設定します。

Acrobatでは、「ナビゲーションパネル」や「ツールパネルウィンドウ」（Q.028参照）も非表示にできます。非表示にするには、<表示>→<表示切り替え>の順にクリックします。<ナビゲーションパネル>→<ナビゲーションパネルを非表示>の順にクリックするとナビゲーションパネルを、<ツールパネルウィンドウ>をクリックしてチェックを外すと、ツールパネルウィンドウを非表示にできます。

1 Q.041手順 **1** ～ **2** を参考に「表示切り替え」メニューを表示します。

2 <ナビゲーションパネル>をクリックし、

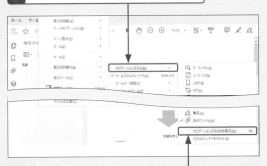

3 <ナビゲーションパネルを非表示>をクリックします。

4 ナビゲーションパネルが非表示になります。なお、もとに戻すには手順 **1** ～ **2** をくり返し、<ナビゲーションパネルを表示>をクリックします。

参考：製品別の売上

PDFとAcrobatの基本 1
表示と閲覧 2
印刷 3
編集と管理 4
作成と保護 5
校正とレビュー 6
フォームと署名 7
モバイル版 8
Document Cloud 9
Acrobat Web 10

Q 閲覧 ‖ エディション Standard Pro Reader

043 》 ページ番号を変更したい！

A ナビゲーションパネルから
ページ番号を変更できます。

一部のページをカットしたり、ほかの文書を挿入したり、複数の文書をひとまとめにしたりしたPDFでは、しばしばページ番号に統一性がない場合もあります。そのようなPDFは、Acrobatでページ番号を変更したり、付け直したりするとよいでしょう。

1 ナビゲーションパネルの 🗐 をクリックして、

2 🗐・ →＜ページラベル＞の順にクリックします。

3 「ページ」でページ番号を付け直すページの範囲を指定して、「ページ番号」の「開始」で開始ページのページ番号を入力し、

4 ＜OK＞をクリックします。

Q 閲覧 ‖ エディション Standard Pro Reader

044 》 ページ番号の表記を変更したい！

A ナビゲーションパネルから
ページ番号の表記を変更できます。

一般的なページ番号には「1」「2」「3」のような算用数字が用いられますが、「Ⅰ」「Ⅱ」「Ⅲ」のようなローマ数字やアルファベットもページ番号として利用できます。本編以外のページや目次や索引など、目的に応じて表記を変えると効果的です。

1 ナビゲーションパネルの 🗐 をクリックして、表記の異なるページ番号を付けたいページをドラッグして選択します。

2 🗐・ →＜ページラベル＞の順にクリックします。

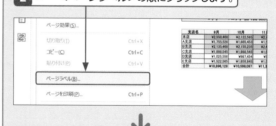

3 「ページ番号」の「スタイル」でページ番号に利用する表記を選択し、

4 ＜OK＞をクリックします。

PDFとAcrobatの基本

表示と閲覧 2

印刷 3

編集と管理 4

作成と保護 5

校正とレビュー 6

フォームと署名 7

モバイル版 8

Document Cloud 9

Acrobat Web 10

Q 045 ≫ セクションを設定したい！

‖ 閲覧 ‖

エディション Standard Pro Reader

A ナビゲーションパネルから
セクションを設定できます。

ページ番号には「1」「2」「3」のような数字を割り当てるのが一般的ですが、たとえば1章は「1-1」「1-2」「1-3」、2章は「2-1」「2-2」「2-3」というように、セクション単位などでページ番号を追加することもできます。セクションのページ番号は「接頭辞」として設定します。

1 ナビゲーションパネルの 🗐 をクリックして、表記の異なるページ番号を付けたいページをドラッグして選択します。

2 🗐・→＜ページラベル＞の順にクリックします。

3 「ページ番号」の「接頭辞」でページ番号の前に付加するセクション番号などを入力し、

4 ＜OK＞をクリックします。

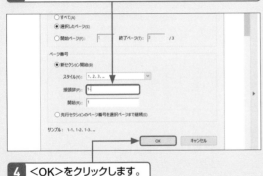

Q 046 ≫ 添付されたファイルを表示したい！

‖ファイル・コピー‖

エディション Standard Pro Reader

A ナビゲーションパネルで
添付ファイルをダブルクリックします。

PDFにファイルが添付されている場合は、文書ビューを表示して、「ナビゲーションパネル」から @ をクリックします。添付ファイルがあると表示されるのでダブルクリックしましょう。

1 @ をクリックして、

2 添付ファイルをダブルクリックします。

3 ＜OK＞をクリックします。

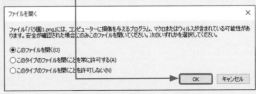

4 添付ファイルが表示されます。

PDFとAcrobatの基本 1
表示と閲覧 2
印刷 3
編集と管理 4
作成と保護 5
校正とレビュー 6
フォームと署名 7
モバイル版 8
Document Cloud 9
Acrobat Web 10

Q 047 ≫ 表示されているテキストをコピーしたい！

‖ファイル・コピー‖

エディション Standard Pro Reader

A 「テキストと画像の選択」ツールを選択してテキストをドラッグします。

PDFに記載されているテキストは、選択してコピーすることができます。コピーするには「テキストと画像の選択」ツールを使います。なお、PDFの権限設定で、テキストや画像のコピーが無効になっている場合は、コピーすることができません（Q.248参照）。

1 ▶ をクリックして、

2 コピーしたいテキストをドラッグして選択します。

参考：製品別の売上

3 表示されたメニューから ▣ をクリックすると、コピーが完了します。

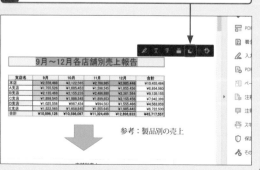

参考：製品別の売上

Q 048 ≫ PDFのスクリーンショットを撮りたい！

‖ファイル・コピー‖

エディション Standard Pro Reader

A <編集>メニューから<スナップショット>をクリックします。

PDFのスクリーンショットを撮影するにはスナップショット機能を使いましょう。スナップショットで選択範囲を選択してコピーし、画像編集ソフトなどでペーストします。

1 <編集>をクリックして、

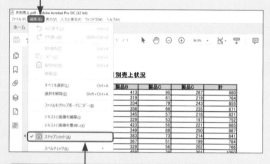

2 <スナップショット>をクリックします。

3 選択範囲をドラッグして確定します。

4 <OK>をクリックします。

5 Esc キーを押すと、スナップショットモードが解除されます。

049» ズームツールの種類と使い方を知りたい！

A 下図のように4つの種類があります。

Acrobatのズームの種類は4つあります。クリックするたびに拡大される「マーキーズーム」、上下にドラッグすることで拡大・縮小を行う「ダイナミックズーム」、別のウィンドウが表示されてそのウィンドウ内でズームの操作を行う「パン＆ズーム」、マウスポインターがある部分を別のウィンドウで拡大表示で確認できる「ルーペツール」です。それぞれのツールを使うには、

＜表示＞→＜ズーム＞の順にクリックし、表示されるメニューの中から任意のズームツールをクリックして選択します。なおマーキーズームや、ダイナミックズームを終了するには、右クリックして＜選択ツール＞をクリックします。パン＆ズームやルーペツールでは、表示された別ウィンドウの 🔲 をクリックします。

マーキーズーム

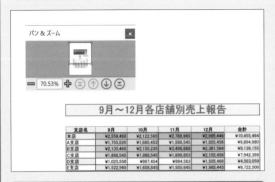

マウスポインターが 🔍 に変わって、文書ビューをクリックするたびに拡大されます。Ctrl キーを押しながらクリックすると、縮小されます。

ダイナミックズーム

マウスポインターが 🔍 に変わって、マウスを上方向にドラッグするとズームイン、下方向にドラッグするとズームアウトします。

パン＆ズーム

別のウィンドウが表示され、サムネイル内に表示された四角い枠のサイズと位置を変えることで拡大表示を調整できます。

ルーペツール

別のウィンドウが表示され、選択した範囲が拡大表示されます。

PDFとAcrobatの基本　1

表示と閲覧　2

印刷　3

編集と管理　4

作成と保護　5

校正とレビュー　6

フォームと署名　7

モバイル版　8

Document Cloud　9

Acrobat Web　10

PDF & Acrobatの基本 1
表示と閲覧 2
印刷 3
編集と管理 4
作成と保護 5
校正とレビュー 6
フォームと署名 7
モバイル版 8
Document Cloud 9
Acrobat Web 10

Q

ズーム

エディション
Standard Pro Reader

050 » デフォルトの表示倍率を変更したい！

A <環境設定>の<ページ表示>で設定します。

デフォルトの倍率を変更したい場合は、「環境設定」ダイアログボックスから変更しましょう。<ページ表示>から、「ズーム」の倍率を変更して<OK>をクリックします。

1 <編集>をクリックして、

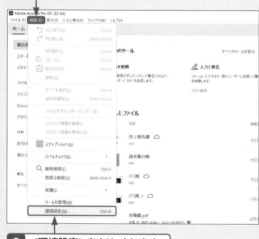

2 <環境設定>をクリックします。

↓

3 <ページ表示>をクリックして、

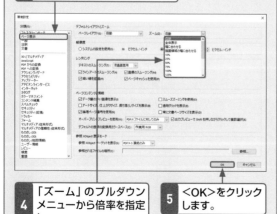

4 「ズーム」のプルダウンメニューから倍率を指定し、

5 <OK>をクリックします。

Q

ものさし

エディション
Standard Pro Reader

051 » PDF内の長さや面積を測るには？

A ツールセンターの「ものさし」ツールを使います。

Acrobatの「ものさし」ツールを使うと、PDF内の実際の長さや面積を測ることができます。オブジェクトや画像の長さを測りたいときに便利です。「ものさし」ツールを使うには、「ツール」画面から「ものさし」をクリックします。

1 PDFを表示して、<ツール>をクリックし、

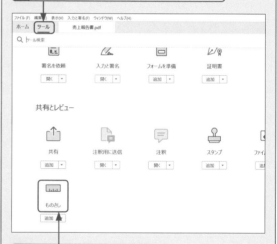

2 「ものさし」をクリックします。

↓

3 「ものさし」ツールが開いた状態で、PDFが表示されます。

9月〜12月各店舗別売上報告

長さや面積の測り方は、Q.052〜Q.053を参照してください。

PDFとAcrobatの基本　1
表示と閲覧　2
印刷　3
編集と管理　4
作成と保護　5
校正とレビュー　6
フォームと署名　7
モバイル版　8
Document Cloud　9
Acrobat Web　10

Q 052 》 PDF内の長さを測りたい!

ものさし　｜　エディション　Standard　Pro　Reader

A　「ものさし」ツールの「距離ツール」を使います。

「ものさし」ツールを選択すると長さを測ることができます。始点をクリックして、終点をクリックすると、その間に長さが表示されます。

1 Q.051を参考に「ものさし」ツールを表示し、<ものさしツール>をクリックして、

2 「測定タイプ」の ↔ をクリックします。

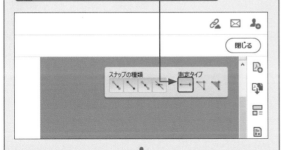

3 長さを測りたい始点をクリックして、

126.28 mm

9月～12月各店舗別売上報告

4 終点をクリックすると、長さが表示されます。

Q 053 》 PDF内の面積を測りたい!

ものさし　｜　エディション　Standard　Pro　Reader

A　「ものさし」ツールの「面積ツール」を使います。

「ものさし」ツールでは長さだけでなく、面積を測ることができます。面積を測りたい範囲を囲むようにクリックして囲むと、画面右下に面積が表示されます。

1 Q.052手順2の画面で、「測定タイプ」の をクリックします。

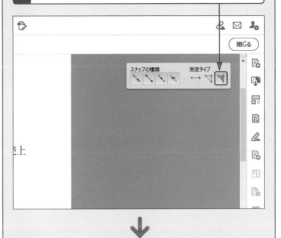

2 面積を測りたい範囲を囲むように選択します。クリックすると、その地点から別の方向へ線を引くことができます。

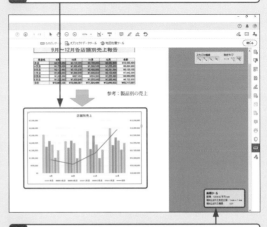

9月～12月各店舗別売上報告

参考：製品別の売上

店舗別売上

3 囲むことができると、画面右下に面積が表示されます。

PDFとAcrobatの基本

1

表示と閲覧

2

印刷

3

編集と管理

4

作成と保護

5

校正とレビュー

6

フォームと署名

7

モバイル版

8

Document Cloud

9

Acrobat Web

10

Q 054 » ページサムネイルって何？

|| ページサムネイル ||
エディション Standard Pro Reader

A 各ページのプレビューを表示してページ管理などを行うツールです。

「ページサムネイル」を使うと、ナビゲーションパネルにすべてのページのプレビューが表示されます。ここでページ管理を行うことができます。

「ナビゲーションパネル」の 🗋 をクリックすると「ページサムネイル」が表示されます。

Q 056 » ページサムネイル画面を大きくしたい！

|| ページサムネイル ||
エディション Standard Pro Reader

A ページサムネイル画面の右端をドラッグします。

「ページサムネイル」は初期設定では、画面が小さく感じるかもしれません。その場合はナビゲーションパネルと文書ビューの間を右方向にドラッグすることで大きくできます。

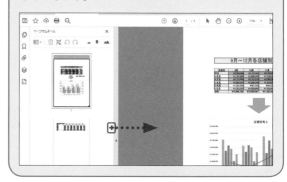

Q 055 » ページサムネイルを非表示にしたい！

|| ページサムネイル ||
エディション Standard Pro Reader

A × をクリックします。

PDFを大きく表示して閲覧したいときには、ページサムネイルが表示されていると邪魔に感じるときもあります。そのような場合は、ページサムネイルの × をクリックすると、非表示にできます。

× をクリックします。

Q 057 » ページサムネイルの大きさを変更するには？

|| ページサムネイル ||
エディション Standard Pro Reader

A ▲ や ▾ をクリックして拡大／縮小します。

ページサムネイルのメニューにあるバーを右方向にドラッグすると、ページサムネイルを拡大／縮小できるアイコンが表示されます。

▲ をクリックすると拡大、▾ をクリックすると縮小できます。

Q 058 » ページサムネイルで 表示範囲を移動したい！

A ページサムネイル内で ドラッグして移動します。

文書ビューで画面を拡大している場合、ページサムネイルでは表示されている画面をドラッグすることで、同じページ内で移動させることができます。わざわざ手のひらツールに変更する必要がないので便利です。

1 表示したいページサムネイルをクリックして選択し、

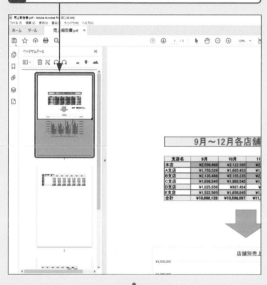

9月～12月各店舗

支店名	9月	10月	11
本店	¥2,558,468	¥2,122,565	¥2,
A支店	¥1,755,526	¥1,685,453	¥1,
B支店	¥2,135,468	¥2,195,235	¥1,
C支店	¥1,898,545	¥1,988,545	¥1,
D支店	¥1,025,556	¥987,454	¥1,
E支店	¥1,522,565	¥1,658,845	¥1,
合計	¥10,896,128	¥10,598,097	¥11,

2 ページサムネイルをドラッグします。

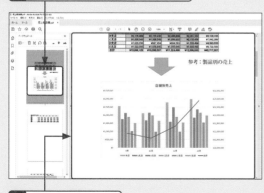

3 画面が移動します。

Q 059 » 任意のページに すばやく移動したい！

A ページサムネイルをクリックします。

PDFを開いているときに、別のページを参照したい場合、ページサムネイルの表示したいページをクリックすると、そのページにすばやく移動することができます。

1 移動したいページサムネイルをクリックすると、

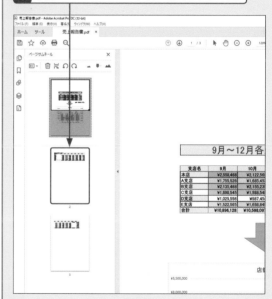

9月～12月各

支店名	9月	10月
本店	¥2,558,468	¥2,122,56
A支店	¥1,755,526	¥1,685,45
B支店	¥2,135,468	¥2,195,23
C支店	¥1,898,545	¥1,986,54
D支店	¥1,025,556	¥987,45
E支店	¥1,522,565	¥1,658,84
合計	¥10,896,128	¥10,598,09

2 クリックしたページに移動します。

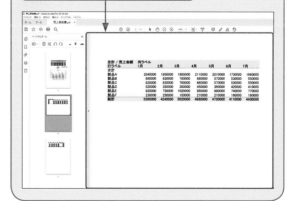

PDFとAcrobatの基本　1
表示と閲覧　2
印刷　3
編集と管理　4
作成と保護　5
校正とレビュー　6
フォームと署名　7
モバイル版　8
Document Cloud　9
Acrobat Web　10

PDFとAcrobatの基本

1

表示と閲覧
2

印刷
3

編集と管理
4

作成と保護
5

校正とレビュー
6

フォームと署名
7

モバイル版
8

Document Cloud
9

Acrobat Web
10

Q ‖ ページサムネイル ‖　エディション Standard Pro Reader

060 » 最初や最後のページに移動したい！

A ショートカットキーを使います。

最初と最後のページへ一気に移動したい場合はサムネイルの先頭か最後をクリックしてもよいですが、ショートカットキーを使うと便利です。最初のページに移動したい場合は [Home] キーを、最後のページに移動したい場合は [End] キーを押します。

1 文書ビューで [End] キーを押すと、

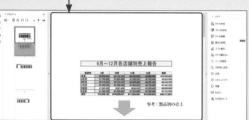

2 最後のページに移動します。 [Home] キーを押すと、

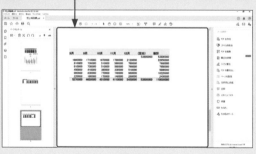

3 最初のページに移動します。

Q ‖ 座標・スクロール ‖　エディション Standard Pro Reader

061 » 定規やグリッドを表示するには？

A <表示>メニューの<表示切り替え>で設定します。

文書ビューには定規やグリッドを追加することができます。定規を追加すると文書ビューの上と左に定規が表示され、グリッドを追加すると文書ビュー内にグリッドが表示されます。

1 <表示>をクリックします。

2 <表示切り替え>をクリックして、　**3** <定規とグリッド>をクリックし、

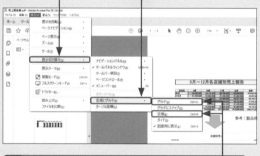

4 <定規>と<グリッド>をそれぞれクリックします。

5 定規とグリッドが表示されます。

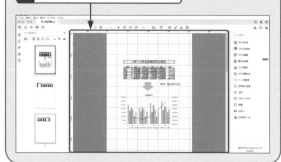

PDFとAcrobatの基本 1

表示と閲覧 2

印刷 3

編集と管理 4

作成と保護 5

校正とレビュー 6

フォームと署名 7

モバイル版 8

Document Cloud 9

Acrobat Web 10

 Q ‖ 座標・スクロール ‖　　エディション Standard Pro Reader

062» カーソルの座標位置を表示するには?

A <表示>メニューの<表示切り替え>で設定します。

<カーソル座標>をオンにすると、文書ビュー内でのカーソルの位置をX軸とY軸で表示してくれるようになります。PDFの背景が黒いなど、カーソルの位置がわかりづらい場合に便利な機能です。

1 <表示>をクリックします。

↓

2 <表示切り替え>をクリックします。

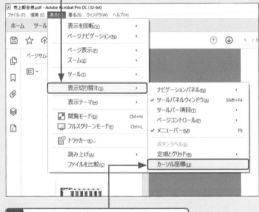

3 <カーソル座標>をクリックします。

↓

4 カーソルの座標位置が表示されます。

 Q ‖ 座標・スクロール ‖　　エディション Standard Pro Reader

063» 自動的にスクロールして表示したい!

A <表示>メニューの<ページ表示>で設定します。

<自動スクロール>をオンにすると、文書ビューに表示されているページが自動でスクロールされていきます。自動スクロールを解除したい場合は、Esc キーを押します。

1 <表示>をクリックします。

↓

2 <ページ表示>をクリックして、

3 <自動スクロール>をクリックします。

↓

4 文書ビューの画面が自動でスクロールされます。

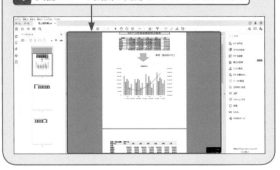

PDFとAcrobatの基本

1

表示と閲覧

2

印刷

3

編集と管理

4

作成と保護

5

校正とレビュー

6

フォームと署名

7

モバイル版

8

Document Cloud

9

Acrobat Web

10

Q 064 >> PDFをスクロールせずに表示したい！

‖ 座標・スクロール ‖

エディション Standard Pro Reader

A 単一表示か見開き表示にします。

PDF をスクロールせずに表示したい場合は、単一表示か見開き表示にしてPDF全体が文書ビューに表示されるようにしましょう。

1 <表示>をクリックします。

↓

2 <ページ表示>をクリックします。

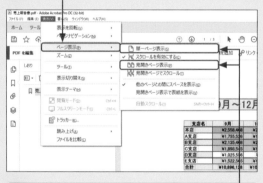

↓

3 <単一ページ表示>または<見開きページ表示>をクリックします。

↓

4 文書ビューにPDF全体が表示されます。

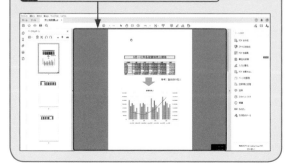

Q 065 >> ほかページとの間にスペースを表示しないようにするには？

‖ 座標・スクロール ‖

エディション Standard Pro Reader

A <表示>メニューの<ページ表示>で設定します。

スクロール設定にしていると、スクロールしたときにPDFとPDFの間にスペースが存在しています。このスペースをなくしたい場合は、<他のページとの間にスペースを表示>をオフにします。

1 <表示>をクリックします。

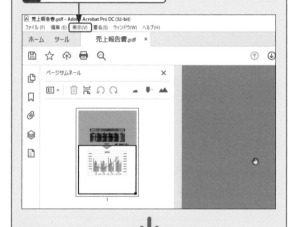

↓

2 <ページ表示>をクリックします。

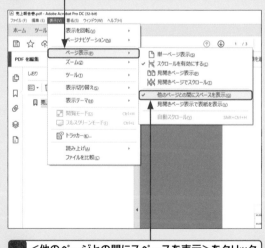

3 <他のページとの間にスペースを表示>をクリックして、オフにします。

PDFとAcrobatの基本 1

表示と閲覧 2

印刷 3

編集と管理 4

作成と保護 5

校正とレビュー 6

フォームと署名 7

モバイル版 8

Document Cloud 9

Acrobat Web 10

Q 066 》 回転・検索 エディション Standard Pro Reader

表示を一時的に回転させるには？

A <表示>メニューの<表示を回転>で設定します。

表示されているPDFを回転したい場合は、<表示を回転>をクリックして、回転方向を選択すると、その方向に90°回転します。なお、これは一時的に回転されるので、回転した状態で保存はされません。

1 <表示>をクリックします。

2 <表示を回転>をクリックします。

3 <右90°回転>または<左90°回転>をクリックします。

4 PDFが指定した方向に回転します。

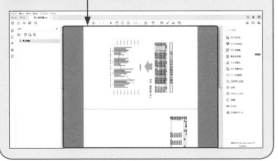

Q 067 》 回転・検索 エディション Standard Pro Reader

表示を回転したままにするには？

A 「ページを整理」ツールで回転させて保存します。

回転させた状態でPDFを保存したい場合は、「ツール」画面の<ページを整理>から設定します。回転させてから保存すると、回転した状態でPDFが保存されます。なお、Acrobat Readerでは設定できません。

1 <ツール>をクリックして、

2 「ページを整理」の<開く>をクリックします。

3 回転させたいページを選択して、

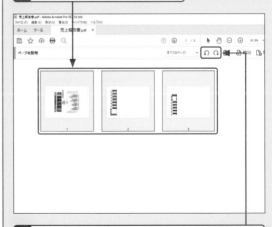

4 ∩または∩ をクリックして回転させます。回転させたら保存します。

PDFとAcrobatの基本 1

表示と閲覧 2

印刷 3

編集と管理 4

作成と保護 5

校正とレビュー 6

フォームと署名 7

モバイル版 8

Document Cloud 9

Acrobat Web 10

Q 068 » PDF内を検索したい！

|| 回転・検索 ||
エディション Standard Pro Reader

A Ⓠ をクリックします。

PDF内のテキストなどを検索したい場合は、Ⓠ をクリックします。検索ツールバーが表示されるので、検索したい文字を入力して Enter キーを押すと、検索した文字がハイライト表示されます。＜次へ＞をクリックすると、次の文字に移動します。

1 Ⓠ をクリックします。

↓

2 検索したい文字を入力して Enter キーを押します。

3 検索した文字がハイライト表示されます。

Q 069 » PDF内を条件を設定して検索するには？

|| 回転・検索 ||
エディション Standard Pro Reader

A ＜編集＞メニューから ＜高度な検索＞をクリックします。

Acrobatでは、検索ツールバーを用いた簡易検索のほか、検索ウィンドウで細かな条件を指定してPDF内を検索することができます。PDFを表示して、＜編集＞→＜高度な検索＞の順にクリックします。検索ウィンドウで検索オプションが表示されるので、任意の設定を選択して、＜検索＞をクリックします。

1 ＜編集＞をクリックして、

2 ＜高度な検索＞をクリックします。

↓

3 検索ウィンドウで検索オプションが表示されるので、「検索する場所」「検索する語句」などを設定して、

4 ＜検索＞をクリックします。

↓

5 検索結果が一覧で表示されます。

Q | しおり | エディション Standard Pro Reader

070 » しおりって何？

A PDFに設定できる目次兼リンクのことです。

しおりとは、ナビゲーションパネルで表示できる目次兼リンクです。ページ数の多いPDFで設定しておくと、必要な項目にクリック1つで移動できます。

しおりを設定する

しおりを設定すると、PDFの各ページごとに名前を入力することができ、ページごとの内容をわかりやすく整理することができます。

Q | しおり | エディション Standard Pro **Reader**

071 » Acrobat Readerではしおりは使えない？

A しおりが設定されたPDFを表示することはできます。

Acrobat Reader では、新規しおりを追加することはできませんが、しおりが設定してあるPDF は、Acrobat Reader でも表示して利用することが可能です。

Acrobat Readerでもナビゲーションパネルからしおりを確認できます。ただし、新規しおりは追加できません。

Q | しおり | エディション Standard Pro Reader

072 » しおりを設定するには？

A ナビゲーションパネルから設定します。

しおりを設定するには、ナビゲーションパネルの📑 をクリックして「しおり」画面を表示します。新規しおりを作成して、名前を付けるとしおりが設定されます。

1 「ナビゲーションパネル」の📑 をクリックして、

2 📑・ をクリックし、

3 <新規しおり>をクリックします。

4 しおりに名前を入力します。

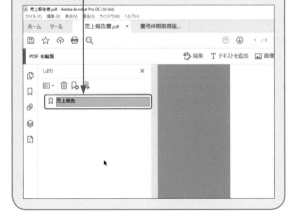

PDFとAcrobatの基本 1

表示と閲覧 2

印刷 3

編集と管理 4

作成と保護 5

校正とレビュー 6

フォームと署名 7

モバイル版 8

Document Cloud 9

Acrobat Web 10

PDFとAcrobatの基本 1

表示と閲覧 2

印刷 3

編集と管理 4

作成と保護 5

校正とレビュー 6

フォームと署名 7

モバイル版 8

Document Cloud 9

Acrobat Web 10

Q ‖ しおり ‖

073 » しおりを階層構造に するには？

A 階層に追加したいしおりに ドラッグします。

しおりには、階層構造にすることもできる機能があります。階層構造にすることによって、関連性のあるページごとに整理しやすくなります。階層構造にするには、一段階下にしたいしおりを階層の親にしたいしおりにドラッグします。

1 一段階下にしたいしおりを階層の親にしたいしおりにドラッグすると、

2 階層構造にすることができます。

Q ‖ しおり ‖

074 » しおりでページに 移動するには？

A 移動したいページのしおりを クリックします。

ページサムネールのように、しおりでもページ移動をすることができます。ページ移動したいしおりをクリックするだけでかんたんに移動ができるので、可能な限りしおりを付けておくと便利です。

1 移動したいページのしおりをクリックすると、

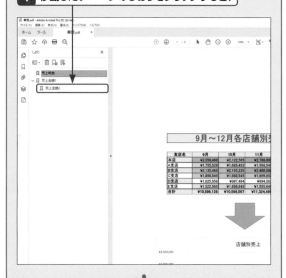

2 ページが移動します。

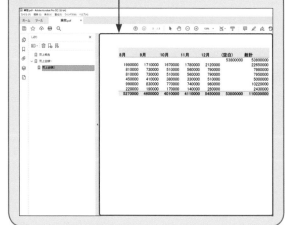

PDFとAcrobatの基本 1

表示と閲覧 2

印刷 3

編集と管理 4

作成と保護 5

校正とレビュー 6

フォームと署名 7

モバイル版 8

Document Cloud 9

Acrobat Web 10

Q 075 タブを切り替える／閉じるには？

‖ タブ・ウィンドウ ‖　エディション Standard Pro Reader

A タブ上をクリック／タブの × をクリックします。

Acrobat 上で複数のPDF を開いている場合、タブが表示され、これをクリックすることでPDF を行き来することができます。また、タブの × をクリックすると、そのタブのPDF を閉じることができます。

1 切り替えたいタブをクリックすると、

2 タブが切り替わります。

3 タブの × をクリックすると、タブが閉じます。

Q 076 同じPDFを複数のウィンドウで表示したい！

‖ タブ・ウィンドウ ‖　エディション Standard Pro Reader

A ＜ウィンドウ＞メニューから＜新規ウィンドウ＞をクリックします。

同じPDF を複数のウィンドウで表示すると、もとのPDF を見ながら編集作業を行うことができます。なお、同じPDFをタブで表示することはできません。

1 ＜ウィンドウ＞をクリックして、

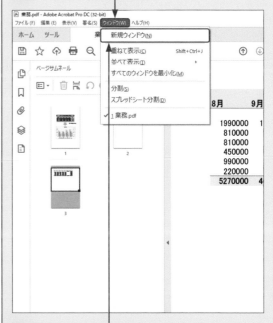

2 ＜新規ウィンドウ＞をクリックします。

3 同じPDFが別のウィンドウで表示されます。

Q 077 ≫ タブを分離して別ウィンドウにしたい！

A <ウィンドウ>メニューの<並べて表示>で設定します。

Acrobatで別のPDFを開いた場合、タブが追加され、切り替えることができますが、タブを分離させて別のウィンドウで表示させることもできます。<並べて表示>をクリックすると、分離することができます。

1 <ウィンドウ>をクリックして、

2 <並べて表示>をクリックします。

3 <左右に並べて表示>（または<上下に並べて表示>）をクリックします。

4 タブが分離され、別のウィンドウで表示されます。

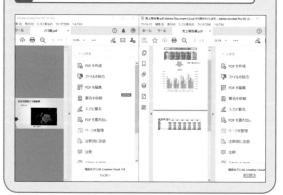

Q 078 ≫ 開いたPDFを常に別ウィンドウで表示したい！

A <環境設定>の<一般>で設定します。

同じAcrobatで別のPDFを開くたびに、タブではなく別ウィンドウで表示してほしい場合は、「環境設定」ダイアログボックスから常に別ウィンドウで表示されるように設定しましょう。<同じウィンドウで新しいタブとして文書を開く>のチェックを外します。

1 <編集>をクリックして、

2 <環境設定>をクリックします。

3 <一般>をクリックし、

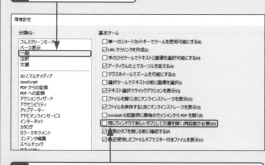

4 <同じウィンドウで新しいタブとして文書を開く>をクリックしてチェックを外し、

5 <OK>をクリックします。

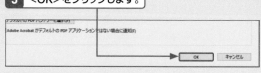

PDFとAcrobatの基本 1

表示と閲覧 2

印刷 3

編集と管理 4

作成と保護 5

校正とレビュー 6

フォームと署名 7

モバイル版 8

Document Cloud 9

Acrobat Web 10

Q 079 » ページを2分割で表示したい！

‖分割・レイアウト‖

エディション　Standard Pro Reader

A ＜ウィンドウ＞メニューから＜分割＞をクリックします。

同じPDFを別のウィンドウで表示するのではなく、1つの画面上で別々のページを見たい場合、2分割するとよいでしょう。上下に分割され、それぞれスクロールして別のページを表示させることができます。

1 ＜ウィンドウ＞をクリックして、

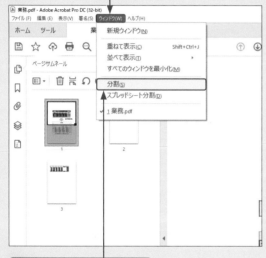

2 ＜分割＞をクリックします。

3 ページが2分割されます。

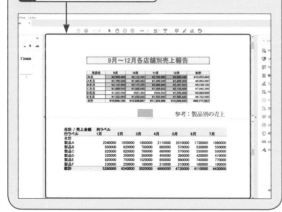

Q 080 » ページを4分割で表示したい！

‖分割・レイアウト‖

エディション　Standard Pro Reader

A ＜ウィンドウ＞メニューから＜スプレッドシート分割＞をクリックします。

スプレッドシート分割を使うと画面が4分割されます。上下左右で別々の箇所を見ることができます。上下にスクロールすると左右のウィンドウが連動して動き、左右にスクロールすると上下のウィンドウが連動して動きます。

1 ＜ウィンドウ＞をクリックして、

2 ＜スプレッドシート分割＞をクリックします。

3 ページが4分割されます。

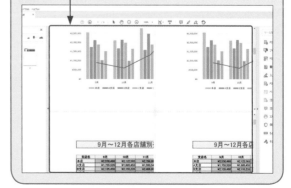

Q 081 ≫ ページを右綴じにするには？

‖分割・レイアウト‖　エディション Standard Pro Reader

A <プロパティ>の<詳細設定>で「綴じ方」を<右>に設定します。

通常の設定では、PDFは左綴じで設定されています。国語の教科書や小説のように右綴じに変更したい場合、<プロパティ>から綴じ方を変更します。

1 <ファイル>をクリックして、

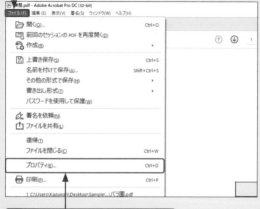

2 <プロパティ>をクリックします。

3 <詳細設定>をクリックして、

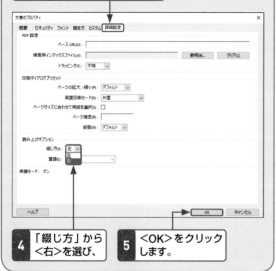

4 「綴じ方」から<右>を選び、

5 <OK>をクリックします。

Q 082 ≫ PDFごとにページレイアウトを設定したい！

‖分割・レイアウト‖　エディション Standard Pro Reader

A <プロパティ>の<開き方>で設定します。

ページごとにレイアウトを変更したい場合、<プロパティ>から設定します。<開き方>から「レイアウト」の設定を行いましょう。

1 <ファイル>をクリックして、

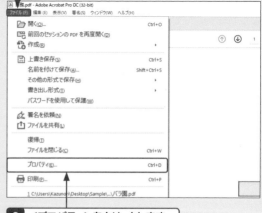

2 <プロパティ>をクリックします。

3 <開き方>をクリックして、

4 レイアウトを設定し、

5 <OK>をクリックします。

PDFとAcrobatの基本 1

表示と閲覧 2

印刷 3

編集と管理 4

作成と保護 5

校正とレビュー 6

フォームと署名 7

モバイル版 8

Document Cloud 9

Acrobat Web 10

Q 設定 エディション Standard Pro Reader

083 » 前回開いていたページを再度開くには？

A <環境設定>の<文書>で設定します。

Acrobatを閉じて再起動するとホームビューが表示され再度PDFを開く必要があります。前回開いていたページをすぐに開くには、「環境設定」ダイアログボックスの<文書を再び開くときに前回のビュー設定を復元>にチェックを付けます。

1 <編集>をクリックして、

2 <環境設定>をクリックします。

3 <文書>をクリックして、

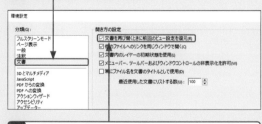

4 <文書を再び開くときに前回のビュー設定を復元>をクリックし、チェックを付けて、

5 <OK>をクリックします。

Q 設定 エディション Standard Pro Reader

084 » 「ページ表示」の設定を変更したい！

A <環境設定>の<ページ表示>で設定します。

Acrobatにはページ表示の設定を細かく設定することができます。レイアウトやズーム、解像度、レンダリングなどが設定できます。

1 <編集>をクリックして、

2 <環境設定>をクリックします。

3 <ページ表示>をクリックして、

4 設定を変更します。

PDFとAcrobatの基本 1

表示と閲覧 2

印刷 3

編集と管理 4

作成と保護 5

校正とレビュー 6

フォームと署名 7

モバイル版 8

Document Cloud 9

Acrobat Web 10

Q 085 ≫ エクスプローラーでPDFをプレビュー表示するには？

設定

エディション
Standard Pro Reader

A <表示>メニューの<プレビューウィンドウ>をオンにします。

Acrobatを開かずにPDFの内容を見たい場合は、エクスプローラーの<プレビューウィンドウ>を設定しましょう。クリックして選択したファイルの内容がプレビューに表示されるようになります。

1 エクスプローラーを表示して、<表示>をクリックし、

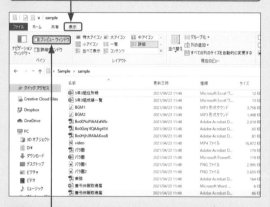

2 <プレビューウィンドウ>をクリックします。

3 PDFをクリックして選択すると、右側にプレビューが表示されます。

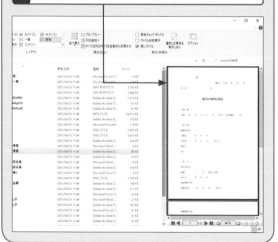

Q 086 ≫ MacでPDFをプレビュー表示するには？

Mac

エディション
Standard Pro Reader

A ファイルを選択して Space キーを押します。

MacでPDFのプレビューを表示するには、PDFを選択し、Space キーを押します。また「Finder」の表示を「ギャラリー表示」に設定すると、複数のファイルの大きなプレビューを表示できます。

プレビューを表示したいPDFをクリックして選択し、Space キーを押すと、プレビューが表示されます。

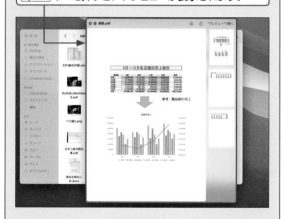

Finderを「ギャラリー表示」にする

1 表示を変更したいフォルダを表示し、◻ をクリックします。

2 ギャラリー表示に切り替わります。

第**3**章

印刷の
「こんなときどうする？」

PDFとAcrobatの基本

1

表示と閲覧

2

3 印刷

編集と管理

4

作成と保護

5

校正とレビュー

6

フォームと署名

7

モバイル版

8

Document Cloud

9

Acrobat Web

10

Q

087 » PDFを印刷したい！

A ＜ファイル＞メニューから＜印刷＞を
クリックします。

パソコンやプリンターによってフォントなどが千差万別のため、多くのデジタル文書は作成者の意図どおりに印刷できません。しかしPDFは、どのような環境でも、作成したとおりに印刷できます。基本の印刷はメニューバーから＜ファイル＞→＜印刷＞の順にクリックしましょう。なお、ツールバーの🖨 をクリックすることでも「印刷」画面を表示できます。

1 メニューバーの＜ファイル＞をクリックし、

2 ＜印刷＞をクリックします。

3 「印刷」画面が表示され、各項目で印刷に関する設定を行います。

4 ＜印刷＞をクリックすると、PDFがプリンターで印刷されます。

Q

088 » 用紙のサイズに 合わせて印刷したい！

A 「印刷」画面で「ページサイズ処理」の「サイズ」から設定します。

PDFは自由に拡大・縮小できるので、用途に合わせてどのような用紙にでもサイズを合わせて印刷することができます。用紙サイズに関する設定を行いたいときは、「印刷」画面を表示し、「ページサイズ処理」の＜サイズ＞→＜合わせる＞の順にクリックします。

1 「印刷」画面を表示し、「ページサイズ処理」の＜サイズ＞をクリックし、

2 ＜合わせる＞をクリックします。

3 ＜印刷＞をクリックすると、PDFがプリンターで印刷されます。

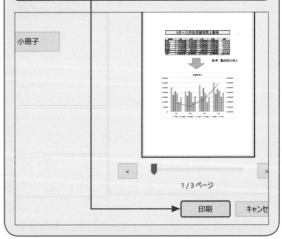

Q 089 ≫ 用紙のサイズを変えて印刷したい！

A 「印刷」画面の「ページ設定」から設定します。

PDFの用紙サイズを変えて印刷したいときは、「印刷」画面の＜ページ設定＞をクリックしましょう。なお、「印刷の向き」で＜縦＞や＜横＞をクリックすると、印刷の向きを指定できます。

1 「印刷」画面を表示し、＜ページ設定＞をクリックし、

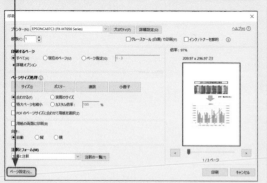

2 「用紙」の「サイズ」で印刷に使う用紙のサイズを選択し、

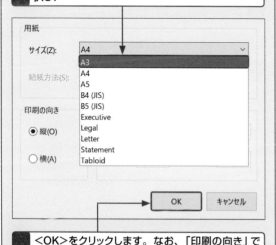

3 ＜OK＞をクリックします。なお、「印刷の向き」で＜縦＞や＜横＞をクリックすると印刷の向きを指定できます。

Q 090 ≫ 単ページのPDFを見開きで印刷したい！

A 「印刷」画面で「ページサイズ処理」の「複数」から設定します。

単ページのPDFを1枚の用紙に2ページ印刷する見開き印刷が可能です。なお、用紙のサイズに合わせて縮小されるので、あらかじめQ.089を参考に用紙サイズを変更してください。また、見開きの左右のページを入れ替えて印刷することもできます。

1 「印刷」画面を表示し、「ページサイズ処理」の＜複数＞をクリックし、

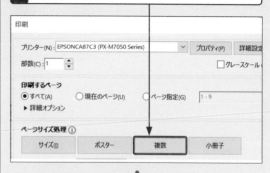

2 「1枚あたりのページ数」で＜2＞を選択し、

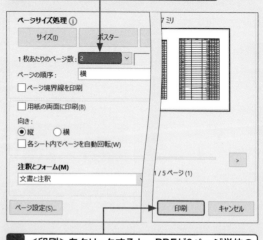

3 ＜印刷＞をクリックすると、PDFが2ページ単位の見開きで印刷されます。なお「ページの順序」で、＜縦（右から左）＞や＜横（右から左）＞を選択すると、通常とはページ配置が反対の状態で印刷できます。

PDFとAcrobatの基本 1
表示と閲覧 2
印刷 3
編集と管理 4
作成と保護 5
校正とレビュー 6
フォームと署名 7
モバイル版 8
Document Cloud 9
Acrobat Web 10

Q ‖ 印刷 ‖

091 » ページを複数の用紙に 分けて印刷したい！

A 「印刷」画面で「ページサイズ処理」の 「ポスター」から設定します。

ポスターや大きな画像からなるPDFなどは、1ページが1枚の用紙に収まりきらない場合があります。また、あえて拡大して、複数の用紙に印刷したい場合もあるでしょう。このようなとき、各ページを複数の用紙に分けて印刷する「ポスター」印刷が便利です。

1 「印刷」画面を表示し、「ページサイズ処理」の＜ポスター＞をクリックします。

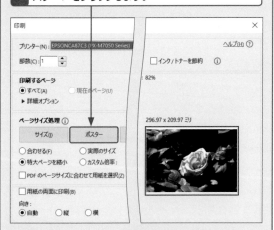

2 「倍率」に印刷したい倍率を入力します。画面右の印刷プレビューには複数の用紙が破線で示されます。

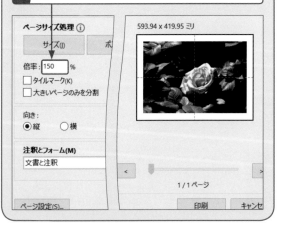

Q ‖ 印刷 ‖

092 » 複数の用紙に分けた場合の 重なり具合を調整したい！

A 「ポスター」の設定で「重なり」の 数値を調整します。

複数のページにPDFを印刷した場合、印刷後にそれぞれの用紙を組み合わせやすくする設定ができます。「印刷」画面で「ポスター」印刷を選択後、重複して印刷する部分の数値を「重なり」に入力します。なお、「重なり」には、使用するプリンターの印刷余白以上の値を設定する必要があります。

1 「印刷」画面を表示し、「ページサイズ処理」の＜ポスター＞をクリックします。

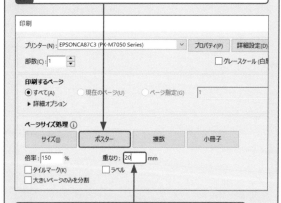

2 重複印刷部分の数値を「重なり」に入力します。

3 ＜印刷＞をクリックすると、印刷されます。

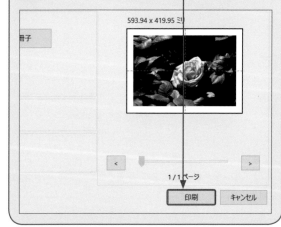

Q 印刷 　エディション Standard Pro Reader

093» 複数のページを1枚の用紙に印刷したい!

A 「印刷」画面で「ページサイズ処理」の「複数」から設定します。

「ポスター」印刷とは反対に、複数のページを1枚の用紙に印刷することも可能です。複数のページを1枚の用紙に印刷することで、用紙やインクの節約はもちろん、写真やイラスト、PowerPointのスライドのようなPDFは情報が集約されるため全体像がわかりやすくなります。

1 「印刷」画面を表示し、「ページサイズ処理」の<複数>をクリックし、

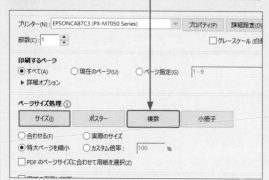

2 「1枚あたりのページ数」で、1枚の用紙に印刷するページ数を選択します。

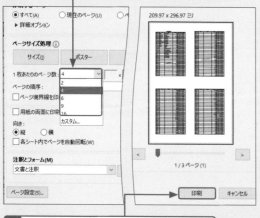

3 <印刷>をクリックすると、印刷されます。

Q 印刷 　エディション Standard Pro Reader

094» 異なるサイズが混在したPDFを印刷したい!

A 「印刷」画面で「ページサイズ処理」の「サイズ」から設定します。

1つのPDF内に、A4やA3のようにページサイズの異なるページがあった場合でも、Acrobatでは一度に印刷することが可能です。「ページサイズ処理」の<サイズ>をクリックし、「PDFのページサイズに合わせて用紙を選択」のチェックボックスにチェックを付けて、<印刷>をクリックします。なお、プリンターによっては対応していない場合もあります。

1 「印刷」画面を表示し、「ページサイズ処理」の<サイズ>をクリックし、

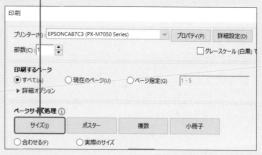

2 「PDFのページサイズに合わせて用紙を選択」のチェックボックスをクリックして、チェックを付けます。

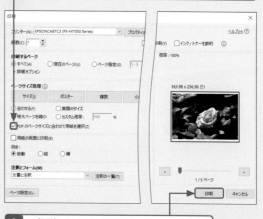

3 <印刷>をクリックすると、印刷されます。

PDFとAcrobatの基本
1

表示と閲覧
2

3 印刷

編集と管理
4

作成と保護
5

校正とレビュー
6

フォームと署名
7

モバイル版
8

Document Cloud
9

Acrobat Web
10

Q 印刷 | エディション Standard Pro Reader

095 » 書き込まれた注釈も印刷したい！

A 「印刷」画面の「注釈とフォーム」から設定します。

AcrobatではPDFに注釈を書き込むことができ（第6章参照）、印刷においてもページだけでなく注釈の印刷にも対応しています。多数の注釈が加えられたPDFでは、「注釈の一覧表」も印刷可能です。

1 「印刷」画面を表示し、「注釈とフォーム」の＜文書と注釈＞をクリックして選択します。

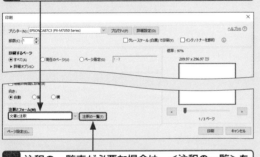

2 注釈の一覧表が必要な場合は、＜注釈の一覧＞をクリックします。

3 ＜はい＞をクリックします。

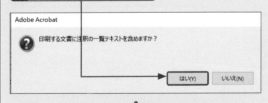

4 ＜印刷＞をクリックすると、印刷されます。

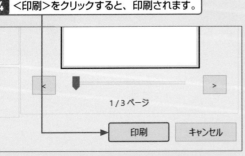

Q 印刷 | エディション Standard Pro Reader

096 » 「注釈とフォーム」の選択項目について知りたい！

A PDF内の注釈やフォームを印刷するかどうかを設定します。

「注釈とフォーム」は、PDFを印刷する際に注釈やフォームなどをいっしょに印刷するかどうかを設定するメニューです。「印刷」画面を表示すると（Q.087参照）、画面左下に表示され、設定できます。「注釈とフォーム」で＜文書＞を選択するとPDFのページだけが印刷されます。また、＜文書と注釈＞を選択するとPDFのページと注釈を、＜文書とスタンプ＞を選択するとPDFのページとスタンプ（Q.269参照）を、＜フォームフィールドのみ＞を選択すると作成したフォーム（第7章参照）を印刷できます（Readerは非対応）。なお、＜注釈の一覧＞をクリックして選択すると、印刷する文書に注釈の一覧テキストを含めることができます。

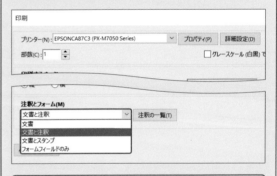

「注釈とフォーム」から、印刷する範囲を設定できます。

209.97 x 296.97 ミリ

「注釈の一覧」は印刷プレビューで確認できます。

PDFとAcrobatの基本 1
表示と閲覧 2
印刷 3
編集と管理 4
作成と保護 5
校正とレビュー 6
フォームと署名 7
モバイル版 8
Document Cloud 9
Acrobat Web 10

Q ‖ 印刷 ‖ エディション Standard Pro Reader

097 » 用紙の両面に印刷したい!

A 「サイズ」または「複数」の設定で「用紙の両面に印刷」にチェックを付けて印刷します。

Acrobatは、用紙の表と裏に同時に印刷する両面印刷機能があります。用紙を半分に節約できるうえ、ページを縮小する必要もない両面印刷は、とくにページ数の多いPDFの印刷に向いています。なお、両面印刷を行うには、両面印刷に対応したプリンターが必要です。

1 「印刷」画面を表示し、「ページサイズ処理」の＜サイズ＞または＜複数＞（ここでは＜サイズ＞）をクリックし、

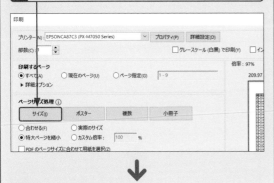

2 「用紙の両面に印刷」のチェックボックスをクリックしてチェックを付け、

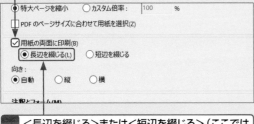

3 ＜長辺を綴じる＞または＜短辺を綴じる＞（ここでは＜長辺を綴じる＞）をクリックします。

4 ＜印刷＞をクリックすると、印刷されます。

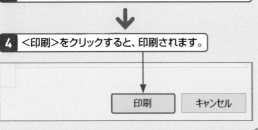

Q ‖ 印刷 ‖ エディション Standard Pro Reader

098 » 白黒で印刷したい!

A 「グレースケール（白黒）で印刷」にチェックを付けて印刷します。

PDFの中には、たとえば学術論文のような文字だけのものがあります。また、個人的な資料として印刷する際は、色が不要なこともあるでしょう。このような場合、カラーインクを使わず、文字が読みやすいグレースケール（白黒）で印刷することをおすすめします。

1 「印刷」画面を表示し、「グレースケール（白黒）で印刷」のチェックボックスをクリックしてチェックを付けます。

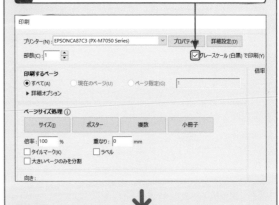

2 印刷プレビューがグレースケール（白黒）になります。

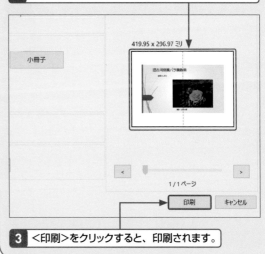

3 ＜印刷＞をクリックすると、印刷されます。

PDFとAcrobatの基本 1
表示と閲覧 2
3 印刷
編集と管理 4
作成と保護 5
校正とレビュー 6
フォームと署名 7
モバイル版 8
Document Cloud 9
Acrobat Web 10

Q 印刷 エディション Standard Pro Reader

099 » 小冊子にして印刷したい！

A 「印刷」画面で「ページサイズ処理」の「小冊子」から設定します。

小冊子とはページ数が少ない書物のことを指しますが、Acrobatでは「重ねて2つ折りにすると、そのまま本として読めるもの」を意味しています。ここでは両面印刷を利用した方法を紹介しますが、両面印刷機能がないプリンターの場合、手順**2**で＜片面で印刷（表側）＞を選択し、印刷した用紙を裏返してプリンターにセットし、再度手順**2**で＜片面で印刷（裏側）＞を選択することで小冊子にできます。

1 「印刷」画面を表示し、「ページサイズ処理」の＜小冊子＞をクリックします。

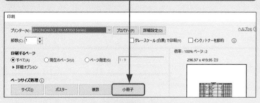

2 「小冊子の印刷方法」で＜両面で印刷＞を選択し、「開始ページ」と「終了ページ」を入力します。

3 表紙から見て用紙を折り曲げる方向を「綴じ方」で選択します。

4 ＜印刷＞をクリックすると、印刷されます。

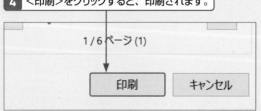

Q 印刷 エディション Standard Pro Reader

100 » 最後のページから印刷したい！

A 「印刷」画面で「印刷するページ」の「詳細オプション」から設定します。

PDFを印刷する場合、通常であれば先頭ページから順に印刷されますが、Acrobatでは、最後のページから逆順に印刷することも可能です。プリンターの排紙方法に応じて使い分けると、印刷後にわざわざ用紙を並び替える必要がなくなるので、書類整理の手間が省けて便利です。

1 「印刷」画面を表示し、「印刷するページ」の＜詳細オプション＞をクリックします。

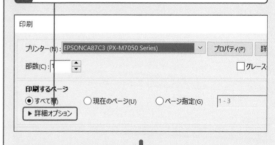

2 「逆順に印刷」のチェックボックスをクリックして、チェックを付けます。

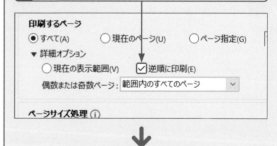

3 ＜印刷＞をクリックすると、印刷されます。

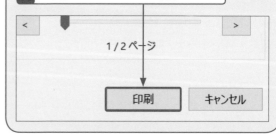

Q 101 » ページ範囲を指定して印刷したい！

印刷

エディション Standard Pro Reader

A 「印刷」画面で「印刷するページ」の「ページ指定」から設定します。

PDFのページのうち、印刷したいページが一部だけの場合、範囲を指定して必要なページだけ印刷できます。印刷したいページの範囲指定の方法はいくつかありますが、ここでは、連続したページの範囲を指定して印刷する方法を紹介します。

1 「印刷」画面を表示し、「印刷するページ」の<ページ指定>をクリックします。

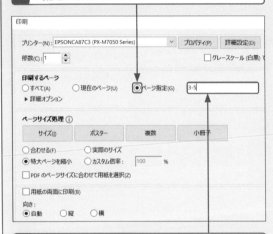

2 印刷したいページの範囲を「-」（ハイフン）を使って入力します。ここでは、「3ページから5ページ」を印刷するため「3-5」と入力します。

3 <印刷>をクリックすると、印刷されます。

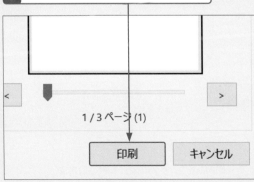

Q 102 » ページを飛び飛びに印刷したい！

印刷

エディション Standard Pro Reader

A 「印刷」画面で「印刷するページ」の「ページ指定」から設定します。

印刷したいページが連続しておらず飛び飛びである場合も数字と記号を使って印刷範囲の指定が可能です。なお、印刷範囲の指定はナビゲーションパネルにあるページサムネイルからも行えます（Q.108参照）。

1 「印刷」画面を表示し、「印刷するページ」の<ページ指定>をクリックします。

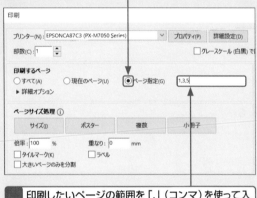

2 印刷したいページの範囲を「,」（コンマ）を使って入力します。ここでは、「1ページ、3ページ、5ページ」を印刷するため「1,3,5」と入力します。

3 <印刷>をクリックすると、印刷されます。

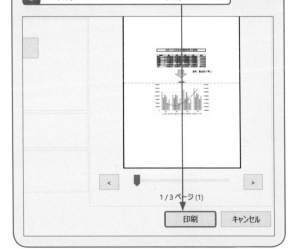

PDFとAcrobatの基本
表示と閲覧
印刷
編集と管理
作成と保護
校正とレビュー
フォームと署名
モバイル版
Document Cloud
Acrobat Web

1
2
3
4
5
6
7
8
9
10

Q　｜｜｜　印刷　｜｜｜　　エディション Standard Pro Reader

103 » 偶数・奇数ページだけ印刷したい!

A 「印刷」画面で「印刷するページ」の「詳細オプション」から設定します。

Acrobatは、PDFの偶数ページや奇数ページだけを印刷できます。これは主に両面印刷非対応のプリンターで両面印刷を実現するための機能です。まず、奇数ページだけを印刷して用紙を裏返し、次に偶数ページだけ印刷を行うことで、非対応プリンターでも両面印刷が可能になります。

1 「印刷」画面を表示し、「印刷するページ」の<詳細オプション>をクリックします。

```
印刷

プリンター(N): EPSONCA87C3 (PX-M7050 Series)    ▼   プロパティ(P)   詳細設定
部数(C): 1  ⬍                                    □グレースケール (

印刷するページ
● すべて(A)    ○ 現在のページ(U)    ○ ページ指定(G)   1 - 3
▶ 詳細オプション
```

2 「偶数または奇数ページ」で、<奇数ページのみ>または<偶数ページのみ>を選択します。

```
印刷するページ
● すべて(A)    ○ 現在のページ(U)    ○ ページ指定(G)   1 - 3
▼ 詳細オプション
    ○ 現在の表示範囲(V)    □逆順に印刷(E)
    偶数または奇数ページ: 範囲内のすべてのページ  ▼
                        範囲内のすべてのページ
ページサイズ処理 ⓘ      奇数ページのみ
    サイズ(I)    ポスター  偶数ページのみ  複数      小冊子
```

3 <印刷>をクリックすると、印刷されます。

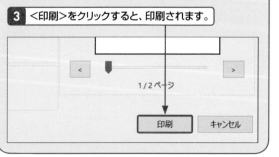

```
<        ⬇        >

1/2ページ

印刷    キャンセル
```

Q　｜｜｜　印刷　｜｜｜　　エディション Standard Pro Reader

104 » ページに余白を付けて印刷したい!

A 「印刷」画面で「ページサイズ処理」の「カスタム倍率」から設定します。

印刷後に、用紙をファイルやバインダーに綴じたり、2穴パンチを使ったりするような場合には、通常の印刷では余白が足りなくなることがあります。このような場合は、印刷時の倍率を小さくして、ページに余白を持たせて印刷する必要があります。

1 「印刷」画面を表示し、「ページサイズ処理」の<サイズ>をクリックします。

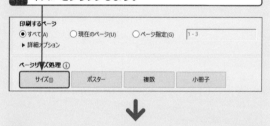

```
印刷するページ
● すべて(A)    ○ 現在のページ(U)    ○ ページ指定(G)   1 - 3
▶ 詳細オプション

ページサイズ処理 ⓘ
    サイズ(I)    ポスター    複数    小冊子
```

2 <カスタム倍率>をクリックして、余白が付く程度の倍率を入力します。なお、「向き」の<縦>や<横>をクリックすると、PDFを左上に寄せて印刷できます。

```
○ 合わせる(F)      ○ 実際のサイ
○ 特大ページを縮小  ● カスタム倍率:  80    %

向き:
● 自動    ○ 縦    ○ 横
```

3 印刷プレビューで余白を確認し、

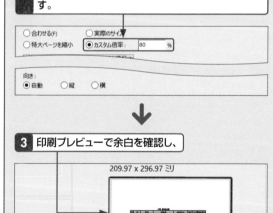

209.97 x 296.97 ミリ

```
印刷    キャンセル
```

4 <印刷>をクリックすると、印刷されます。

Q 105

||| 印刷 |||

エディション Standard Pro Reader

ページ内の一部だけ印刷したい!

A <編集>メニューの<スナップショット>から
ページ内の一部を印刷できます。

Acrobatでは、PDFのページ内の一部分を範囲指定して印刷することも可能です。必要な図表や文章など、ページ内の任意の範囲を選択することができるので、用紙およびインクの節約に役立ちます。

1 印刷範囲を指定したいページを表示し、<編集>→<スナップショット>の順にクリックします。

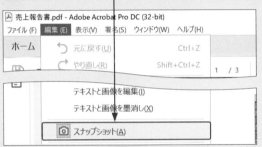

2 印刷したい範囲をドラッグして<OK>をクリックし、右クリックします。

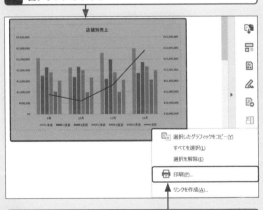

3 <印刷>をクリックすると、「詳細オプション」の「選択したグラフィック」が選択されている状態で「印刷」画面が表示されます。<印刷>をクリックすると、印刷されます。

4 Escキーを押すと、スナップショットのモードが解除されます。

Q 106

||| 印刷 |||

エディション Standard Pro Reader

現在表示しているページだけを印刷したい!

A 「印刷」画面の「印刷するページ」で設定します。

現在表示しているページだけを印刷するには、「印刷するページ」で<現在のページ>をクリックして選択します。印刷プレビューに文書パネルに表示したページが表示されるので、確認して<印刷>をクリックします。

1 文書パネル上に印刷したいページを表示します。

2 「印刷」画面を表示し、「印刷するページ」で<現在のページ>をクリックします。

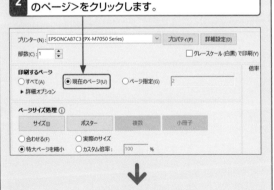

3 <印刷>をクリックすると、印刷されます。

PDFとAcrobatの基本 1

表示と閲覧 2

印刷 3

編集と管理 4

作成と保護 5

校正とレビュー 6

フォームと署名 7

モバイル版 8

Document Cloud 9

Acrobat Web 10

PDFとAcrobatの基本 1
表示と閲覧 2
3 印刷
編集と管理 4
作成と保護 5
校正とレビュー 6
フォームと署名 7
モバイル版 8
Document Cloud 9
Acrobat Web 10

Q 印刷　エディション Standard Pro Reader

107 » 保護されたPDFは印刷できない？

A PDF作成者が設定したパスワードが必要です。

Acrobatでは、セキュリティ対策としてPDFを保護することができます（Q.242参照）。PDFが保護されている場合、基本的には作成者でなければPDFを編集することができません。PDFのパスワードがわかっていれば、パスワードを入力してセキュリティを解除し、通常の印刷手順に従って印刷を実行できます。しかし、PDFによってはサーバーベースのセキュリティポリシーで保護されている場合もあり、印刷や変更が、セキュリティポリシーの作成者でなければできないこともあります。

パスワードで保護されているPDFを開こうとすると、パスワードの入力を求められます。PDFを保護した作成者に、文書を開くためのパスワードを確認しましょう。

PDFが開けても権限の設定で、文書の印刷や編集が保護されている場合、印刷や編集ができません。権限の変更は作成者にしかできないので、権限の作成者に直接連絡する必要があります。

Q 印刷　エディション Standard Pro Reader

108 » ページサムネイルで印刷範囲を選択するには？

A 印刷したいページをドラッグで選択し、印刷します。

左側に表示されるページサムネイル（Q.054参照）から、印刷範囲を選択することもできます。ページサムネイルを表示し、印刷したいページをドラッグして選択します。▤・→＜ページを印刷＞の順にクリックすると、印刷できます。

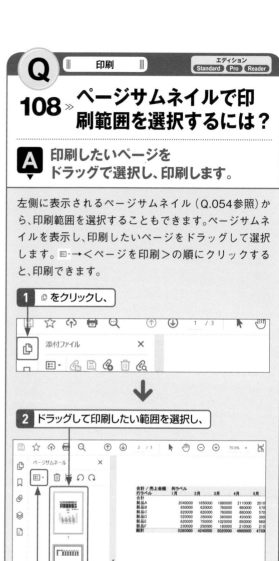

1 ▣ をクリックし、

2 ドラッグして印刷したい範囲を選択し、

3 ▤・→＜ページを印刷＞の順にクリックします。

4 「詳細オプション」の「選択したページ」が選択されている状態で「印刷」画面が表示されます。＜印刷＞をクリックすると、印刷されます。

PDFとAcrobatの基本

表示と閲覧

印刷 3

編集と管理

作成と保護

校正とレビュー

フォームと署名

モバイル版

Document Cloud

Acrobat Web

1
2
3
4
5
6
7
8
9
10

Q 109 ‖ トンボとヘアライン ‖ エディション Standard Pro Reader

トンボとヘアラインって何？

A トンボは「断裁位置のマーク」、ヘアラインは「極めて細い線」のことです。

トンボもヘアラインも、印刷時の設定に非常に重要となる要素の1つです。トンボとは、印刷物を作成する際に「裁断ラインのガイド」や「版ズレ防止」のために使うマークのことです。一般的にはあまり馴染みの少ない言葉ですが、正式な印刷物を作成する際には必要になります。一方、ヘアラインは、画面やプリンター上では表示されていますが、実際の印刷には反映されない極細線を指す言葉です。たとえば、ペンツールなどで作った線には、塗りの色は指定されているのに、線幅の指定が「0」になっていることがあります。これがヘアラインで、画面やプリンター上では確認できますが、印刷では線の太さは設定されていないため、「非常に細かくかすれたような線」にしかならず、場合によっては消えてしまいます。つまり、ヘアラインは「印刷されない線」とみなされてしまうため、こちらもやはり正式な印刷物の場合には入念にチェックする必要があるのです。

トンボ

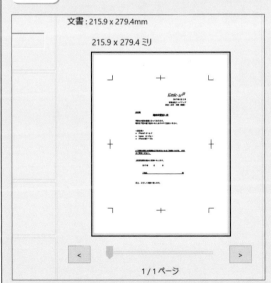

トンボを追加すると、用紙の四隅に裁断位置のマークが表示されます。印刷プレビュー上でも確認することができます。

Q 110 ‖ トンボとヘアライン ‖ エディション Standard Pro Reader

トンボを付けて印刷するには？

A 「印刷」画面の「詳細設定」から設定します。

トンボを付けて印刷するには、「印刷」画面を表示し、プリンターの＜詳細設定＞→＜トンボと裁ち落とし＞の順にクリックします。「トンボ」で、追加するトンボにチェックを付けて、「スタイル」でトンボの種類を選択し、＜OK＞をクリックするとトンボを追加して印刷できます。

Q 111 ‖ トンボとヘアライン ‖ エディション Standard Pro Reader

ヘアラインを修正するには？

A 「印刷工程」ツールで＜ヘアラインを修正＞をクリックします。

ヘアラインを修正したいPDFを開いて、「印刷工程」ツール（Q.115参照）を表示し、＜ヘアラインを修正＞をクリックします。「ヘアライン」に任意の数値を入力し、＜OK＞→＜はい＞の順にクリックすると、ヘアラインを検出し、太い線に置換できます。

Q 112 ‖ 印刷設定 ‖ エディション Standard Pro Reader

文書上の注釈を常に印刷するには？

A <環境設定>の<注釈>で設定します。

取り消し線やマーカーなどの注釈を印刷する場合は、「印刷」画面の「注釈とフォーム」から設定できます（Q.095参照）。しかし、ノート注釈（Q.267参照）やポップアップノート（Q.280参照）は、通常折りたたまれているため、ポップアップ内やノート内のコメントが印刷されません。コメントまで常に印刷するようにするには、<編集>→<環境設定>→<注釈>の順にクリックします。「注釈の表示」画面が表示されるので、「ノートとポップアップを印刷」にチェックを付けて、<OK>をクリックすれば設定完了です。

1 メニューバーの<編集>をクリックして、

2 <環境設定>をクリックします。

3 「分類」で<注釈>をクリックして選択し、

4 「ノートとポップアップを印刷」のチェックボックスをクリックしてチェックを付けます。<OK>をクリックします。

Q 113 ‖ 印刷設定 ‖ エディション Standard Pro Reader

印刷設定を初期設定に戻すには？

A 「印刷」画面の「詳細設定」から設定します。

「詳細設定」で指定した印刷設定は、次に変更するまで保持されますが、初期設定に戻すことも可能です。

1 「印刷」画面を表示し、<詳細設定>をクリックします。

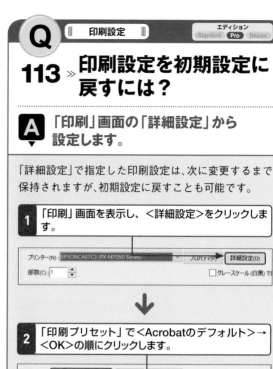

2 「印刷プリセット」で<Acrobatのデフォルト>→<OK>の順にクリックします。

Q 114 ‖ 印刷設定 ‖ エディション Standard Pro Reader

ホームビューからは印刷できない？

A ホームビューからは印刷できません。

ホームビューでは、閲覧したいPDFを選択したり、最近使用したファイルを開いたりできますが、印刷することはできません。

115 » 「印刷工程」ツールって何？

A 印刷時に役立つさまざまなツールをまとめた機能のことです。

Acrobatには「印刷工程」ツールという機能があります。「印刷工程」ツールでは、印刷時のさまざまな条件を指定したり、あるいは指定した条件をプレビューしたりすることができます。「印刷工程」ツールは、通常＜ツール＞をクリックし、「保護と標準化」の「印刷工程」を選択すると表示できます。ツールパネルウィンドウにショートカットを作成することも可能です。

1 ＜ツール＞をクリックして、

2 「保護と標準化」の「印刷工程」の ･ をクリックします。

3 ＜開く＞をクリックします。なお、＜ショートカットを追加＞をクリックすると、ツールパネルウィンドウに、「印刷工程」のショートカットが追加されます。

「印刷工程」ツールの主な機能

名称	機能
出力プレビュー	分版プレビュー、ソフト校正、カラー警告などの機能を1つにまとめています。
プリフライト	よく見られる出力エラーをすべてチェックし、修正可能なエラーをすべて修正します。
オブジェクトを編集	オブジェクトの選択、移動、編集をします。
色を置換	文書のカラースペースを指定のカラースペースに変換します。
分割・統合プレビュー	透明オブジェクトの統合設定を定義して適用します。
PDF/Xとして保存	文書をPDF/X標準に従って保存します。
ページボックスを設定	ページのトリミングサイズ、仕上がりサイズ、裁ち落としサイズ、アートサイズおよびメディアサイズを定義します。
トンボを追加	位置決め用の標準的なトンボをPDFページに追加します。
ヘアラインを修正	ユーザー設定に基づいて、ヘアラインを検索し、より太いラインに置き換えます。
インキ	PDFのデータを変更せずにインキの取り扱い方法を変更します。
トラッププリセット	トラッピング設定を作成および適用します。
アーティクルボックスを追加	一連のアーティクルボックスを定義します。

PDFとAcrobatの基本　1
表示と閲覧　2
印刷　3
編集と管理　4
作成と保護　5
校正とレビュー　6
フォームと署名　7
モバイル版　8
Document Cloud　9
Acrobat Web　10

PDFとAcrobatの基本 1

表示と閲覧 2

印刷 3

編集と管理 4

作成と保護 5

校正とレビュー 6

フォームと署名 7

モバイル版 8

Document Cloud 9

Acrobat Web 10

Q ‖ 印刷工程ツール ‖

116 ≫ 特定の色を別の色に変えて印刷したい！

A 「印刷工程」ツールの「プリフライト」から設定します。

特定の色を別の色に変換するには、「印刷工程」ツールの「プリフライト」内にある「プリプレス、カラーおよび透明度」の設定から行うことができます。手順 **9** で「変換元カラー値」を入力する画面があるので、事前に「出力プレビュー」でPDFのカラー値をメモしておくとよいでしょう（Q.119参照）。

1 「印刷工程」ツールを表示し、＜プリフライト＞をクリックします。

2 ＜プリプレス、カラーおよび透明度＞をクリックして選択します。

3 ✎ をクリックして、

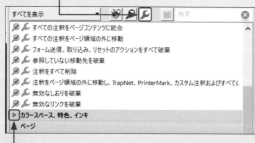

4 「カラースペース、特色、インキ」の ▶ をクリックします。

5 ＜指定されたプロセスカラーを特色 "ライトブラウン" にマッピング＞をクリックし、

6 ＜オプション＞→＜フィックスアップを複製＞の順にクリックします。

7 「フィックスアップのタイプ」から＜色をマッピング＞をクリックし、

8 「名前」に任意の名前（ここでは「カラー値を指定された色に変換」）を入力します。

9 「変換元カラー値」を入力し、

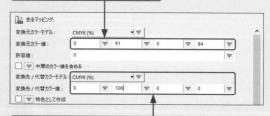

10 「変換先／代替カラーモデル」で任意の項目（ここでは「CMYK」）を選択し、「変換先／代替カラー値」に任意のカラー値を入力します。

11 ＜OK＞をクリックします。

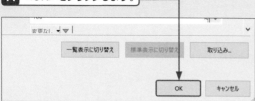

玄事な |... ▼ ▽ |

| 一覧表示に切り替え | 標準表示に切り替え | 取り込み... |

| OK | キャンセル |

12 ＜フィックスアップ＞をクリックします。

- 🔵🔧 中間調の階調値の調整 -10%
- 🔵🔧 出力インテント Coated GRACoL 2006 を埋め込む
- 🔵🔧 出力インテント ISO News print 26% (IFRA) を埋め込む
- 🔵🔧 出力インテント ISO Web Coated (ECI) を埋め込む
- 🔵🔧 出力インテント Japan Color 2001 Coated を埋め込む

▶ その他のオプション　　　　　　🔧 フィックスアップ

13 任意のファイル名を入力し、

PDF として保存

← → ↑ PC > ドキュメント > sample

整理 ▼　新しいフォルダー

💻 PC
　3D オブジェクト
　⬇ ダウンロード
　🖥 デスクトップ
　📄 ドキュメント
　🖼 ピクチャ
　🎬 ビデオ
　🎵 ミュージック
　Windows-SSD (K

名前	更新日時	種類
【アドビ公式】PDFのOCRで文字認識をする方法 Ad...	2021/06/04 11:54	Adobe A
bara_2	2021/05/13 11:48	Adobe A
bara_2_1	2021/05/25 18:55	Adobe A
bara_0708	2021/07/08 10:09	Adobe A
Bo0DYoPlAAEdWlx	2021/04/28 16:23	Adobe A
Bo0Gzq1IQAAg47d	2021/04/28 16:23	Adobe A
Bo0Gzq1IQAAg47d_2	2021/05/13 12:30	Adobe A
Bo0Gzq1IQAAg47d_cmyk	2021/05/13 13:02	Adobe A
BoOHJhJIMAAKwsB	2021/04/28 16:23	Adobe A

ファイル名(N): バラ園
ファイルの種類(T): Adobe PDF ファイル (*.pdf)

▲ フォルダーの非表示　　　　　　　保存(S)　　キャンセル

14 ＜保存＞をクリックします。

15 プリフライトが完了し、指定したカラー値に変換されます。

プリフライト　　　　　　　　　　　　　×

📊 プリプレス、カラーおよび透明度 ▼

🖨 プロファイル　✖ 結果　◆ 規格　　オプション ▼

✓ プリフライト プロファイル "カラー値を指定された色に変換"
でエラーや警告は検出されませんでした:

📄 ページ 1: "バラ園.pdf"
▲ 🏷 カラー値を指定された色に変換
　▷ 📊 概要
▷ 🔍 プリフライト 情報

---

117 » オーバープリントが ないか確認するには？

A 「印刷工程」ツールの 「出力プレビュー」から設定します。

オーバープリントとは、あるカラーの上に別のカラーを重ねて印刷することです。前面にある色と背面にある色が混ざって印刷されるので、オーバープリントを意図的に指定した場合は問題ありませんが、誤って色が重なってしまうと、カラーが濁った感じで印刷されてしまう場合があります。オーバープリントを指定していないときに、文書上にオーバープリントがないか確認するには、「印刷工程」ツール（Q.115参照）を表示し、＜出力プレビュー＞をクリックします。「オーバープリントをシュミレート」のチェックボックスをクリックしてチェックを付けます。

1 「印刷工程」ツールを表示し、＜出力プレビュー＞をクリックします。

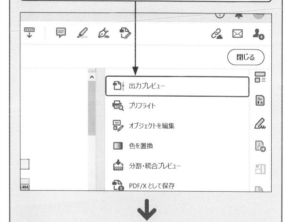

閉じる

- 📄 出力プレビュー
- 🔍 プリフライト
- 📝 オブジェクトを編集
- 🎨 色を置換
- ⬇ 分割・統合プレビュー
- 📄 PDF/X として保存

2 「オーバープリントをシミュレート」のチェックボックスをクリックしてチェックを付けます。

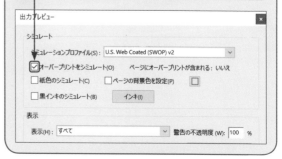

出力プレビュー　　　　　　　　　　　　×

シミュレート

シミュレーションプロファイル(S): U.S. Web Coated (SWOP) v2 ▼

☑ オーバープリントをシミュレート(O)　　ページにオーバープリントが含まれる: いいえ

☐ 紙色のシミュレート(C)　　☐ ページの背景色を設定(P)　　☐

☐ 黒インキのシミュレート(B)　　インキ(I)

表示

表示(H): すべて ▼　　警告の不透明度 (W): 100 %

Q 118 》 入稿データとして問題が ないかどうか確認するには？

《 印刷工程ツール 》

エディション Standard **Pro** Reader

A 「印刷工程」ツールの「プリフライト」 から確認できます。

Acrobat Pro DC では、プリフライト機能を使用して、入稿するPDFデータの問題をチェックすることができます。プリフライトでは、プリフライトプロファイルと呼ばれるユーザー定義値のファイルを使用してデータをチェックします。

1 「印刷工程」ツールを表示して、＜プリフライト＞をクリックします。

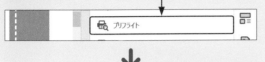

↓

2 ＜オプション＞→＜プロファイルを取り込み＞の順にクリックし、

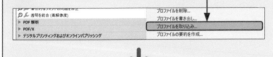

↓

3 任意のプリフライトプロファイルを選択し、

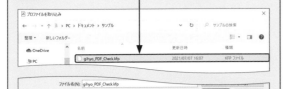

↓

4 ＜開く＞→＜解析＞の順にクリックします。

↓

5 プリフライトチェックの結果が表示されます。

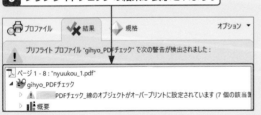

Q 119 》 CMYK以外の色が使われて いないか確認するには？

《 印刷工程ツール 》

エディション Standard **Pro** Reader

A 「印刷工程」ツールの 「出力プレビュー」で確認できます。

PDFやデータが指定どおりの色で作成されているか、Acrobatで確認できます。「印刷工程」ツール（Q.115参照）をツールパネルウィンドウに表示し、＜出力プレビュー＞をクリックします。「出力プレビュー」ダイアログボックスが表示されるので、「色分解」の項目で、使用されている色を確認できます。

1 「印刷工程」ツールを表示し、＜出力プレビュー＞をクリックします。

↓

2 「出力プレビュー」ダイアログボックスが表示されます。「色分解」で使用されている色を確認できます。

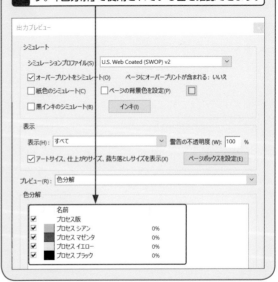

PDFとAcrobatの基本

表示と閲覧

印刷 3

編集と管理

作成と保護

校正とレビュー

フォームと署名

モバイル版

Document Cloud

Acrobat Web

Q 120 版ごとのプレビューを確認するには？

A 「印刷工程」ツールの「出力プレビュー」で確認できます。

日頃よく目にするカラー印刷は、大体が4色で印刷されています。4色のカラー原稿は、C（シアン）、M（マゼンタ）、Y（イエロー）、B（ブラック）の4色に色分解をして作った4枚の版に同色の印刷インキを刷り重ねて、紙面上に表現します。Acrobatの「印刷工程」ツール（Q.115参照）では、特定の版ごとのプレビュー画面を確認することも可能です。

1 「印刷工程」ツールを表示し、＜出力プレビュー＞をクリックします。

2 プレビューしたい版以外のチェックボックスをクリックしてチェックを外すと、チェックの付いた版のプレビューを確認できます。

Q 121 用紙の色をシミュレートするには？

A 「印刷工程」ツールの「出力プレビュー」でシミュレートできます。

Acrobatでは、PDFを実際の紙の上に印刷した場合、色がどのように見えるかシミュレートすることができます。「印刷工程」ツール（Q.115参照）を表示し、＜出力プレビュー＞をクリックします。「シミュレート」の「紙色のシミュレート」のチェックボックスをクリックしてチェックを付けると、用紙の色をシミュレートすることができます。なお、もう一度クリックしてチェックを外すと、紙色はもとに戻ります。

1 「印刷工程」ツールを表示し、＜出力プレビュー＞をクリックします。

2 「シミュレート」の、「紙色のシミュレート」のチェックボックスをクリックしてチェックを付けます。

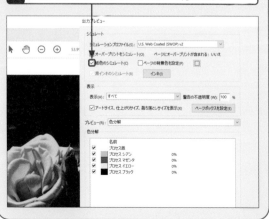

Q 122 » インキの使用量を確認するには？

A 「印刷工程」ツールの「出力プレビュー」でインクの使用量を確認できます。

PDF上でドラッグして任意の箇所を選択すると、インキ総量の割合が各インキ名の横に表示されます。インキの使用量を確認するには、「印刷工程」ツール（Q.115参照）を表示して＜出力プレビュー＞をクリックし、「出力プレビュー」ダイアログボックスを開きます。ここでは、「CMYK」の場合の使用量を確認します。

1 「印刷工程」ツールを表示し、＜出力プレビュー＞をクリックします。

2 インキの使用量を確認したい範囲をドラッグして選択します。

3 「出力プレビュー」ダイアログボックスの「色分解」にインキごとの使用量がパーセンテージで表示されます。

Q 123 » インキを節約して印刷するには？

A 「印刷」画面で「インク/トナーを節約」にチェックを付けて印刷します。

プリンターのほとんどにインキを節約するオプションがありますが、Acrobatでは「印刷」画面でインキ節約の設定をすることができます。印刷したいPDFを開き、「印刷」画面を表示します。「インク/トナーを節約」のチェックボックスをクリックしてチェックを付けて、＜印刷＞をクリックします。このオプションを使用するとインキやトナーが最大15％節約されます。ただし、印刷の仕上がりが通常の印刷と異なり、やや薄い仕上がりとなるので、提出書類などの重要文書には不向きです。

1 「印刷」画面を表示し、「インク/トナーを節約」のチェックボックスをクリックしてチェックを付けます。

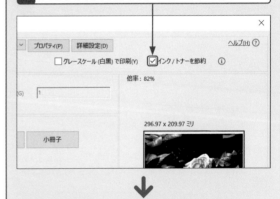

2 ＜印刷＞をクリックすると、印刷されます。

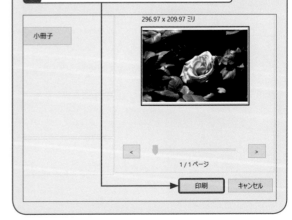

Q 124 » 複数のPDFをまとめて印刷するには？

A エクスプローラーで印刷したいPDFを複数選択して実行します。

Acrobatには複数のPDFをまとめて印刷する機能はありませんが、Windowsの印刷機能を利用すれば、複数のPDFをまとめて印刷できます。なお、AcrobatがPDFの既定のアプリである必要があります（Q.016参照）。

1 Windowsのエクスプローラーでまとめて印刷したい複数のPDFをドラッグして選択し、右クリックします。

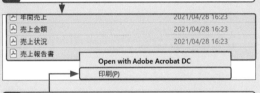

2 ＜印刷＞をクリックすると、まとめて印刷されます。

Q 125 » Macで複数のPDFをまとめて印刷するには？

A プリントキューを開き、ファイルをドラッグ＆ドロップします。

Macで複数のPDFをまとめて印刷したい場合は、「プリントキュー」を表示し、ファイルをドラッグ＆ドロップする方法が便利です。プリントキューを表示するには、＜システム環境設定＞→＜プリンタとスキャナ＞の順にクリックし、使用するプリンタを選択し、＜プリントキューを開く＞をクリックします。

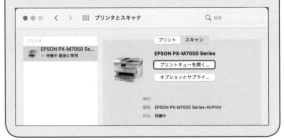

Q 126 » 文字がうまく印刷されない場合は？

A アップデートなど、いくつかの対処方法を試してみましょう。

PDFを印刷したとき、一部の文字がうまく表示されなかったり文字化けしてしまったりすることがあります。PDFがうまく表示されない場合の対処方法はいくつかあるので、必要に応じて対処方法を実行しましょう。

Acrobat のアップデート

最新のアップデートを適用することにより、さまざまな問題が修正されます。

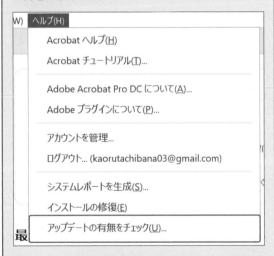

ホームビューで＜ヘルプ＞→＜アップデートの有無をチェック＞の順にクリックすると、自動でチェックが始まります。利用可能なアップデートがある場合は、＜ダウンロードしてインストール＞をクリックすると、アップデートされます。

画像として印刷

PDFを画像として印刷できます（Q.127参照）。文字化けなどを回避できます。

フォントの埋め込み

フォントが埋め込まれていないPDFを印刷すると文字化けなどが発生してしまう場合があります。フォントが埋め込まれているか確認しましょう（Q.020参照）。

PDFとAcrobatの基本

1

表示と閲覧

2

3
印刷

編集と管理

4

作成と保護

5

校正とレビュー

6

フォームと署名

7

モバイル版

8

Document Cloud

9

Acrobat Web

10

Q 127 ‖ 印刷トラブル ‖   エディション Standard Pro Reader

127 » 画像がうまく印刷されない場合は？

A 「印刷」画面で「画像として印刷」で印刷します。

PDFを印刷するとき、印刷時に処理できない画像やフォントなど、破損したコンテンツがファイルに含まれることがあり、問題が発生するときがあります。このような場合、PDFを画像として印刷すると、単純な画像データとしてプリンターに送信するので、うまく印刷処理されないという事態を回避することができます。「画像として印刷」機能を利用すると、画像とフォント（とくにエッジ）がやや粗く見える可能性もありますが、必要に応じて解像度を設定することもできます。

1 「印刷」画面で＜詳細設定＞をクリックし、

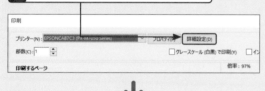

↓

2 「画像として印刷」のチェックボックスをクリックしてチェックを付け、解像度に数値を入力します。

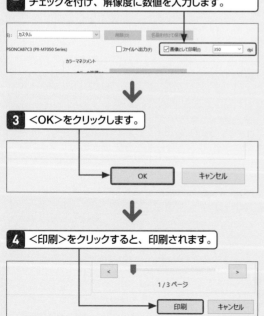

↓

3 ＜OK＞をクリックします。

↓

4 ＜印刷＞をクリックすると、印刷されます。

Q 128 ‖ 印刷トラブル ‖   エディション Standard Pro Reader

128 » PDFそのものがうまく印刷されないときは？

A プリンターメーカーのFAQを参照しましょう。

PDFを印刷するときのトラブルにはさまざまな原因が考えられます。原因によって解決のアプローチが異なるので、あれこれと違う方法を試していると時間も手間もかかってしまいます。PDFそのものがうまく印刷されない場合は、プリンター自体の問題かもしれません。そのような場合は、プリンターメーカーが出している「FAQ（よくあるご質問）」のWebページを参照してみるとよいでしょう。また、使用しているプリンタードライバーのバージョンが古かったり、破損していたりする場合もうまく印刷できません。そのような場合は、現在のプリンタードライバーを削除して、再インストールすることで印刷できるようになることもあります。なお、プリンタードライバーの再インストールを行う際は、「パソコンのバージョンに対応しているドライバーか」「最新バージョンのプリンタードライバーが提供されているか」など、事前に確認しておくとよいでしょう。

プリンターメーカーのFAQ

https://faq.ricoh.jp/app/answers/detail/a_id/97/~/pdf

https://faq2.epson.jp/web/Detail.aspx?id=35530

第 **4** 章

編集と管理の「こんなときどうする?」

PDFとAcrobatの基本 1

表示と閲覧 2

印刷 3

編集と管理 4

作成と保護 5

校正とレビュー 6

フォームと署名 7

モバイル版 8

Document Cloud 9

Acrobat Web 10

Q ‖ 編集 ‖

129 » 「ページを整理」ツールや 「PDFを編集」ツールについて知りたい!

A ページの編集やテキストや画像の修正などができるツールです。

PDFは「編集できない」または「編集しづらい」と誤解されがちですが、Acrobat Pro DCやAcrobat Standard DCではPDFを直接編集できます。ページの削除や挿入などの編集、テキストや画像の新規追加や修正など、編集機能は非常に豊富です。AcrobatでPDFを編集するときは、「ページを整理」ツールや「PDFを編集」ツールを使いましょう。これらは、<ツール>をクリックして、「作成と編集」から選択するほか、右側のツールパネルウィンドウから選択することも可能です。
それぞれのツールの特徴は以下のとおりです。

「ページを整理」ツール

PDFは、紙媒体の書籍をそのままデジタル化することを目的とした文書用フォーマットです。そのため、文書単位、あるいはページ単位の編集機能はむしろOfficeを凌ぎます。たとえば、ページ単位の編集では、Acrobatを使うとページの削除や並べ替え、挿入、抽出、分割、置換などあらゆる操作ができます。さらに複数のPDFを1つに結合することもできます。

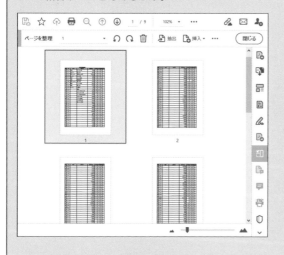

「PDFを編集」ツール

PDFは、テキストのコピーや貼り付け、削除のような基本操作はもちろん、フォントや文字サイズ、文字色の編集も行えます。箇条書きやリスト、ヘッダーやフッター、オブジェクトの整列といった、ビジネス文書に欠かせない機能にも対応しています。
なお、テキストを編集する際、表示されているフォントと同じフォントがパソコンにインストールされていないと別のフォントで表示されるので注意してください（Q.149参照）。

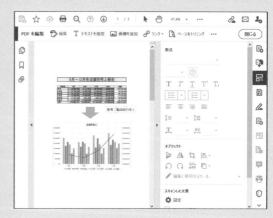

PDFとAcrobatの基本 1
表示と閲覧 2
印刷 3
編集と管理 4
作成と保護 5
校正とレビュー 6
フォームと署名 7
モバイル版 8
Document Cloud 9
Acrobat Web 10

Q 編集 ｜ エディション Standard Pro Reader

130 » ページの順序を入れ替えたい！

A 「ページを整理」ツールでページをドラッグして入れ替えます。

ページの順序を入れ替えるには、＜ツール＞→＜ページを整理＞の順にクリックして「ページを整理」ツールを表示し、移動したいページを、移動先までドラッグします。なお、Shift キーや Ctrl キーを押しながらクリックすると、複数のページを選択・移動できます。また、ナビゲーションパネルのページサムネイルでも同様の操作で入れ替えが行えます。

1 ＜ツール＞をクリックし、

2 ＜ページを整理＞をクリックします。

3 ページを移動先までドラッグすると、ページが移動します。

Q 編集 ｜ エディション Standard Pro Reader

131 » ほかのPDFのページを挿入したい！

A 「ページを整理」ツールでページをドラッグして挿入します。

ほかのPDFのページを挿入するには、2つのPDFをそれぞれ別ウィンドウで開いて「ページを整理」ツールを表示し、移動したいページを別のPDFの移動先までドラッグします。また、ナビゲーションパネルのページサムネイルでも同様の操作で挿入が行えます。

1 追加したいページがあるPDFと、追加先のPDFを開いた状態で＜ウィンドウ＞をクリックし、

2 ＜並べて表示＞→＜左右に並べて表示＞の順にクリックします。

3 双方のウィンドウで＜ツール＞→＜ページを整理＞の順にクリックします。

4 追加したいPDFのページを、追加先までドラッグすると、ドラッグ先にページが追加されます。

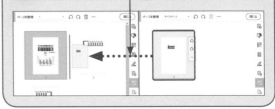

PDFとAcrobatの基本 1
表示と閲覧 2
印刷 3
編集と管理 4
作成と保護 5
校正とレビュー 6
フォームと署名 7
モバイル版 8
Document Cloud 9
Acrobat Web 10

Q 編集 | エディション Standard Pro Reader

132 » ページを抽出したい！

A 「ページを整理」ツールの
<抽出>をクリックします。

PDFから任意のページを抽出するには、「ページを整理」ツールを表示し、抽出したいページを選択して<抽出>をクリックします。手順**3**の画面で「抽出後にページを削除」にチェックを付けて、<抽出>をクリックすると、抽出したページがもとのPDFから削除されます。「ページを個別のファイルとして抽出」にチェックを付けて<抽出>をクリックすると、抽出ページをそれぞれ新規のPDFとして保存できます。また、ナビゲーションパネルのページサムネイルを右クリックして<抽出>をクリックすることでも同様の操作が行えます。

1 <ツール>をクリックし、

2 <ページを整理>をクリックします。

3 <抽出>をクリックして、抽出するページを選択し、

4 <抽出>をクリックします。

Q 編集 | エディション Standard Pro Reader

133 » 決まったページ数で ページを分割したい！

A 「ページを整理」ツールの
<分割>をクリックします。

決まったページ数でページを分割するには、「ページを整理」ツールを表示し、分割するページ数を指定して<分割>をクリックします。

1 Q.130の手順**1**～**2**を参考にして、「ページを整理」ツールを表示し、<分割>をクリックします。

2 「次で分割」で<ページ数>を選択し、分割の基準となるページ数を入力します。

3 <出力オプション>をクリックし、分割したPDFファイルの保存場所やファイル名などを設定して、

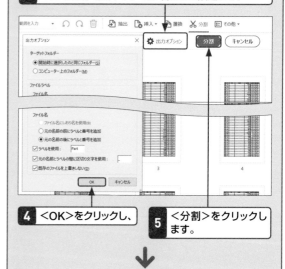

4 <OK>をクリックし、

5 <分割>をクリックします。

6 <OK>をクリックします。

Q 編集 | Standard | Pro | Reader

134 » 決まったファイルサイズで ページを分割したい！

A 「ページを整理」ツールの ＜分割＞をクリックします。

決まったファイルサイズでページを分割するには、「ページを整理」ツールを表示し、分割するファイルサイズを指定して＜分割＞をクリックします。

1 ＜ツール＞をクリックし、

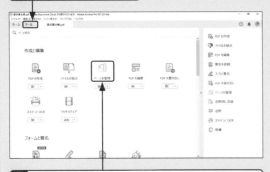

2 ＜ページを整理＞→＜分割＞の順にクリックします。

3 「次で分割」で＜ファイルサイズ＞を選択して、分割の基準となるファイルサイズを入力し、

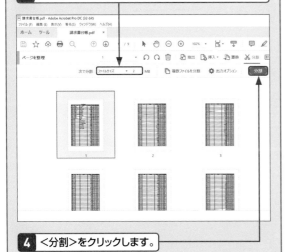

4 ＜分割＞をクリックします。

Q 編集 | Standard | Pro | Reader

135 » ページを置換したい！

A 「ページを整理」ツールの ＜置換＞をクリックします。

Acrobatでは、PDFのページを別のPDFのページで置換することができます。たとえば、「PDF1」と「PDF2」があった場合、「PDF1」の一部のページを「PDF2」のページと差し替えることができます。

1 Q.130の手順**1**〜**2**を参考にして、「ページを整理」ツールを表示し、＜置換＞をクリックします。

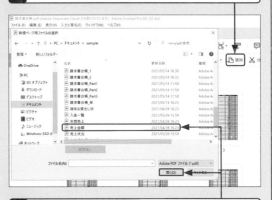

2 置換するページが含まれているPDFを選択し、＜開く＞をクリックします。

3 「元のページ」に置換するページの範囲、「置換後のページ」に置換するページの開始ページを入力し、

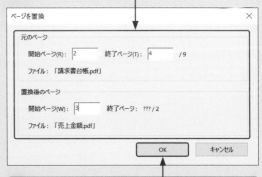

4 ＜OK＞→＜はい＞の順にクリックすると、ページが置換されます。

PDFとAcrobatの基本　1

表示と閲覧　2

印刷　3

編集と管理　4

作成と保護　5

校正とレビュー　6

フォームと署名　7

モバイル版　8

Document Cloud　9

Acrobat Web　10

Q | 編集 | エディション Standard Pro Reader

136 » 複数のPDFを 1つに結合したい！

A 「ファイルを結合」ツールで複数の ファイルを1つにまとめられます。

複数のPDFを1つに結合するには、＜ツール＞→＜ファイルを結合＞→＜ファイルを追加＞の順にクリックし、結合するファイルを選択します。結合する順番を入れ替え、＜結合＞をクリックするとファイルが結合されます。

1 ＜ツール＞をクリックし、

2 ＜ファイルを結合＞をクリックします。

↓

3 ＜ファイルを追加＞をクリックし、複数のファイルを 選択して＜開く＞をクリックします。

↓

4 追加されたファイルをドラッグして順番を入れ替え、

5 ＜結合＞をクリックすると、1つにまとめられます。

Q | 編集 | エディション Standard Pro Reader

137 » ページを削除したい！

A 「ページを整理」ツールの ＜ページを削除＞をクリックします。

ページを削除するには、「ページを整理」ツールを表示し、削除するページを選択して＜ページを削除＞をクリックします。また、ナビゲーションパネルのページサムネイルを右クリックして＜ページを削除＞をクリックすることでもページを削除できます。

1 ＜ツール＞をクリックし、

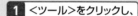

2 ＜ページを整理＞をクリックします。

↓

3 削除するページをドラッグして選択し、

4 🗑 をクリックします。

↓

5 ＜OK＞をクリックします。

Adobe Acrobat　×

⚠ 文書からページを削除してよろしいですか？

OK　　キャンセル

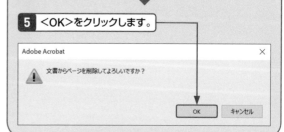

Q ‖ 編集 ‖

138 ≫ ページサイズを変更したい!

A 「ページを整理」ツールの<その他>→<ページボックスを設定>と
「印刷」画面から変更できます。

Acrobatでは、ページサイズを変更することも可能です。ページサイズを変更する主な方法としては2つあります。1つ目は「ページを整理」ツールの<その他>→<ページボックスを設定>から行う方法で(Acrobat Proのみ)、2つ目は「印刷」画面(Q.087参照)から行う方法です。ここでは、それぞれのやり方について紹介します。

「ページを整理」ツールから行う(Acrobat Proのみ)

1 Q.130の手順**1**〜**2**を参考にして、「ページを整理」ツールを表示します。

2 <その他>→<ページボックスを設定>の順にクリックします。

3 「ページサイズを変更」で任意の項目(ここでは「固定サイズ」)を選択し、ページサイズ(ここでは「A3」)を設定します。

4 「ページ範囲」(ここでは「すべて」)を設定して、

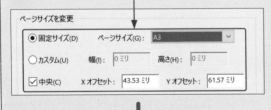

5 <OK>をクリックします。

「印刷」画面から行う

1 Q.087を参考に「印刷」画面を表示します。

2 「プリンター」で<Adobe PDF>を選択して、

3 <ページ設定>をクリックします。

4 「サイズ」でページサイズ(ここでは「A4」)を選択し、

5 <OK>をクリックします。

用紙
サイズ(Z): A4
給紙方法(S): 自動選択

OK キャンセル

6 <印刷>→<保存>の順にクリックします。

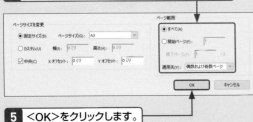

Q ‖ 編集 ‖

エディション　Standard　Pro　Reader

139 » 単ページのPDFを見開きのPDFにするには？

A 「印刷」画面から「プリンター」を「Adobe PDF」に設定して行います。

印刷機能を利用して、単ページからなるPDFをつなげて、ページが見開き状態のPDFを作成することができます。

1 Q.087を参考に「印刷」画面を表示します。

2 「プリンター」で<Adobe PDF>をクリックして選択します。

3 「ページサイズ処理」で<複数>をクリックし、

4 「1枚あたりのページ数」が<2>、「ページの順序」が<横>になっていることを確認します。

5 <プロパティ>をクリックします。

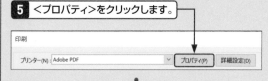

6 「Adobe PDFのページサイズ」で現在の用紙の倍のサイズ（ここでは<A3>）をクリックして選択し、

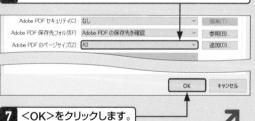

7 <OK>をクリックします。

8 「向き」が「縦」になっていることを確認して、

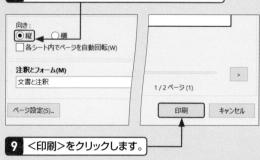

9 <印刷>をクリックします。

10 PDFが作成されるので、任意のファイル名を入力し、<保存>をクリックします。

11 保存したPDFを開くと、向きが縦になっているので、<ツール>→<ページを整理>の順にクリックし、「ページを整理」ツールを表示します。◌ をクリックしてページを回転させ、Q.185を参考に保存します。保存したPDFを再度開きます。

12 見開きのPDFが作成されます。

PDFとAcrobatの基本 1

表示と閲覧 2

印刷 3

編集と管理 4

作成と保護 5

校正とレビュー 6

フォームと署名 7

モバイル版 8

Document Cloud 9

Acrobat Web 10

Q 編集　　　　　　　　　エディション Standard Pro Reader

140 » 見開きのPDFを単ページのPDFにするには？

A 「印刷」画面から「プリンター」を「Adobe PDF」に設定して行います。

印刷機能を利用して、見開きページのPDFから単ページのPDFを作成することも可能です。「単ページのPDFを見開きのPDFにする」方法（Q.139参照）と、操作の仕方は似ているので、合わせて覚えておくとよいでしょう。

1 Q.087を参考に「印刷」画面を表示します。

2 「プリンター」で<Adobe PDF>をクリックして選択します。

3 「ページサイズ処理」で<ポスター>をクリックし、

4 「倍率」に「99.9」と入力します。

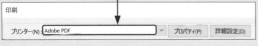

5 <プロパティ>をクリックします。

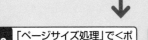

6 「Adobe PDFのページサイズ」で現在の用紙の半分のサイズ（ここでは<A4>）をクリックして選択し、

7 <OK>をクリックします。

8 「向き」が「縦」になっていることを確認して、

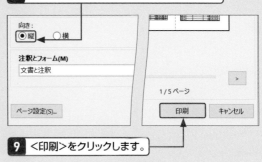

9 <印刷>をクリックします。

10 PDFが作成されるので、任意のファイル名を入力し、<保存>をクリックします。

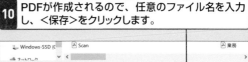

11 保存したPDFを開くと、向きが縦になっているので、<ツール>→<ページを整理>の順にクリックし、「ページを整理」ツールを表示します。⟳をクリックしてページを回転させ、必要に応じてページを入れ替えます。Q.185を参考に保存します。保存したPDFを再度開きます。

12 単ページのPDFが作成されます。

PDFとAcrobatの基本

1

表示と閲覧

2

印刷

3

4 編集と管理

作成と保護

5

校正とレビュー

6

フォームと署名

7

モバイル版

8

Document Cloud

9

Acrobat Web

10

Q 141 ║ トリミング ║ エディション Standard Pro Reader

≫ ページを トリミングしたい！

A 「PDFを編集」ツールの＜ページを トリミング＞をクリックします。

ページをトリミングするには、＜ツール＞→＜PDFを編集＞の順にクリックして「PDFを編集」ツールを表示し、＜ページをトリミング＞をクリックしてトリミングする範囲を指定します。なお、トリミングの編集でカットされた部分は非表示になるだけで、＜編集＞→＜ページをトリミングの取り消し＞の順にクリックするともとに戻せます。

1 ＜ツール＞をクリックし、

2 ＜PDFを編集＞を クリックします。

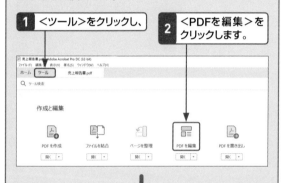

3 ＜ページをトリミング＞をクリックして、

4 トリミングする範囲をドラッグして選択してダブルクリックし、

5 ＜OK＞をクリックします。

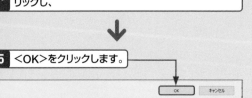

Q 142 ║ トリミング ║ エディション Standard Pro Reader

≫ サイズを指定してページを トリミングしたい！

A 「ページボックスを設定」画面で サイズを指定します。

PDFをトリミングする際、サイズを指定して実行することも可能です。トリミングする範囲をドラッグして選択し、ダブルクリックしたら「ページボックスを設定」画面が表示されます。「余白の制御」で上下左右の余白のサイズを調整できるので任意の数値を入力して、＜OK＞をクリックします。

1 Q.141の手順**1**～**2**を参考に「PDFを編集」ツールを表示し、＜ページをトリミング＞をクリックして、

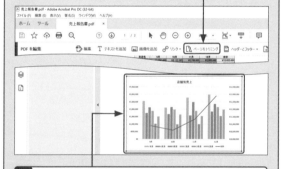

2 トリミングする範囲をドラッグして選択し、ダブルクリックします。

3 「適用先」で＜トリミングサイズ＞をクリックして選択し、「上」「下」「左」「右」にそれぞれ任意の数値を入力し、

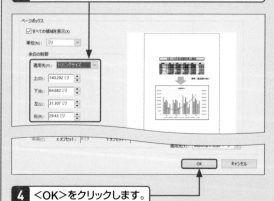

4 ＜OK＞をクリックします。

Q 143 ‖ トリミング ‖
エディション Standard **Pro** Reader

トンボに合わせて トリミングするには？

A 「仕上がりサイズ」を確認して 「トリミングサイズ」に指定します。

トンボ付き（Q.110参照）のPDFなど、不要な余白の部分をカットしたい場合は、「仕上がりサイズ」を確認して、その値を「トリミングサイズ」に指定するとよいでしょう。なお、「仕上がりサイズ」が設定されていないPDFでは、この方法は利用できません。

1 Q.141手順**1**〜**4**を参考に任意のページをトリミングし、「ページボックスを設定」画面を表示します。

2 「適用先」で＜仕上がりサイズ＞をクリックして選択し、

3 「上」「下」「左」「右」に指定されている値を確認します。

4 「適用先」を「トリミングサイズ」にして、手順**3**で確認した値を入力し、

5 ＜OK＞をクリックします。

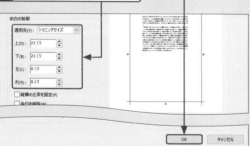

Q 144 ‖ トリミング ‖
エディション Standard **Pro** Reader

全ページ同じサイズで トリミングしたい！

A 「ページボックスを設定」画面の 「ページ範囲」で設定します。

トリミング範囲をすべてのページに適用する場合は、「ページボックスを設定」画面で＜すべて＞をクリックします。

1 Q.141の手順**1**〜**2**を参考に「PDFを編集」ツールを表示し、＜ページをトリミング＞をクリックして、

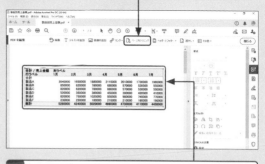

2 トリミングする範囲をドラッグして選択し、ダブルクリックします。

3 「ページ範囲」で＜すべて＞をクリックして選択し、

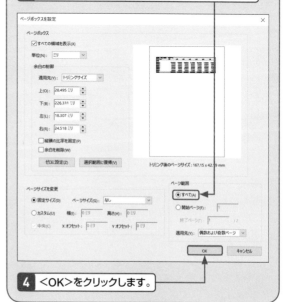

4 ＜OK＞をクリックします。

テキスト　エディション Standard Pro Reader

Q 145 » テキストを編集したい！

A 「PDFを編集」ツールの<編集>をクリックします。

PDFでは、アウトライン化（図形化）されていないテキストであれば編集することが可能です。編集したい部分をクリックするとテキストボックスが表示され、文字の追加や削除などが行えます。ただし、編集するテキストに適用されたフォントがない場合、編集した文字に同じフォントが適用されない場合があります。

1 <ツール>をクリックし、

2 <PDFを編集>をクリックします。

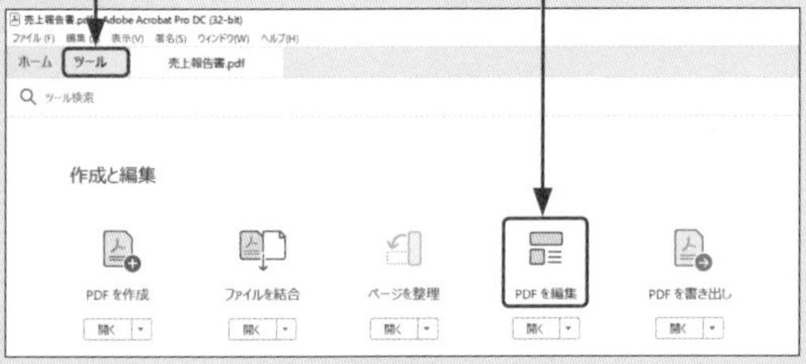

3 <編集>をクリックし、

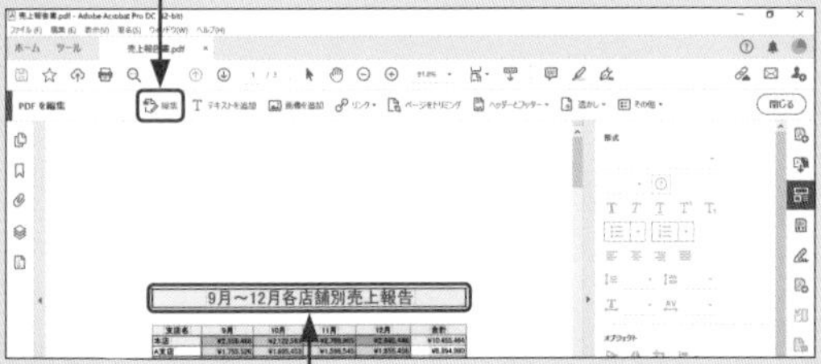

4 編集したい部分をクリックして編集します。

5 <閉じる>をクリックすると、編集を終了できます。

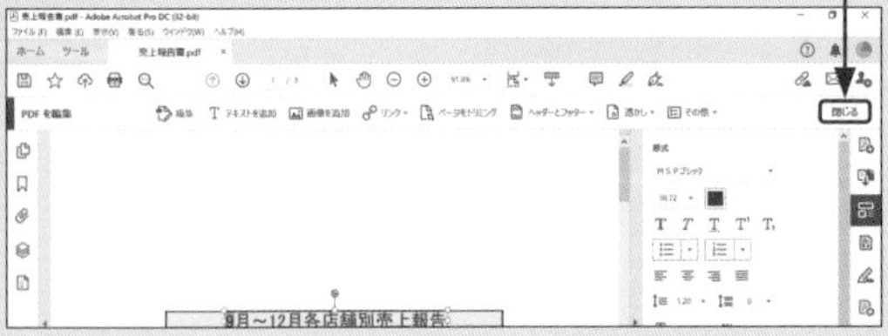

テキスト　エディション Standard Pro Reader

Q 146 » テキストを新規に入力したい！

A 「PDFを編集」ツールの<テキストを追加>をクリックします。

PDF内へのテキストの新規入力は、「PDFを編集」ツールで<テキストを追加>をクリックします。

<テキストを追加>をクリックし、テキストを追加したい部分をドラッグして選択します。テキストボックスが作成されるので、任意のテキストを入力します。

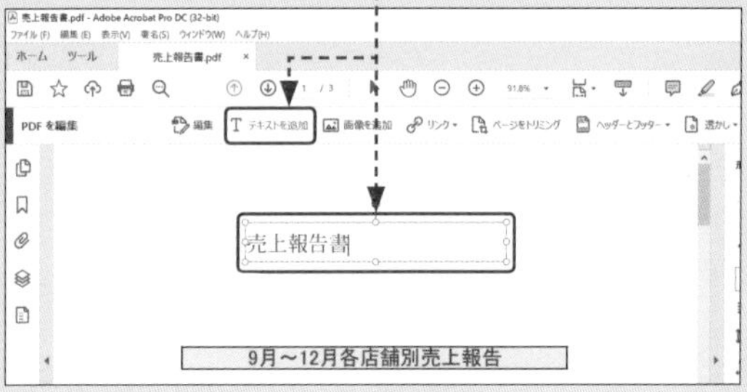

テキスト　エディション Standard Pro Reader

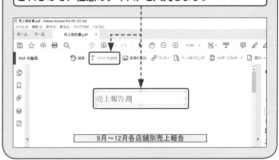

Q 147 » テキストの置換を行うには？

A 検索ツールバーから行います。

Q.068を参考に検索ツールバーを表示して、「置換後の文字列」の▶をクリックし、▼にすると、テキスト入力欄が表示され、テキストの置換が行えます。

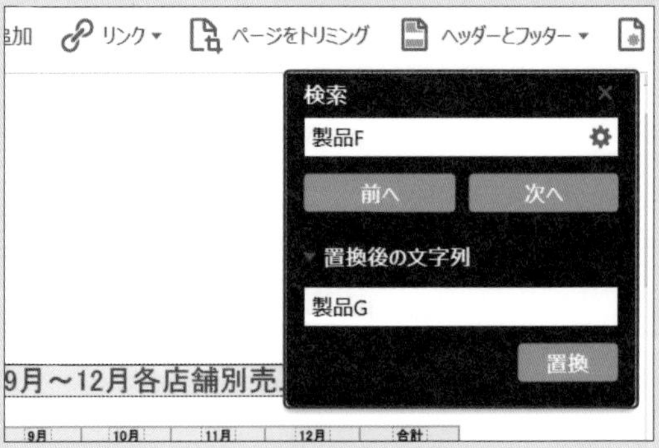

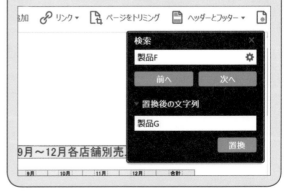

PDFとAcrobatの基本

表示と閲覧 1

印刷 2

編集と管理 3

作成と保護 4

校正とレビュー 5

フォームと署名 6

モバイル版 7

Document Cloud 8

Acrobat Web 9

10

Q 148 ｜｜ テキスト ｜｜ エディション Standard Pro Reader

テキストを編集できないのはなぜ？

A 画像化されている、編集が制限されている、編集モードになっていないなどの理由が考えられます。

PDF内のテキストが編集できない場合、いくつか原因が考えられます。テキストが写真などの画像の場合やアウトライン化（図形化）されたものである場合は編集も選択もできません。また、PDFが作成者によって編集できないよう保護されていたり署名済みだったりする場合があります。詳しくはQ.171を参照してください。そのほか、編集中にツールバーのアイコンをクリックすると編集モードが解除されることがあります。この場合は、再度＜編集＞をクリックしてください。

画像化されている

編集が制限されている

編集モードになっていない

Q 149 ｜｜ テキスト ｜｜ エディション Standard Pro Reader

表示されているフォントが選択できないのはなぜ？

A 表示されているフォントがパソコンにインストールされていないからです。

PDF内のテキストを修正したり文字を追加したりする際、表示されているテキストのフォントが選択できない場合があります。これは、表示にはPDFに埋め込まれたフォントが使われているものの、使用しているパソコンにそのフォントがインストールされていないためです。多くの場合、「元のフォント○○が使用できないか、編集に使用できません。代わりに△△を使用しています。」と表示され、使用可能な別のフォントが割り当てられます。

対処法としては、作成者と同じフォント（場合によっては有料）をインストールする、テキスト全体のフォントをインストールされているフォントに変更する、作成者にテキストが埋め込まれていないPDFを作成してもらう、作成者に編集をお願いするなどの方法があります。

> 元のフォント Gill Sans Nova が使用できないか、編集に使用できません。代わりにフォント Minion Pro を使用しています。
>
> ABCDEFGH|

パソコンにもとのフォントが埋め込まれていない場合、Acrobatでテキストを編集しようとすると上図のように表示されます。もとのフォントが使用できないので、編集で入力したテキストは代わりのフォントで表示されます。

パソコン内のフォントを確認するには、Windowsの「設定」画面を表示し、＜個人用設定＞→＜フォント＞の順にクリックします。

PDFとAcrobatの基本

表示と閲覧

印刷

編集と管理 4

作成と保護

校正とレビュー

フォームと署名

モバイル版

Document Cloud

Acrobat Web

Q テキスト
エディション　Standard Pro Reader

150 » テキストの書式を変更するには？

A 「PDFを編集」ツールの「編集」から行えます。

Acrobatの編集機能は、フォントや文字サイズなど、さまざまな書式の変更が可能です。「PDFを編集」ツールからそれぞれ設定できます。

1 <ツール>をクリックし、

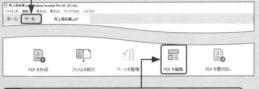

2 <PDFを編集>→<編集>の順にクリックします。

↓

3 編集したいテキストをドラッグして選択します。

↓

4 フォントを変更するには、現在のフォントをクリックし、

5 任意のフォントをクリックします。

↓

6 文字サイズを変更するには、現在の文字サイズをクリックし、任意の文字サイズをクリックします。

Q テキスト
エディション　Standard Pro Reader

151 » テキストボックスのサイズを変更したい！

A 「PDFを編集」ツールの「編集」でテキストボックスの角をドラッグします。

「PDFを編集」ツールでテキストをクリックして選択すると、周りを囲まれた形（テキストボックス）になります。周囲の○をドラッグして広げることで、テキストボックスのサイズを変更することが可能です。なお、テキストの文字サイズを変更したときも（Q.150参照）、自動的にテキストボックスのサイズが変更されます。

1 <ツール>をクリックし、

2 <PDFを編集>→<編集>の順にクリックします。

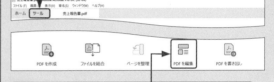

↓

3 テキストをクリックし、

4 周囲の○をドラッグします。

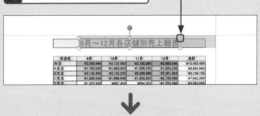

↓

5 テキストボックスのサイズを変更できます。

PDFとAcrobatの基本	1
表示と閲覧	2
印刷	3
編集と管理	4
作成と保護	5
校正とレビュー	6
フォームと署名	7
モバイル版	8
Document Cloud	9
Acrobat Web	10

左段

Q ‖ テキスト ‖ エディション Standard Pro Reader

152 » テキストを移動したい！

A 「PDFを編集」ツールの「編集」で
テキストボックスをドラッグします。

テキストを移動するには、「PDFを編集」ツールで、移動
したいテキストボックスをクリックして、ドラッグし
ます。

1 <ツール>をクリックし、

2 <PDFを編集>→<編集>の順にクリックします。

3 移動させたいテキストをクリックして選択し、移動
先までドラッグします。

4 ドロップするとテキストを移動できます。

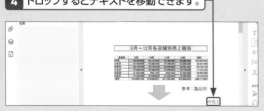

右段

Q ‖ テキスト ‖ エディション Standard Pro Reader

153 » テキストの重なり順を
変更したい！

A 「PDFを編集」ツールの「編集」で
重なり順を変更できます。

テキストの重なりは「PDFを編集」ツールで変更でき
ます。重なりを変更したいテキストをクリックして選
択し、「オブジェクト」の をクリックします。<最前
面へ><最背面へ><前面へ><背面へ>からクリッ
クして選択します。

1 Q.141の手順**1**～**2**を参考に「PDFを編集」ツール
を表示し、<編集>をクリックします。

2 並び順を変更したいテキスト
をクリックして選択し、

3 ・ をクリック
します。

4 任意の並び順（ここでは<最背面へ>）をクリックし
ます。

5 テキストの重なり順が変更できます。

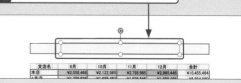

Q 154 » テキストを回転させたい！

Ⅲ テキスト Ⅲ
エディション Standard Pro Reader

A 「PDFを編集」ツールの「編集」から行えます。

テキストを回転させるには、「PDFを編集」ツールで回転させたいテキストをクリックします。選択されたテキストボックスの上に が表示されるので、それをクリックしたまま、左右にマウスをドラッグします。

1 ＜ツール＞をクリックし、

2 ＜PDFを編集＞→＜編集＞の順にクリックします。

3 回転させたいテキストをクリックして選択し、

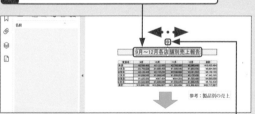

参考：製品別の売上

4 にマウスカーソルを合わせ、形が変わったらクリックしたままマウスを左右にドラッグして回転を調整します。

5 任意の傾きで調整したらマウスから指を離します。

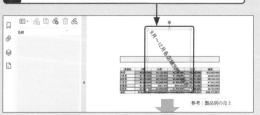

参考：製品別の売上

Q 155 » テキストに太字や下線を適用したい！

Ⅲ テキスト Ⅲ
エディション Standard Pro Reader

A 「PDFを編集」ツールの「編集」でテキストを編集できます。

PDF内のテキストは太字をはじめ斜体、下線などを適用することもできます。PDFの編集機能で、テキストをさらにわかりやすく編集してみましょう。

1 ＜ツール＞をクリックし、

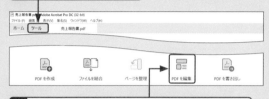

2 ＜PDFを編集＞→＜編集＞の順にクリックします。

3 編集したいテキストをドラッグして選択します。

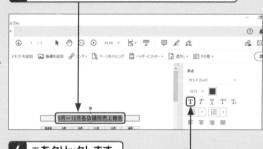

4 T をクリックします。

5 テキストが太字になります。なお、斜体にするには T、下線を引くには T をクリックします。T をクリックすると上付き文字に、T をクリックすると下付き文字に適用することもできます。

Q156 》テキストの水平比率や 文字間隔を変更するには？

A 「PDFを編集」ツールの「編集」で テキストを選択して変更します。

テキスト

PDF内のテキストは「PDFを編集」ツールの「水平比率」の数値で長体や平体にしたり、「文字の間隔」の数値で文字の間隔を調整したりすることができます。

1 Q.141の手順**1**～**2**を参考に「PDFを編集」ツールを表示し、＜編集＞をクリックします。

2 水平比率を変更したいテキストをクリックし、

3 「水平比率」で任意の数値をクリックして選択します。

4 テキストの水平比率が調整されます。

5 テキストを選択した状態のまま、「文字の間隔」で任意の数値をクリックして選択すると、

6 テキストの文字の間隔が調整されます。

Q157 》テキストを 整列させたい！

A 「PDFを編集」ツールの 「編集」から行えます。

テキスト

複数のテキストを整列して位置を揃えるには、「PDFを編集」ツールで整列させたいテキストをクリックして複数選択し、「オブジェクト」の をクリックします。メニューが表示されるので、＜左揃え＞＜上揃え＞＜中央揃え＞などの項目からクリックして選択します。

1 ＜ツール＞をクリックし、

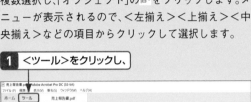

2 ＜PDFを編集＞→＜編集＞の順にクリックします。

3 整列させたいテキストをクリックして複数選択し、

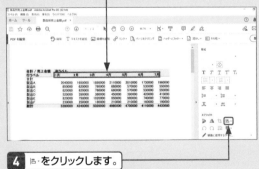

4 をクリックします。

5 ここでは＜中央揃え＞をクリックします。

30000	1960000
530000	550000
630000	550000
320000	410000
740000	770000
60000	190000
10000	4430000

≡ 左揃え
⊟ 上下中央揃え
≡ 右揃え
◻ 上揃え
◻ 中央揃え
◻ 下揃え

オブジェクト

PDFとAcrobatの基本

表示と閲覧

印刷

編集と管理

作成と保護

校正とレビュー

フォームと署名

モバイル版

Document Cloud

Acrobat Web

1
2
3
4
5
6
7
8
9
10

Q 158 ≫ 箇条書きの状態を 保ったまま編集したい！

A テキストの末尾をクリックして Enter キーを押します。

Office文書の箇条書き機能で作成した箇所は、PDFにした際も箇条書きとして編集できます。同様に段落機能で作成した箇所は、番号付きリストとして編集可能です。「PDFを編集」ツールでは箇条書き全体が1つのテキストボックス内で扱われ、文字列の折り返しなども保持されます。項目の最後でEnter キーを押すと、マークや連番が保たれたまま、新しい項目を追加することができます。

1 ＜ツール＞をクリックし、

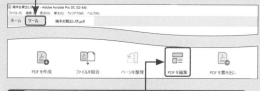

2 ＜PDFを編集＞→＜編集＞の順にクリックします。

3 編集したい箇条書きの末尾をクリックし、Enterキーを押します。

4 マークや連番が保持されたまま、新しい項目が追加されます。

Q 159 ≫ 箇条書きの種類を 変更したい！

A 「PDFを編集」ツールの 「編集」から行えます。

「PDFを編集」ツールでは箇条書きの種類を変更することもできます。箇条書きの種類を変更したいテキストをドラッグして選択し、右側のツールパネルウィンドウから任意の箇条書きのアイコンをクリックして選択します。

1 ＜ツール＞をクリックし、

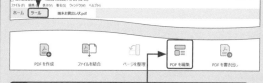

2 ＜PDFを編集＞→＜編集＞の順にクリックします。

3 箇条書きを変更したいテキストをドラッグして選択します。

4 の をクリックし、任意のアイコンをクリックします。

5 箇条書きが変更されます。

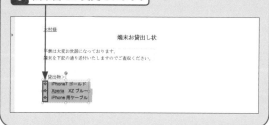

Q 160 » PDF内の画像やオブジェクトを編集したい！

エディション Standard Pro Reader

A 「PDFを編集」ツールの「編集」で画像やオブジェクトの編集ができます。

PDF内の画像やオブジェクトは、「PDFを編集」ツールで編集することができます。ツールパネルの「オブジェクト」のアイコンをクリックしたり、画像やオブジェクトを右クリックしたりして操作します。画像やオブジェクト自体の編集は行えませんが、差し替えや移動、サイズ変更といった配置に関する編集が可能です。

1 <ツール>をクリックし、

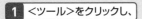

2 <PDFを編集>→<編集>の順にクリックします。

3 編集したい画像を右クリックします。

4 任意の編集機能をクリックすると編集できます。

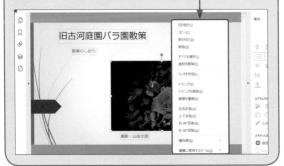

Q 161 » PDF内の画像やオブジェクトを差し替えたい！

エディション Standard Pro Reader

A 画像やオブジェクトを右クリックして<画像を置換>をクリックします。

画像やオブジェクトを差し替えるには、「PDFを編集」ツールで画像やオブジェクトを右クリックし、表示されるメニューで<画像を置換>をクリックします。差し替えた画像は、自動的にもとのサイズに合わせて表示されます。

1 Q.141手順**1**～**2**を参考にして、「PDFを編集」ツールを表示します。

2 差し替えたい画像を右クリックし、 **3** <画像を置換>をクリックします。

4 差し替え先の画像をクリックし、 **5** <開く>をクリックします。

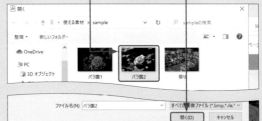

6 画像が差し替わります。

PDFとAcrobatの基本 1
表示と閲覧 2
印刷 3
編集と管理 4
作成と保護 5
校正とレビュー 6
フォームと署名 7
モバイル版 8
Document Cloud 9
Acrobat Web 10

Q 画像 エディション Standard Pro ~~Reader~~

162 » 画像やオブジェクトを追加したい！

A 「PDFを編集」ツールで＜画像を追加＞をクリックします。

画像やオブジェクトを追加するには、「PDFを編集」ツールで＜画像を追加＞をクリックします。その後、必要に応じて位置やサイズを調節します（Q.163〜165参照）。

1 ＜ツール＞をクリックし、

2 ＜PDFを編集＞をクリックします。

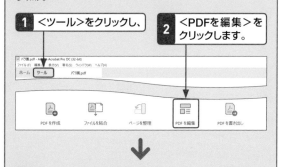

3 ＜画像を追加＞をクリックし、追加したい画像をクリックして選択し、

4 ＜開く＞をクリックします。

5 追加したい部分でクリックすると、画像が追加されます。

Q 画像 エディション Standard Pro ~~Reader~~

163 » 画像やオブジェクトを移動したい！

A 「PDFを編集」ツールの「編集」で画像やオブジェクトをドラッグします。

画像やオブジェクトを移動するには、「PDFを編集」ツールで移動したい画像やオブジェクトをクリックし、ドラッグ＆ドロップします。移動に失敗してしまったときは、＜編集＞→＜移動の取り消し＞の順にクリックすることで、もとに戻すことができます。

1 ＜ツール＞をクリックし、

2 ＜PDFを編集＞→＜編集＞の順にクリックします。

3 移動させたい画像をクリックして選択し、

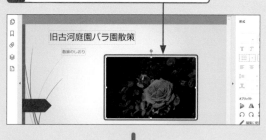

4 ドラッグして移動先まで動かし、ドロップすると画像が移動します。

Q 164 » 画像やオブジェクトの サイズを変更したい！

A 「PDFを編集」ツールの「編集」で ボックスの角をドラッグします。

画像やオブジェクトのサイズを変更するには、「PDFを編集」ツールで画像をクリックして選択し、周囲の○をドラッグしてサイズを調整します。

1 ＜ツール＞をクリックし、

2 ＜PDFを編集＞→＜編集＞の順にクリックします。

↓

3 サイズを変更したい画像をクリックして選択し、

4 ○にマウスカーソルを合わせて、形が変わったらドラッグしてサイズを調整します。

↓

5 ドロップすると、画像サイズを変更できます。

Q 165 » 画像やオブジェクトを 整列させたい！

A 「PDFを編集」ツールの「編集」で ＜オブジェクトを整列＞をクリックします。

複数の画像やオブジェクトを整列するには、「PDFを編集」ツールで複数の画像やオブジェクトをクリックし、＜オブジェクトを整列＞をクリックします。メニューが表示されるので、＜左揃え＞＜上揃え＞＜中央揃え＞などの項目からクリックして選択します。

1 Q.141手順**1**〜**2**を参考にして、「PDFを編集」ツールを表示します。

2 整列させたい画像やオブジェクト（ここでは画像）を複数選択して、

3 ○・をクリックし、

↓

4 任意の整列項目（ここでは＜中央揃え＞）をクリックします。

↓

5 画像が整列します。

PDFとAcrobatの基本 1 / 表示と閲覧 2 / 印刷 3 / 編集と管理 4 / 作成と保護 5 / 校正とレビュー 6 / フォームと署名 7 / モバイル版 8 / Document Cloud 9 / Acrobat Web 10

107

Q 166 ≫ 画像やオブジェクトの重なり順を変更したい！

エディション Standard Pro Reader

A 「PDFを編集」ツールの＜オブジェクトを並べ替え＞をクリックします。

複数の画像やオブジェクトの重なり順を変更するには、「PDFを編集」ツールで画像やオブジェクトをクリックし、＜オブジェクトを並べ替え＞をクリックします。メニューが表示されるので、前面や背面に移動したり、最前面や最背面に一気に移動したりします。

1 Q.141手順 **1**〜**2** を参考にして、「PDFを編集」ツールを表示します。

2 並び順を変更したい画像をクリックして選択し、

3 をクリックし、

4 任意の並び順（ここでは＜最前面へ＞）をクリックします。

5 オブジェクトの重なり順が変更されます。

Q 167 ≫ 画像やオブジェクトを回転させたい！

エディション Standard Pro Reader

A 「PDFを編集」ツールで回転できます。

画像やオブジェクトを回転させるには、「PDFを編集」ツールで回転させたい画像をクリックして、↺（左90°回転）または↻（右90°回転）をクリックします。なお、画像をクリックして選択し、右クリックして、＜左90°回転＞または＜右90°回転＞をクリックしても回転できます。

1 ＜ツール＞をクリックし、

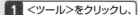

2 ＜PDFを編集＞→＜編集＞の順にクリックします。

3 回転させたい画像をクリックして選択し、

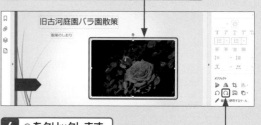

4 をクリックします。

5 画像が右90°回転します。

PDFとAcrobatの基本 1

表示と閲覧 2

印刷 3

編集と管理 4

作成と保護 5

校正とレビュー 6

フォームと署名 7

モバイル版 8

Document Cloud 9

Acrobat Web 10

Q 168 》 画像やオブジェクトを反転させたい！

画像 | エディション Standard Pro Reader

A 「PDFを編集」ツールで反転できます。

画像やオブジェクトを反転させるには、「PDFを編集」ツールで反転させたい画像をクリックして、▷（上下反転）または◭（左右反転）をクリックします。なお、画像をクリックして選択し、右クリックして、＜上下反転＞または＜左右反転＞をクリックしても反転できます。

1 ＜ツール＞をクリックし、

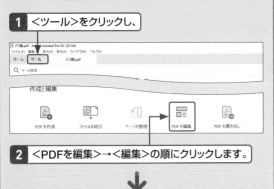

2 ＜PDFを編集＞→＜編集＞の順にクリックします。

↓

3 反転させたい画像をクリックして選択し、

4 ◭をクリックします。

↓

5 画像が反転します。

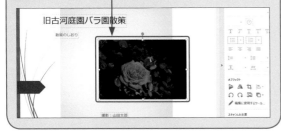

Q 169 》 画像そのものの編集をするには？

画像 | エディション Standard Pro Reader

A ＜編集に使用するツール＞からほかのアプリケーションを開きます。

Acrobatでは画像の追加や差し替えはできますが、画像そのものの編集はできません。そのような場合は、PhotoshopやIllustrator、Microsoftペイントなどのような外部アプリケーションを利用することで画像の編集ができます。Acrobatで画像を選択し、画像編集用アプリケーションを開く方法を紹介します。

1 Q.141手順**1**～**2**を参考にして、「PDFを編集」ツールを表示します。

2 編集したい画像をクリックして選択し、

3 ＜編集に使用するツール＞をクリックします。

↓

4 任意の画像編集アプリケーション（ここでは＜Adobe Photoshop＞）をクリックし、＜はい＞→＜OK＞の順にクリックします。

↓

5 Photoshopが開き、画像の編集ができます。

Q 170 テキストや画像、オブジェクトをコピーするには？

高度な編集 ▐▐

エディション Standard Pro Reader

A ＜編集＞メニューから＜コピー＞をクリックします。

PDF上のテキストや画像などをコピーしたい場合、「PDFを編集」ツールで任意のテキストや画像、オブジェクトをクリックして選択し、メニューバーの＜編集＞→＜コピー＞の順にクリックします。

1 Q.141手順**1**〜**2**を参考にして、「PDFを編集」ツールを表示します。

2 コピーしたいテキストや画像、オブジェクト（ここでは画像）をクリックして選択します。

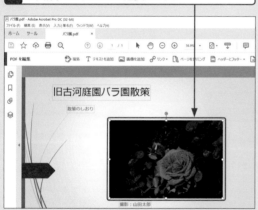

3 メニューバーの＜編集＞をクリックして、

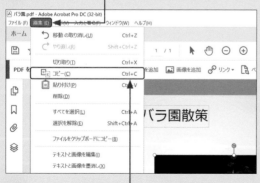

4 ＜コピー＞をクリックすると、選択した項目がクリップボードにコピーされます。

Q 171 保護されたPDF・署名済みのPDFは編集できない？

高度な編集 ▐▐

エディション Standard Pro Reader

A PDFが保護されている場合作成者でなければ編集できません。

Acrobatでは、PDFにパスワードを設定し、印刷や編集など特定の機能を使用禁止にすることで、PDFのアクセス制限を設けることが可能です。PDFにパスワードが設定されている場合、その作成者でなければ文書を編集できないため、PDFの作成者に編集を依頼するか、パスワードを教えてもらう必要があります。パスワードがわかっていれば、パスワードを入力して、PDFを編集することができます。また、PDFが署名（Q.339参照）されている場合、文書の変更を防ぐためロックされており、編集できません。署名されたPDFを編集したい場合は、署名者に署名を削除してもらい、再度PDFを共有してもらうか、未署名のPDFのコピーを送信してもらうといった方法があります。

保護されたPDF

パスワード入力画面で＜キャンセル＞をクリックすると上の画面が表示されます。

署名済みのPDF

作成と編集のほとんどのツールが選択できません。

Q 172 » 背景を追加するには？

A 「PDFを編集」ツールの＜その他＞→＜背景＞→＜追加＞をクリックします。

Acrobatでは、PDFのページに背景を追加できます。背景は単色にできるほか、画像ファイルを素材として利用することも可能です。なお、手順**4**の画面で＜ファイル＞をクリックすると画像を追加できます。

1 Q.141手順**1**〜**2**を参考にして、「PDFを編集」ツールを表示します。

2 ＜その他＞をクリックし、

3 ＜背景＞→＜追加＞の順にクリックします。

4 背景色を追加する場合は＜背景色の変更＞をクリックし、背景色をクリックして選択します。

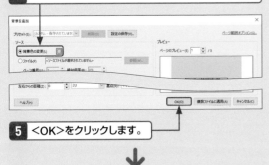

5 ＜OK＞をクリックします。

6 背景が追加されます。

Q 173 » ヘッダーやフッターを追加するには？

A 「PDFを編集」ツールの＜ヘッダーとフッター＞→＜追加＞をクリックします。

Acrobatでは、PDFに「ヘッダー」や「フッター」を追加することもできます。ヘッダーはページの上、フッターはページの下に加えられる文字や数字のことで、章番号や章名、ページ番号などを入れられます。

1 Q.141手順**1**〜**2**を参考にして、「PDFを編集」ツールを表示します。

2 ＜ヘッダーとフッター＞をクリックし、

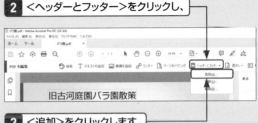

3 ＜追加＞をクリックします。

4 ヘッダーやフッターを追加したい場所（ここでは「右ヘッダーテキスト」）の入力欄に、テキストを入力します。必要に応じて「フォント名」や「サイズ」を設定します。

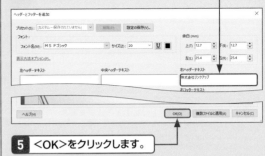

5 ＜OK＞をクリックします。

6 ヘッダーやフッター（ここでは「右ヘッダー」）が追加されます。

PDFとAcrobatの基本

1

表示と閲覧

2

印刷

3

編集と管理 4

作成と保護

5

校正とレビュー

6

フォームと署名

7

モバイル版

8

Document Cloud

9

Acrobat Web

10

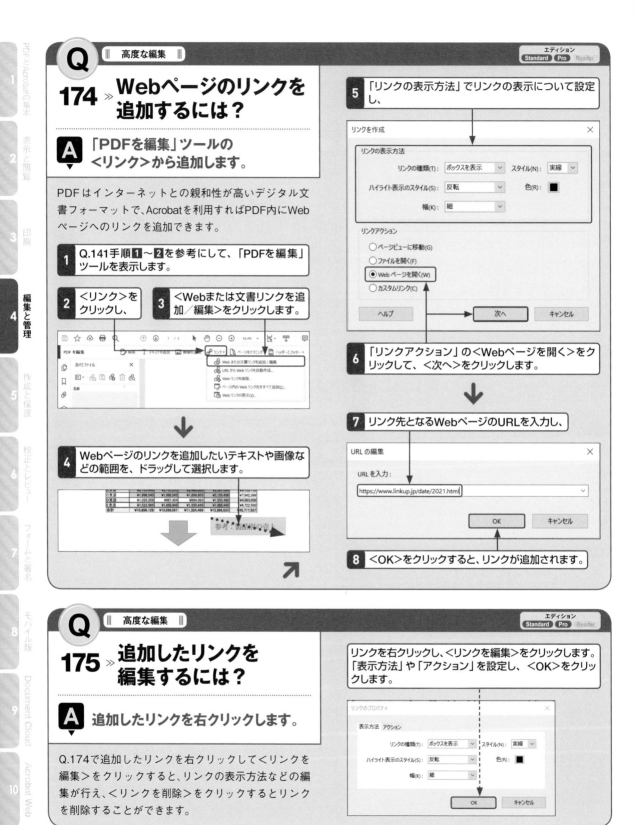

Q ‖ 高度な編集 ‖

174 » Webページのリンクを追加するには？

A 「PDFを編集」ツールの<リンク>から追加します。

PDFはインターネットとの親和性が高いデジタル文書フォーマットで、Acrobatを利用すればPDF内にWebページへのリンクを追加できます。

1 Q.141手順 **1**〜**2**を参考にして、「PDFを編集」ツールを表示します。

2 <リンク>をクリックし、

3 <Webまたは文書リンクを追加／編集>をクリックします。

4 Webページのリンクを追加したいテキストや画像などの範囲を、ドラッグして選択します。

5 「リンクの表示方法」でリンクの表示について設定し、

リンクを作成

リンクの表示方法

リンクの種類(T)： ボックスを表示　　スタイル(N)： 実線
ハイライト表示のスタイル(S)： 反転　　　色(R)： ■
幅(K)： 細

リンクアクション
○ ページビューに移動(G)
○ ファイルを開く(F)
◉ Webページを開く(W)
○ カスタムリンク(C)

ヘルプ　　　次へ　　　キャンセル

6 「リンクアクション」の<Webページを開く>をクリックして、<次へ>をクリックします。

7 リンク先となるWebページのURLを入力し、

URLの編集

URLを入力：
https://www.linkup.jp/date/2021.html

OK　　　キャンセル

8 <OK>をクリックすると、リンクが追加されます。

Q ‖ 高度な編集 ‖

175 » 追加したリンクを編集するには？

A 追加したリンクを右クリックします。

Q.174で追加したリンクを右クリックして<リンクを編集>をクリックすると、リンクの表示方法などの編集が行え、<リンクを削除>をクリックするとリンクを削除することができます。

リンクを右クリックし、<リンクを編集>をクリックします。「表示方法」や「アクション」を設定し、<OK>をクリックします。

リンクのプロパティ

表示方法　アクション

リンクの種類(T)： ボックスを表示　　スタイル(N)： 実線
ハイライト表示のスタイル(S)： 反転　　　色(R)： ■
幅(K)： 細

OK　　　キャンセル

PDFとAcrobatの基本

表示と閲覧

印刷

編集と管理

作成と保護

校正とレビュー

フォームと署名

モバイル版

Document Cloud

Acrobat Web

1
2
3
4
5
6
7
8
9
10

Q 176 》 高度な編集 ヘッダーやフッターに ページ番号を追加するには？

エディション Standard **Pro** Reader

A 「PDFを編集」ツールの＜その他＞→ ＜通し番号＞→＜追加＞をクリックします。

Acrobat Proでは、複数のPDFの全ページにヘッダー、フッターとして通し番号（ページ番号）を追加することができます。

1 Q.141手順**1**～**2**を参考にして、「PDFを編集」ツールを表示します。

2 ＜その他＞をクリックし、

3 ＜通し番号＞→＜追加＞の順にクリックします。

4 必要に応じて＜ファイルを追加…＞をクリックしてファイルを追加し、

5 ＜OK＞をクリックします。

6 通し番号を追加したい場所の入力欄（ここでは「中央フッターテキスト」）をクリックし、

7 ＜通し番号を挿入＞をクリックします。

8 「桁数」に番号の桁数、「開始番号」に最初の番号を入力し、

9 ＜OK＞をクリックします。

10 ＜OK＞→＜OK＞の順にクリックすると、通し番号が追加されます。

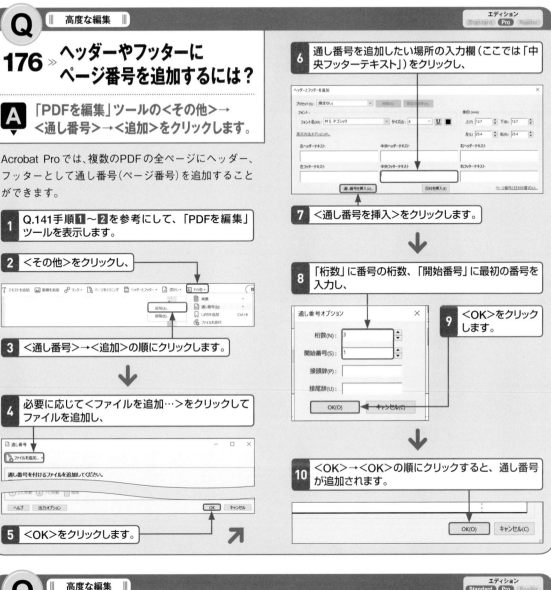

Q 177 》 高度な編集 ファイルを 添付するには？

エディション Standard **Pro** Reader

A 「PDFを編集」ツールの＜その他＞→ ＜ファイルを添付＞をクリックします。

PDFと関連があるファイルがある場合、PDF自体にファイルを添付できます。「PDFを編集」ツールから操作可能です。ファイルは、ナビゲーションパネルの「添付ファイル」に追加されます。

＜その他＞→＜ファイルを添付＞の順にクリックし、添付するファイルをクリックして選択して、＜開く＞をクリックします。

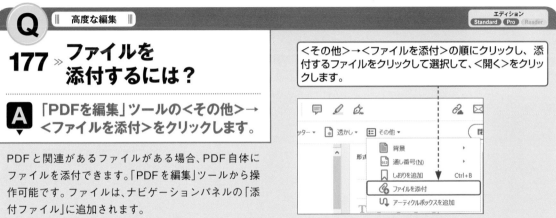

PDFとAcrobatの基本 1
表示と閲覧 2
印刷 3
編集と管理 4
作成と保護 5
校正とレビュー 6
フォームと署名 7
モバイル版 8
Document Cloud 9
Acrobat Web 10

Q ‖ リッチメディア機能 ‖

178 » リッチメディア機能って何？

A アクションのあるボタン、音声ファイルや動画ファイル、
3Dモデルを追加する機能です。

Acrobat Proでは、PDF文書内にアクションのあるボタン、音声ファイル、動画ファイル、3Dモデルを追加できます。これらのリッチメディアを追加する際に使うのがリッチメディア機能で、＜ツール＞をクリック

し、「作成と編集」の＜リッチメディア＞をクリックすると、音声リッチメディアを追加できる「リッチメディア」ツールが表示されます。

リッチメディア

	名称	機能
❶	3Dを追加	3Dオブジェクトを追加できます。
❷	ボタンを追加	アクションボタンを追加し（Q.179参照）、「プロパティ」ビューから選択できます。
❸	サウンドを追加	サウンドオブジェクトを追加できます。
❹	ビデオを追加	ビデオオブジェクトを追加できます。
❺	オブジェクトを選択	オブジェクトを選択できます。

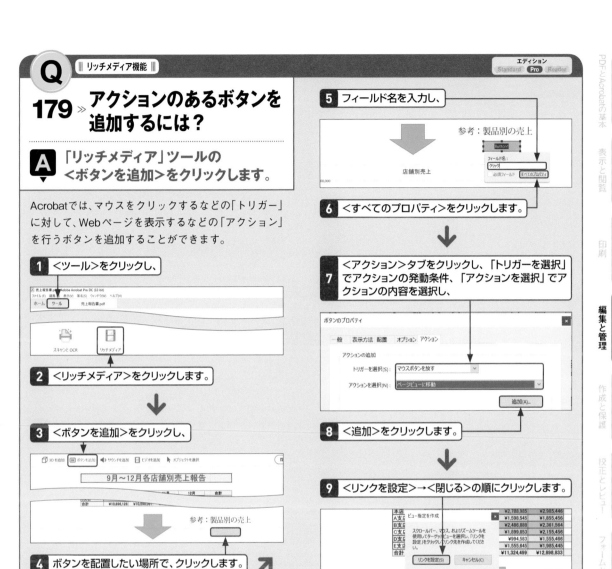

Q ‖ リッチメディア機能 ‖

エディション Standard **Pro** Reader

179 » アクションのあるボタンを 追加するには？

A 「リッチメディア」ツールの <ボタンを追加>をクリックします。

Acrobatでは、マウスをクリックするなどの「トリガー」に対して、Webページを表示するなどの「アクション」を行うボタンを追加することができます。

1 <ツール>をクリックし、

2 <リッチメディア>をクリックします。

3 <ボタンを追加>をクリックし、

9月～12月各店舗別売上報告

参考：製品別の売上

4 ボタンを配置したい場所で、クリックします。

5 フィールド名を入力し、

参考：製品別の売上

6 <すべてのプロパティ>をクリックします。

7 <アクション>タブをクリックし、「トリガーを選択」でアクションの発動条件、「アクションを選択」でアクションの内容を選択し、

8 <追加>をクリックします。

9 <リンクを設定>→<閉じる>の順にクリックします。

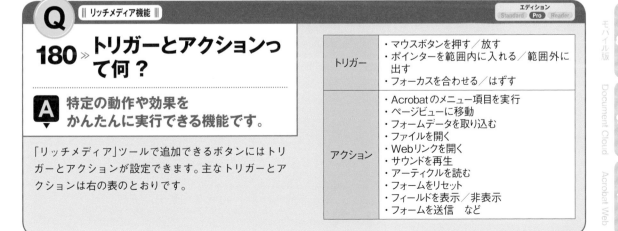

Q ‖ リッチメディア機能 ‖

エディション Standard **Pro** Reader

180 » トリガーとアクションって何？

A 特定の動作や効果をかんたんに実行できる機能です。

「リッチメディア」ツールで追加できるボタンにはトリガーとアクションが設定できます。主なトリガーとアクションは右の表のとおりです。

トリガー	・マウスボタンを押す／放す ・ポインターを範囲内に入れる／範囲外に出す ・フォーカスを合わせる／はずす
アクション	・Acrobatのメニュー項目を実行 ・ページビューに移動 ・フォームデータを取り込む ・ファイルを開く ・Webリンクを開く ・サウンドを再生 ・アーティクルを読む ・フォームをリセット ・フィールドを表示／非表示 ・フォームを送信　など

Q ‖ リッチメディア機能 ‖

181 » 音声や動画を追加するには？

A 「リッチメディア」ツールの＜サウンドを追加＞や＜ビデオを追加＞をクリックします。

Acrobat ProではPDFに音声ファイルや動画ファイルを追加できます。音声ファイルや動画ファイルは再生コントローラー付きで追加され、PDFの閲覧者が自由に再生できます。なお、対応している音声ファイル形式はMP3、動画ファイル形式はMP4やMOVなどです。追加した音声ファイルや動画ファイルの枠をドラッグすると、サイズの変更や移動が可能です。なお、環境によっては音声や動画が再生されないこともあるので、配布用にはあまり向きません。

1 ＜ツール＞をクリックし、

2 ＜リッチメディア＞をクリックします。

3 動画ファイルを追加する場合、＜ビデオを追加＞をクリックして、

4 追加したい部分をドラッグします。

5 ＜参照＞をクリックします。なお、「詳細オプションを表示」のチェックボックスをクリックしてチェックを付け、詳細設定をすることも可能です。

6 追加したい動画ファイルをクリックし、

7 ＜開く＞をクリックします。

8 ＜OK＞をクリックします。

9 動画ファイルが追加され、クリックすると再生されます。

Q 182 » 音声や動画の詳細を変更するには？

A 音声ファイルや動画ファイルを右クリックします。

PDFに追加した音声・動画ファイルは、再生方法などを設定できます。音声・動画ファイルの詳細を変更するときは、PDF上の音声ファイルや動画ファイルの上で右クリックし、＜プロパティ＞をクリックすると、「サウンドを編集」ダイアログボックス（動画ファイルの場合、「ビデオを編集」ダイアログボックス）が表示されるので、各設定項目で再生方法や表示方法など任意の設定を行います。

1 音声ファイルまたは動画ファイルを右クリックし、

2 ＜プロパティ＞をクリックします。

3 各設定項目で任意の項目を設定し、

4 ＜OK＞をクリックします。

Q 183 » 3Dモデルを追加するには？

A 「リッチメディア」ツールの＜3Dを追加＞をクリックします。

Acrobat Proでは3Dファイル（U3D第3版形式またはPRC形式）をPDF上に追加することが可能です。「リッチメディア」ツールで＜3Dを追加＞をクリックして、ページ内をドラッグし、3Dファイルのコンテンツを選択すると「3Dを挿入」ダイアログボックスが表示されるので、＜参照＞をクリックして任意のファイルを選択し、＜開く＞→＜OK＞の順にクリックします。

Q 184 » リッチメディアの移動・削除やサイズを変更したい！

A 「リッチメディア」ツールの＜オブジェクトを選択＞をクリックして行います。

追加したリッチメディアの移動・削除・サイズ変更を行うには、「リッチメディア」ツールの＜オブジェクトの選択＞をクリックします。移動はドラッグで、削除はコンテンツを選択し Delete キーを押します。サイズの変更は、フレームの角をドラッグして調整します。

PDFとAcrobatの基本

1

表示と閲覧

2

印刷

3

編集と管理

4

作成と保護

5

校正とレビュー

6

フォームと署名

7

モバイル版

8

Document Cloud

9

Acrobat Web

10

Q 185 » 編集したPDFを保存したい！

|| 保存 ||

エディション Standard Pro Reader

A <ファイル>メニューから保存できます。

PDFに加えた編集内容を実際にPDFに反映させるには、PDFを保存する必要があります。ただし、一度保存してしまうともとには戻せないため、「上書き保存」する場合は、注意が必要です。

1 メニューバーの<ファイル>をクリックし、

2 <名前を付けて保存>をクリックします。

↓

3 <別のフォルダーを選択>をクリックします。なお、「最近使用したフォルダーに保存」に保存場所がある場合はそれをクリックします。

↓

4 保存先のフォルダを開いて、ファイル名を入力し、

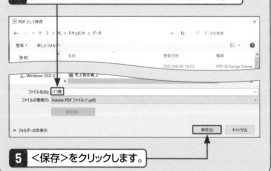

5 <保存>をクリックします。

Q 186 » 変更をもとに戻す／やり直すには？

|| 保存 ||

エディション Standard Pro Reader

A <編集>メニューから直前の編集を取り消せます。

Acrobatを使ってPDFに行った編集は、一部の例外を除けば、いつでも取り消すことができます。なお、もとに戻すには Ctrl キーを押しながら Z キーを押すことでも可能です。

直前の編集をもとに戻したい場合は、メニューバーの<編集>をクリックし、<○○の取り消し>（ここでは<削除の取り消し>）をクリックします。その後、<○○をやり直し>をクリックすると、もとに戻した操作をやり直せます。

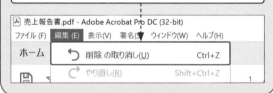

Q 187 » PDFを最初の状態に戻したい！

|| 保存 ||

エディション Standard Pro Reader

A <ファイル>メニューの<復帰>から最初の状態に戻せます。

PDFをどれだけたくさん編集したあとでも、保存していなければ、いつでも「最後に保存したときの状態」に戻すことが可能です。

メニューバーの<ファイル>→<復帰>の順にクリックすると、PDFを読み込んだ直後の状態に戻ります。

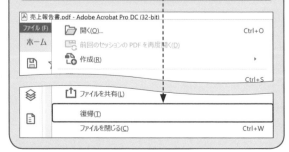

Q 188 ≫ 変換・管理 エディション Standard Pro Reader

PDFを画像ファイルに変換するには？

A ＜ファイル＞メニューの＜書き出し＞から変換できます。

Acrobatでは、PDFの各ページを画像ファイルとして保存することができます。

1 メニューバーの＜ファイル＞をクリックし、
2 ＜書き出し形式＞をクリックして、

3 ＜画像＞をクリックし、

4 出力したい画像ファイル形式（ここでは＜PNG＞）をクリックします。

5 保存先のフォルダを開いて、ファイル名を入力し、

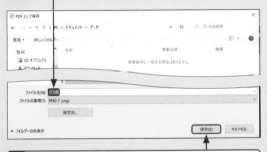

6 ＜保存＞をクリックすると、各ページが画像ファイルとして保存されます。

Q 189 ≫ 変換・管理 エディション Standard Pro Reader

PDF内の画像を書き出すには？

A 「PDFを書き出し」ツールからできます。

Acrobatでは、PDF内の画像だけを書き出すこともできます。PDF内の画像をほかの作業に流用する場合などに便利です。

1 ＜ツール＞をクリックし、
2 ＜PDFを書き出し＞をクリックします。

3 ＜画像＞をクリックし、

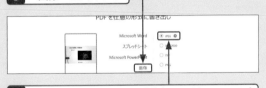

4 出力したい画像ファイル形式（ここでは＜JPEG＞）をクリックし、

5 「すべての画像を書き出し」のチェックボックスをクリックしてチェックを付け、

6 ＜書き出し＞をクリックします。

7 ＜別のフォルダーを選択＞をクリックし、Q.185手順 **3** ～ **5** を参考に保存します。

PDFとAcrobatの基本 1
表示と閲覧 2
印刷 3
編集と管理 4
作成と保護 5
校正とレビュー 6
フォームと署名 7
モバイル版 8
Document Cloud 9
Acrobat Web 10

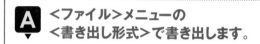

Q 190 ≫ PDFをOfficeファイルに変換するには？

A <ファイル>メニューの<書き出し形式>で書き出します。

Acrobatでは、PDFをOfficeのWordやExcel、PowerPointのファイル形式でも出力できます。フォントがない場合、別のフォントに置き換わってしまいますが、いざというとき連携して利用すると便利です。

1 メニューバーの<ファイル>をクリックし、

2 <書き出し形式>をクリックして、

3 出力したいOffice形式（ここでは<Microsoft Word>）をクリックし、

4 出力したい詳細な形式（ここでは<Word文書>）をクリックします。

5 保存先のフォルダを開いて、ファイル名を入力し、

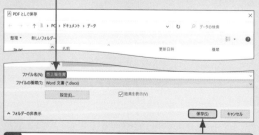

6 <保存>をクリックすると、指定した形式で保存されます。

Q 191 ≫ PDFからテキストファイルを書き出すには？

A <ファイル>メニューの<書き出し形式>で書き出します。

Acrobatでは、PDF内のテキストをファイルに書き出すことができます。ただし、レイアウトによっては順序がおかしかったり、空白や改行があったりなかったりするので、そのまま使用するには注意が必要です。

1 メニューバーの<ファイル>をクリックし、

2 <書き出し形式>をクリックして、

3 出力したいテキスト形式（ここでは<テキスト（プレーン）>）をクリックします。

4 保存先のフォルダを開いて、ファイル名を入力し、

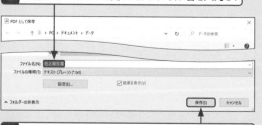

5 <保存>をクリックすると、指定した形式で保存されます。

Q 192 ≫ PDFを履歴から開きたい！

変換・管理　｜｜　エディション Standard Pro Reader

A ＜ホーム＞メニューの＜最近使用したファイル＞からファイルをクリックします。

一度開いたことのあるPDFは、Acrobatのホームビューの「最近使用したファイル」に登録されているため、再度開くには履歴から開くと便利です。なお、▦ をクリックすると、サムネイルビューに切り替わります。

1 ＜ホーム＞→＜最近使用したファイル＞の順にクリックすると、最近使用したPDFが一覧表示されます。

2 任意のファイルをクリックします。

3 PDFの内容がプレビュー表示されます。

4 ファイルをダブルクリックします。

5 PDFが表示されます。

Q 193 ≫ 最近使用したファイルを検索して開くには？

変換・管理　｜｜　エディション Standard Pro Reader

A ＜ホーム＞メニューの＜最近使用したファイル＞でファイルを検索します。

長くAcrobatを使用していると、「最近使用したファイル」に表示される履歴の数がどんどん増えていき、目的のPDFを探し出すのが大変になります。そのような場合は、検索機能を使いましょう。キーワードを入力すると、合致する履歴が表示されます。

1 ＜ホーム＞→＜最近使用したファイル＞の順にクリックします。

2 画面右上の検索欄に、探したいPDFのファイル名、またはファイル名の一部を入力して、Enter キーを押します。

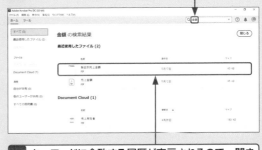

3 キーワードに合致する履歴が表示されるので、開きたいファイルをダブルクリックします。

4 PDFが表示されます。

PDFとAcrobatの基本

表示と閲覧

印刷

4 編集と管理

作成と保護

校正とレビュー

フォームと署名

モバイル版

Document Cloud

Acrobat Web

1 2 3 4 5 6 7 8 9 10

Q ‖ クラウドストレージ ‖

194 » PDFをクラウドストレージサービスで管理するには？

A <ホーム>メニューから<アカウントを追加>でアカウントを追加します。

Adobe Acrobat DCの「DC」はAdobeのクラウドサービス「Document Cloud」（第9章参照）の略です。Acrobatでは、Document Cloudとの連携はもちろんのこと、複数のクラウドサービスにも対応しています。アカウントさえあれば、Acrobatから任意のオンラインクラウドストレージサービスのアカウントを追加して連携することが可能です。アカウントを追加できるサービスは、「Box」「Dropbox」「Google Drive」「OneDrive」「SharePointサイト」です。ここでは、AcrobatとDropboxを連携する方法を紹介します。

1 <ホーム>→<アカウントを追加>の順にクリックし、

2 「Dropbox」の<追加>をクリックします。

3 Dropboxのアカウントのメールアドレスとパスワードを入力し、

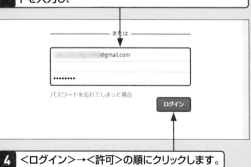

4 <ログイン>→<許可>の順にクリックします。

5 手順**1**の画面で<Dropbox（個人）>をクリックすると、Dropbox内のファイルが表示されます。

ストレージアカウントを削除する

ホームビューの「ファイル」に登録されたDropboxはいつでも削除できます。

1 <ホーム>をクリックし、「ファイル」の横の✐をクリックします。

2 「Dropbox（個人）」の⊗をクリックします。

3 <削除>をクリックします。

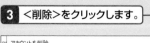

PDFとAcrobatの基本 1
表示と閲覧 2
印刷 3
編集と管理 4
作成と保護 5
校正とレビュー 6
フォームと署名 7
モバイル版 8
Document Cloud 9
Acrobat Web 10

Q 195

PDFをDropboxに保存したい！

A 名前を付けて保存するときに「Dropbox」を選択します。

Dropboxのアカウントを用意すれば、Acrobat上で、Dropboxを利用し、PDFを管理することも可能です。Dropboxとの連携方法はQ.194を参照してください。

1 メニューバーの＜ファイル＞をクリックし、

2 ＜名前を付けて保存＞をクリックします。

3 ＜Dropbox（個人）＞をクリックし、

4 ファイル名を入力し、＜保存＞をクリックします。

Q 196

Dropboxに保存したPDFを閲覧したい！

A ＜ホーム＞メニューから＜Dropbox（個人）＞で閲覧できます。

アカウントの連携をしておけば、Dropboxに保存しているPDFをAcrobatから表示して閲覧することができます。＜ホーム＞→＜Dropbox（個人）＞の順にクリックして、閲覧したいファイルをダブルクリックします。

1 ＜ホーム＞をクリックして、

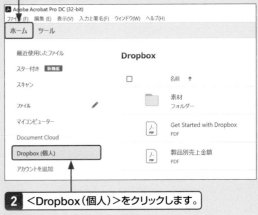

2 ＜Dropbox（個人）＞をクリックします。

3 任意のファイルをダブルクリックします。

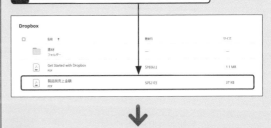

4 AcrobatでDropboxに保存したPDFを閲覧できます。

4 編集と管理

Q ‖ Mac ‖

197 » Macの「プレビュー」でPDFを編集したい！

A <"プレビュー"で開く>をクリックして編集します。

Macでは、Acrobatを使わなくても標準でインストールされている「プレビュー」アプリでPDFの編集が行えます。ページの結合や抽出、削除が行えるほか、テキストや注釈、署名などの追加にも対応しています。「プレビュー」アプリでPDFを開くには、Q.086を参考にPDFをクイックルックで表示し、右上の<"プレビュー"で開く>をクリックします。

ページの結合や抽出、削除

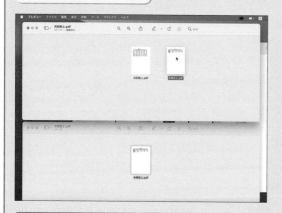

ページを追加したいファイルと、追加したいページを含むファイルをそれぞれプレビューで表示します。<表示>→<コンタクトシート>の順にクリックして、追加したいページを選択し、追加先へドラッグ＆ドロップするとページを結合できます。

テキストや注釈、署名の追加

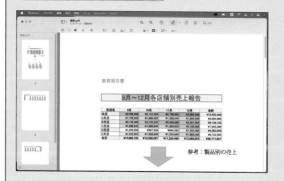

④をクリックして「マークアップツールバー」を表示すると、テキストやメモなどを追加できます。

サムネイル上でページを選択して、右クリックします。<別名で書き出す>をクリックして、「書き出し名（ファイル名）」や「場所（保存場所）」を入力して<保存>をクリックします。なお、ページを選択して区キーを押すとページを削除できます。

トラックパッドやMac内蔵のカメラを利用して、任意の署名を追加することも可能です。

作成と保護の「こんなときどうする？」

PDFとAcrobatの基本

表示と閲覧

印刷

編集と管理

作成と保護

校正とレビュー

フォームと署名

モバイル版

Document Cloud

Acrobat Web

1
2
3
4
5
6
7
8
9
10

 Q ‖ 作成 ‖

198 ≫ 「PDFを作成」ツールについて知りたい！

A 任意の形式からPDFを作成できるツールです。

Acrobatでは、「PDFを作成」ツールを用いることで
Office形式をはじめ、ほぼすべてのファイルから、PDF
を作成することができます。「PDFを作成」ツールは、
＜ツール＞をクリックし、「作成と編集」の＜PDFを作
成＞をクリックして選択するほか、右側のツールパネ
ルウィンドウから選択することも可能です。

「PDFを作成」ツールでは、主に次の5つの形式から
PDFを作成することができます。

ファイル

パソコンに保存されているファイルを選択し、PDF
に変換します。サポートされているのは、Officeファ
イル、画像ファイル（BMP、GIF、JPEG、PCX、PNG、
TIFF）、テキストファイル、HTMLファイル、Adobeファ
イル（Photoshop、Illustrator、InDesign）、PostScript／
EPSファイル、AutoCADファイル（Windows Home、
Proのみ）です。なお、複数のファイルから1つのPDFを
作成したり、複数のファイルをそれぞれ一度にPDFに
変換したり、PDFポートフォリオを作成したりするこ
とも可能です。

スキャナー

スキャナーから取り込んだイメージをPDFに変換でき
ます。新聞や雑誌などの印刷物をテキストデータとし
て取り込みたい場合に便利です。解像度やカラーモー
ド、テキスト認識の実行など、スキャン時の設定を指定
することも可能です。

Webページ

インターネット上のページをPDFに変換します。頻繁
に更新されるWebページの情報を保存しておきたい
場合などに役立ちます。

クリップボード

パソコン上でコピーした情報をPDFに変換します。た
とえば、テキストファイルや電子メールなどの一部を
コピーしてから「PDFを作成」の処理を行うとファイル
やメール全体ではなく、コピーされた部分だけがPDF
に変換できます。

空白ページ

既存のファイルを変換するのではなく、空白のPDFを
新規で作成することもできます。

Q 作成　エディション Standard Pro Reader

199 » ファイルから PDFを作成するには？

A 「PDFを作成」ツールの ＜単一ファイル＞をクリックします。

対応するファイル（Q.198参照）であれば、＜ツール＞ →＜PDFを作成＞の順にクリックして表示される 「PDFを作成」ツールからファイルを選択してPDFを 作成することができます。なお、＜ファイル＞→＜作 成＞→＜ファイルからPDF＞の順にクリックして、 ファイルを選択することもできます。

1 ＜ツール＞をクリックして、

2 ＜PDFを作成＞をクリックします。

3 ＜単一ファイル＞をクリックし、

4 ＜ファイルを選択＞をクリックし、任意のファイルを クリックして選択し、＜作成＞をクリックします。

5 変換が完了すると、PDFが表示されます。

Q 作成　エディション Standard Pro Reader

200 » 作成したPDFを 保存するには？

A ＜ファイル＞メニューから＜上書き保存＞か ＜名前を付けて保存＞をクリックします。

ファイルを変換して作成したPDFは、まだファイルと して保存されていません。＜ファイル＞→＜上書き保 存＞の順にクリックすると同じフォルダに同じ名前で 保存され、＜ファイル＞→＜名前を付けて保存＞の順 にクリックすると保存場所やファイル名を指定して保 存することができます。

1 メニューバーの＜ファイル＞をクリックして、

2 ＜上書き保存＞または＜名前を付けて保存＞（ここ では＜名前を付けて保存＞）をクリックします。

3 ＜別のフォルダーを選択…＞をクリックして、任意 のフォルダを選択し、

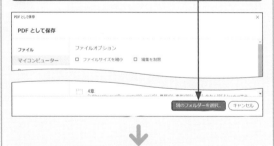

4 任意の「ファイル名」を入力して、

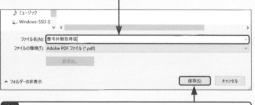

5 ＜保存＞をクリックすると、作成したPDFを保存で きます。

Q 201 » エクスプローラーから PDFを作成するには？

A ファイルを右クリックして <Adobe PDFに変換>をクリックします。

対応するファイル（Q.198参照）であれば、Acrobat を起動しなくてもファイルの右クリックメニューから PDF を作成できます。複数のファイルをまとめてPDF にすることも可能です。

1 エクスプローラーでPDFに変換したいファイル（ここではOfficeファイル）を表示し、右クリックして、

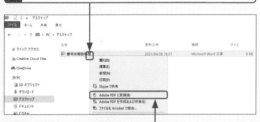

2 <Adobe PDFに変換>をクリックします。

3 保存先のファイルを表示してファイル名を入力し、

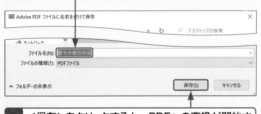

4 <保存>をクリックすると、PDFへの変換が開始されます。

5 変換が完了すると、PDFが表示されます。

Q 202 » ドラッグ＆ドロップで PDFを作成するには？

A ファイルを選択し、Acrobatに ドラッグします。

対応するファイル（Q.198参照）であれば、ファイルのドラッグ＆ドロップでもPDF を作成できます。ファイルをAcrobat アプリケーションアイコンの上にドラッグ、または、開いているAcrobat ウィンドウの上にファイルをドラッグします（Windowsのみ）。

1 PDFに変換したいファイル（ここではOfficeファイル）をクリックし、

2 Acrobatウィンドウの上にドラッグします。

3 ドロップすると、PDFの読み取りが開始されます。

4 読み取りが完了すると、PDFが表示されます。

203 » クリップボードにコピーした コンテンツをPDFにするには？

A 「PDFを作成」ツールの <クリップボード>をクリックします。

Acrobatでは、クリップボードに保存したデータで PDFをかんたんに作成することができ、非常に便利で す。PDFにしたい部分を選択してコピーし、<ツール> →<PDFを作成>→<クリップボード>→<作成> の順にクリックします。

1 PDFにしたいデータなどを開きます。ドラッグして PDFにしたい部分を選択し、右クリックして、<コ ピー>をクリックします。

2 Q.199手順**1**～**2**を参考にして「PDFを作成」ツー ルを表示します。

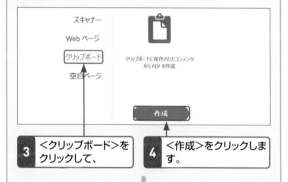

3 <クリップボード>を クリックして、

4 <作成>をクリックしま す。

5 変換が完了すると、PDFが表示されます。

204 » Webページから PDFを作成するには？

A 「PDFを作成」ツールの <Webページ>をクリックします。

Acrobatでは、WebページをPDFに変換することがで きます。Webページはリンクによって階層構造になっ ていますが、どの階層までPDFに変換するのかも確認 できます。Webサイト全体を変換することもできます が、データ容量が大きくなる場合があるので注意しま しょう。

1 Q.199手順**1**～**2**を参考にして「PDFを作成」ツー ルを表示します。

2 <Webページ>をクリックし、

3 PDFに変換したいWebページのURLを入力しま す。

4 「複数レベルをキャプチャ」のチェックボックスをク リックしてチェックを付けます。

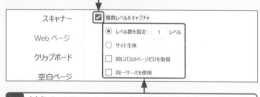

5 対象とするWebページの範囲を入力し、<作成> →<OK>の順にクリックします。

6 変換が完了すると、PDFが表示されます。

PDFとAcrobatの基本 1
表示と閲覧 2
印刷 3
編集と管理 4
作成と保護 5
校正とレビュー 6
フォームと署名 7
モバイル版 8
Document Cloud 9
Acrobat Web 10

Q ‖ 作成 ‖ エディション Standard Pro Reader

205» Adobe Acrobat 拡張機能って何？

A ChromeでWebページをPDFに変換する際に使用します。

Adobe Acrobat拡張機能は、Google Chrome（以下、Chrome）でWebページをPDFに変換するために使用するツールです。Adobe Acrobat Reader DCにChrome拡張機能がバンドルされています。拡張機能をインストールし、有効にすることで、Acrobat PDF作成ツールバーや、WebページまたはURLをPDFに変換するための右クリックコンテキストメニューのオプションが追加されます。また、Chromeを使用しているときに、AcrobatでPDFをかんたんに開くことができます。

「Adobe Acrobat」が追加されました

パソコン上の別のプログラムにより、Chrome の動作方法を変更する可能性のある拡張機能が追加されました。

次の権限にアクセス可能:

• アクセスしたウェブサイト上にある自分の全データの読み取りと変更

• ダウンロードの管理

• 連携するネイティブ アプリケーションと通信

拡張機能を有効にする　　Chrome から削除

Acrobatをインストールし、Chromeを開くと、拡張機能を有効にするよう促すメッセージが表示されます。有効にする場合は、＜拡張機能を有効にする＞をクリックします。

Chromeを閲覧しながら、WebページをPDFに変換したいとき、拡張機能を使えばすぐにPDFを作成できます。

Q ‖ 作成 ‖ エディション Standard Pro Reader

206» ChromeでAdobe Acrobat 拡張機能を有効にしたい！

A Chromeの「拡張機能」から有効にできます。

Adobe Acrobat拡張機能を有効にするには、Chromeの⋮→＜その他のツール＞→＜拡張機能＞の順にクリックして設定します。なお、⋮をクリックした際、ドロップダウンリストに「新しい拡張機能が追加されました（Adobe Acrobat）」が表示されている場合は、表示をクリックし、手順に沿って有効にすることも可能です。

1 Chromeを表示し、⋮をクリックし、

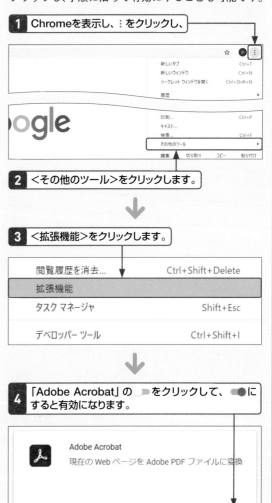

新しいタブ	Ctrl+T
新しいウィンドウ	Ctrl+N
シークレット ウィンドウを開く	Ctrl+Shift+N
履歴	▶
印刷...	Ctrl+P
キャスト...	
検索...	Ctrl+F
その他のツール	
編集　切り取り　コピー　貼り付け	

2 ＜その他のツール＞をクリックします。

3 ＜拡張機能＞をクリックします。

閲覧履歴を消去...	Ctrl+Shift+Delete
拡張機能	
タスク マネージャ	Shift+Esc
デベロッパー ツール	Ctrl+Shift+I

4 「Adobe Acrobat」の ⬜ をクリックして、🔵 にすると有効になります。

Adobe Acrobat
現在の Web ページを Adobe PDF ファイルに変換

詳細　　削除

Q 207 » Adobe Acrobat拡張機能でPDFを作成するには？

作成 | エディション Standard Pro Reader

A Chromeの拡張機能で「Adobe Acrobat」を選択します。

Adobe Acrobat拡張機能を利用すると、ChromeでWebページを閲覧しているときに、気になったページをPDFに変換することができます。

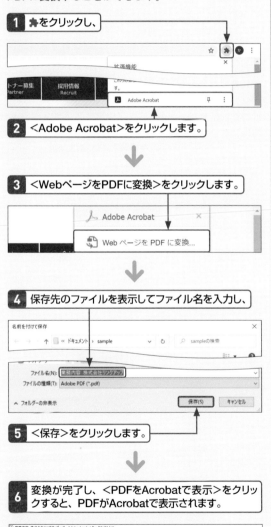

1 ★ をクリックし、

2 ＜Adobe Acrobat＞をクリックします。

3 ＜WebページをPDFに変換＞をクリックします。

4 保存先のファイルを表示してファイル名を入力し、

5 ＜保存＞をクリックします。

6 変換が完了し、＜PDFをAcrobatで表示＞をクリックすると、PDFがAcrobatで表示されます。

Q 208 » 紙の文書をスキャンしてPDFを作成するには？

作成 | エディション Standard Pro Reader

A スキャナーやモバイルアプリでPDFを作成できます。

Acrobatでは、紙の文書や写真などをスキャナーなどで取り込んで、PDFに変換することができます。紙ではなく、PDFにして保存することで、ペーパーレス化によるコストカット、保管場所の削減を期待できます。さらに、紙媒体の書類では、持ち運びの手間がかかりますが、PDFとしてデータ化してしまえば、持ち運びはもちろんのこと、やり取りもかんたんに行えます。なお、スキャンの方法には大きく2つあり、スキャナーを用いる方法とモバイルアプリを用いる方法があります。

スキャナーを使う

スキャナーをはじめ、オフィスやコンビニエンスストアのコピー機・複合機のスキャン機能でも紙の文書をPDF化することが可能です（Q.209〜210参照）。

モバイルアプリを使う

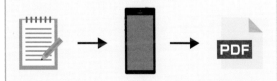

スマートフォンやタブレットのカメラ機能をスキャナー代わりに使うことで、かんたんにPDFを作成できるモバイルアプリも、手軽で便利です（Q.211〜212参照）。

PDFとAcrobatの基本 1
表示と閲覧 2
印刷 3
編集と管理 4
作成と保護 5
校正とレビュー 6
フォームと署名 7
モバイル版 8
Document Cloud 9
Acrobat Web 10

PDFとAcrobatの基本 1
表示と閲覧 2
印刷 3
編集と管理 4
作成と保護 5
校正とレビュー 6
フォームと署名 7
モバイル版 8
Document Cloud 9
Acrobat Web 10

Q 209 》 作成 ｜ エディション Standard Pro Reader

スキャナーから用紙をスキャンしてPDFを作成したい！

A 「PDFを作成」ツールの
<スキャナー>をクリックします。

スキャナーで用紙をスキャンしてPDFを作成する際、Acrobatでは白黒文書やカラー写真など、紙面に応じて最適な設定を選択することもできるため、より崩れの少ないスキャンが可能です。

1 パソコンと接続したスキャナーに紙面をセットした状態で、<ツール>をクリックし、

2 <PDFを作成>をクリックします。

3 <スキャナー>をクリックし、

4 任意のスキャナーを選択し、<スキャン>をクリックします。

5 スキャンが開始され、PDFが作成されます。

Q 210 》 作成 ｜ エディション Standard Pro Reader

ScanSnap（スキャナー）って何？

A 文書や名刺などをスキャンして
PDF化できるスキャナーです。

現在、スキャナーにはさまざまな機種がありますが、その中でもPDFの作成に特化しているのがScanSnapです。ScanSnapは、PFUより発売されている「ドキュメントスキャナー」です。ドキュメントスキャナーとは、コピー機のように連続して書類の紙送りができる「オートドキュメントフィーダ」（ADF）が搭載されたものを指しています。ScanSnapでは、複数の書類をまとめてスキャンして、文字の検索ができるPDFを作成することができます。スキャンした書類は、「ScanSnap Home」というパソコン用ソフトウェアで一元管理が可能です。

https://scansnap.fujitsu.com/jp/

ScanSnap Home

Q 211 » Adobe Scan（モバイルアプリ）って何？

作成　　エディション Standard Pro Reader

A 無料でPDFに変換できるスキャンアプリです。

Adobe Scanとは、Adobeよりリリースされているモバイル版アプリです。Adobe Scanでは、文書やフォーム、名刺、ホワイトボードなどの内容をかんたんにキャプチャし、PDFに変換できます。手書き、あるいは印刷された文書であっても、自動的に文字を認識し、グレアや影などの不要な要素は除去します。また、スキャンされたファイルはAdobe Document Cloud（第9章参照）に保存されるため、かんたんにアクセスして共有したり、メールに添付したりすることができます。さらに、Adobe Scanでスキャンしたドキュメントは、モバイル版Acrobat Reader（第8章参照）で開くことも可能です。なお、Adobe Scanの使用にはAdobe ID（Q.005参照）が必要ですが、Adobe IDを取得していなくてもGoogleアカウントやFacebookアカウントなどでログインできます。

Adobe Scanのログイン画面です。Adobe IDを取得している場合、＜ログインまたは新規登録。＞をタップし、手順に沿ってログインします。

Q 212 » Adobe ScanからPDFを作成したい！

作成　　エディション Standard Pro Reader

A カメラで文書を撮影します。

Adobe Scanは、iPhone向けアプリとAndroid向けアプリがあり、それぞれ「App Store」と「Playストア」からインストール可能です。なお、初回起動時には、「写真と動画の撮影」へ許可を求められるので、＜許可＞をタップします。ここでは、Android版で解説します。

1　Adobe Scanを起動して、スキャンしたい文書を写真で撮影すると自動的にキャプチャされます。

2　キャプチャされた画像のハンドルをドラッグして境界線を調整し、

3　＜続行＞をタップします。

4　画面右下のキャプチャ画面をタップします。なお表示される数字はキャプチャした枚数を示しています。

5　＜PDFを保存＞をタップすると、PDFとして保存されます。

Q 213 ‖ 作成 ‖

エディション
Standard Pro Reader

スキャンしたPDFの文字を検索できるようにするには？

A OCR機能で文字認識を行います。

スキャナーは読み取る対象をすべて画像として扱いますが、AcrobatにはOCR機能（光学文字認識機能）が備わっているため、文字を認識し、検索したり編集したりすることができます。認識しない場合は、「PDFを編集」ツールで「スキャンした文書」の「テキストを認識」のチェックボックスをクリックしてチェックを外します。

1 スキャナーを使って作成したPDFを表示して、<ツール>をクリックし、

2 <PDFを編集>をクリックします。

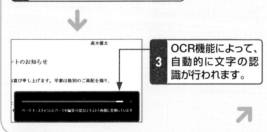

3 OCR機能によって、自動的に文字の認識が行われます。

4 🔍をクリックし、

5 検索ボックスに検索したい文字列を入力し、<次へ>をクリックします。「検索可能なテキストがありません」と表示されたら、<はい>→<OK>の順にクリックします。

6 OCR機能で文字認識後、文字列が検索され、文書上に検索結果がハイライトで表示されます。

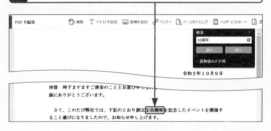

「スキャンした文書」の「テキストの認識」にチェックを付けることでも、文字の認識が行われます。

Q 214 ‖ 作成 ‖

エディション
Standard Pro Reader

認識されたテキストを修正するには？

A OCR機能で文字認識後、「PDFを編集」ツールから行います。

Acrobat Proでは、OCR機能で文字認識後、通常のPDFと同様にPDF内のテキストを編集できるようになります。なお、Acrobat Standardでは検索のみ利用可能で修正はできません。

Q.213手順**1**～**3**を参考にして、スキャンしたPDFをOCR機能で文字認識します。修正したい箇所をクリックし、任意の文字列を入力すると、テキストを修正できます。

Q 215 » 空白のPDFを作成したい！

A 「PDFを作成」ツールの<空白ページ>をクリックします。

Acrobatでは、ファイルやクリップボードの画像の変換や原稿のスキャンを行わなくとも、空白のPDFを作成できます。1ページのPDFを作成したいときなどに便利です。

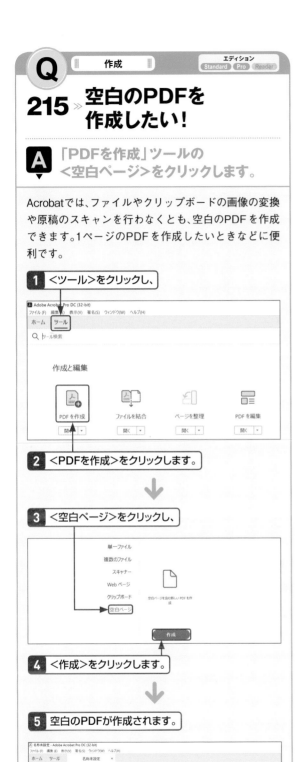

1 <ツール>をクリックし、

2 <PDFを作成>をクリックします。

3 <空白ページ>をクリックし、

4 <作成>をクリックします。

5 空白のPDFが作成されます。

Q 216 » OfficeファイルからPDFを作成するには？

A Officeファイルの「ファイル」タブから行えます。

現在開いているOfficeファイルから、PDFを作成することも可能です。<ファイル>→<名前を付けて保存>の順にクリックして、「ファイルの種類」で「*.pdf」を選択して保存する方法と、<ファイル>→<Adobe PDFとして保存>の順にクリックしてPDFに変換して保存する方法とがあります。

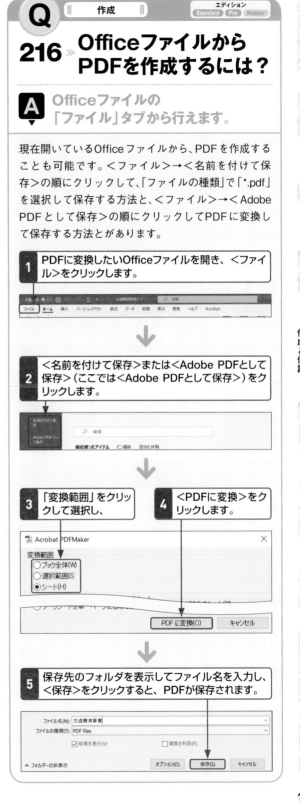

1 PDFに変換したいOfficeファイルを開き、<ファイル>をクリックします。

2 <名前を付けて保存>または<Adobe PDFとして保存>（ここでは<Adobe PDFとして保存>）をクリックします。

3 「変換範囲」をクリックして選択し、

4 <PDFに変換>をクリックします。

5 保存先のフォルダを表示してファイル名を入力し、<保存>をクリックすると、PDFが保存されます。

PDFとAcrobatの基本

表示と閲覧

印刷

編集と管理

作成と保護

校正とレビュー

フォームと署名

モバイル版

Document Cloud

Acrobat Web

1
2
3
4
5
6
7
8
9
10

| 作成 |

217 » Officeソフトの「Acrobat」タブでは何ができるの？

A Office画面からPDFの作成などが行えます。

Acrobat StandardおよびAcrobat Proをインストールすると、Microsoft Officeアプリケーションのリボンと呼ばれるメニューバー上に「Acrobat」タブが追加されます。このタブは、「Acrobat PDFMaker」と呼ばれるアドインで、Officeアプリケーションから、かんたんにPDFを作成することができる機能です。「Acrobat」タブが表示されない場合は、<ファイル>→<オプショ ン>→<アドイン>の順にクリックしてアドインを有効にします。

PDFMakerでは、ファイルをPDFに変換するのはもちろんのこと、PDFに変換してメールに添付して送信したり、PDFを作成してレビュー用に送信できたりします。なお、PDFMakerの変換設定の表示は、アプリケーションの種類によって異なります。

| Word |

| PowerPoint |

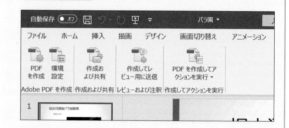

| Excel |

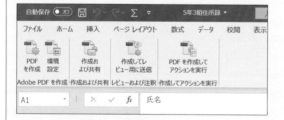

| Outlook |

| Excelの「アドイン」画面 |

| Outlookの「アドイン」画面 |

電子書籍を読んでみよう！

技術評論社　GDP　　　　検索

と検索するか、以下のURLを入力してください。

https://gihyo.jp/dp

1 アカウントを登録後、ログインします。
【外部サービス(Google、Facebook、Yahoo!JAPAN)
でもログイン可能】

2 ラインナップは入門書から専門書、
趣味書まで 1,000点以上！

3 購入したい書籍を 🛒 に入れます。
カート

4 お支払いは「**PayPal**」「**YAHOO!ウォレット**」に
決済します。

5 さあ、電子書籍の
読書スタートです！

<section>◉ご利用上のご注意　当サイトで販売されている電子書籍のご利用にあたっては、以下の点にご留
■**インターネット接続環境**　電子書籍のダウンロードについては、ブロードバンド環境を推奨いたします。
■**閲覧環境**　PDF版については、Adobe ReaderなどのPDFリーダーソフト、EPUB版については、EF
■**電子書籍の複製**　当サイトで販売されている電子書籍は、購入した個人のご利用を目的としてのみ、閲
ご覧いただく人数分をご購入いただきます。
■**改ざん・複製・共有の禁止**　電子書籍の著作権はコンテンツの著作権者にありますので、許可を得な</section>

Software Design / WEB+DB PRESS も電子版で読める

電子版定期購読が便利!

くわしくは、
「**Gihyo Digital Publishing**」
のトップページをご覧ください。

電子書籍をプレゼントしよう!

ihyo Digital Publishing でお買い求めいただける特定の商
と引き替えが可能な、ギフトコードをご購入いただけるようにな
ました。おすすめの電子書籍や電子雑誌を贈ってみませんか?

こんなシーンで…　　●ご入学のお祝いに　●新社会人への贈り物に　……

ギフトコードとは?　Gihyo Digital Publishing で販売してい
商品と引き替えできるクーポンコードです。コードと商品は一
ーで結びつけられています。

わしいご利用方法は、「**Gihyo Digital Publishing**」をご覧ください。

電脳会議
紙面版
新規送付の お申し込みは…

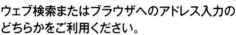

ウェブ検索またはブラウザへのアドレス入力の
どちらかをご利用ください。
Google や Yahoo! のウェブサイトにある検索ボックスで、

| 電脳会議事務局 | 検 索 |

と検索してください。
または、Internet Explorer などのブラウザで、

https://gihyo.jp/site/inquiry/dennou

と入力してください。

一切
無料！

「電脳会議」紙面版の送付は送料含め費用は
一切無料です。
そのため、購読者と電脳会議事務局との間
には、権利＆義務関係は一切生じませんので、
予めご了承ください。

技術評論社　電脳会議事務局
〒162-0846　東京都新宿区市谷左内町21-13

Q 218 » OutlookのメールをPDFにするには？

A メールを右クリックして<Adobe PDFに変換>をクリックします。

Acrobatをインストールしていれば、メールソフト「Outlook」のメールをPDFに変換することもできます。Outlook上で、右クリックするだけでかんたんに変換可能です。なお、Shift キーや Ctrl キーを押しながらクリックすると、複数のメールを選択できます。

1 OutlookでPDFに変換したいメールをクリックして選択し、選択したメールを右クリックします。

2 <Adobe PDFに変換>をクリックします。

3 保存先のファイルを表示してファイル名を入力し、<保存>をクリックします。

4 選択したメールがPDFに変換され、Acrobatで表示されます。<文書を開く>をクリックすると、文書が大きく表示されます。

Q 219 » Outlookのメールを自動でPDFにしたい！

A 「Acrobat」タブで設定します。

Outlook上では、Acrobatと連携して自動でメールをPDFに変換することもできます。保存スケジュールや保存フォルダを詳細に設定可能です。

1 Outlookで<Acrobat>タブをクリックし、

2 <自動アーカイブを設定>をクリックします。

3 「自動アーカイブを有効にする」のチェックボックスをクリックしてチェックを付け、

4 「スケジュール」と「開始時刻」で任意の設定をし、<追加>をクリックします。

5 自動でPDFにするメールのあるフォルダにチェックを付け、<OK>をクリックします。

6 保存先のファイルを表示してファイル名を入力し、<開く>→<OK>の順にクリックします。

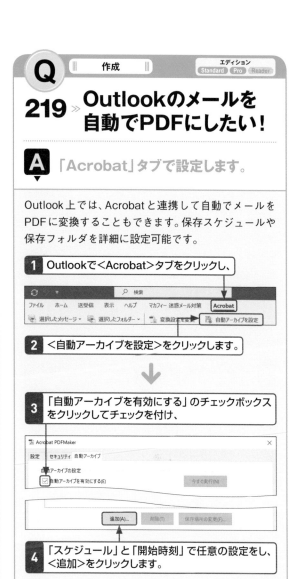

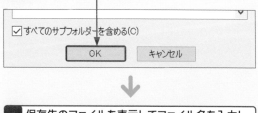

PDFとAcrobatの基本 1
表示と閲覧 2
印刷 3
編集と管理 4
作成と保護 5
校正とレビュー 6
フォームと署名 7
モバイル版 8
Document Cloud 9
Acrobat Web 10

PDFとAcrobatの基本 1

表示と閲覧 2

印刷 3

編集と管理 4

作成と保護 5

校正とレビュー 6

フォームと署名 7

モバイル版 8

Document Cloud 9

Acrobat Web 10

Q 220 》 作成　　エディション Standard Pro Reader

画像ファイルから PDFを作成するには？

 A 画像ファイルを右クリックして ＜Adobe PDFに変換＞をクリックします。

Acrobatでは、JPEGをはじめ、PNG、BMP、GIF、TIFFなどの画像ファイルをPDFに変換することもできます。画像ファイルを右クリックすると表示されるメニューからすばやく変換できるため、かんたんです。また、複数の画像ファイルを選択して、変換することも可能です。なお、複数の画像を1つのPDFにまとめたい場合は、手順**1**の画面で複数のファイルを選択して右クリックし、＜ファイルをAcrobatで結合＞→＜結合＞の順にクリックします。

1 エクスプローラーなどでPDFに変換したい画像ファイルを右クリックし、

2 ＜Adobe PDFに変換＞をクリックします。

3 PDFに変換され、Acrobatで表示されます。

Q 221 》 作成　　エディション Standard Pro Reader

Photoshopファイルから PDFを作成するには？

A 「PDFを作成」ツールの 「単一ファイル」から作成できます。

Acrobatでは、Photoshopファイル（PSD）をPDFに変換することもできます。デジタルカメラで撮影した写真などをPhotoshopで編集したあと、PDFにまとめたい場合などに便利です。なお、Officeファイルのように、右クリックからPDFを作成することはできません。

1 Q.199手順**1**〜**2**を参考にして「PDFを作成」ツールを表示します。

2 ＜単一ファイル＞をクリックし、

3 ＜ファイルを選択＞をクリックします。

4 PDFにしたいPhotoshopファイルを選択し、

5 ＜開く＞→＜作成＞の順にクリックします。

6 PDFに変換され、Acrobatで表示されます。

Q 222 » Illustratorファイルから PDFを作成するには？

A 「PDFを作成」ツールの 「単一ファイル」から作成できます。

Illustratorファイル（AI）も、AcrobatでPDFに変換することができます。また、InDesignファイル（INDD）も同様の手順でPDFに変換可能で、グラフィック関連の作業で重宝します。なお、Officeファイルのように、右クリックからPDFを作成することはできません。

1 Q.199手順**1**〜**2**を参考にして「PDFを作成」ツールを表示します。

2 <単一ファイル>をクリックし、

3 <ファイルを選択>をクリックします。

4 PDFにしたいIllustratorファイルを選択し、

5 <開く>→<作成>の順にクリックします。

6 PDFに変換され、Acrobatで表示されます。

Q 223 » 複数のファイルを まとめてPDFにしたい！

A 「PDFを作成」ツールの <複数のファイル>をクリックします。

Acrobatでは、複数の異なる種類のファイルをまとめてPDFにすることも可能です。

1 Q.199手順**1**〜**2**を参考にして「PDFを作成」ツールを表示します。

2 <複数のファイル>→<複数のPDFファイルを作成>の順にクリックし、

3 <次へ>をクリックします。

4 <ファイルを追加>→<ファイルを追加>の順にクリックして複数のファイルを追加し、

5 <OK>をクリックします。

6 「ターゲットフォルダー」でPDFの保存場所、「ファイル名の指定」でファイル名を設定し、

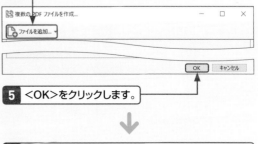

7 <OK>をクリックすると、まとめてPDFに変換されます。

PDFとAcrobatの基本 1
表示と閲覧 2
印刷 3
編集と管理 4
作成と保護 5
校正とレビュー 6
フォームと署名 7
モバイル版 8
Document Cloud 9
Acrobat Web 10

1 PDFとAcrobatの基本
2 表示と閲覧
3 印刷
4 編集と管理
5 作成と保護
6 校正とレビュー
7 フォームと署名
8 モバイル版
9 Document Cloud
10 Acrobat Web

Q 作成

224» PDFポートフォリオって何？

A さまざまなファイルを
ひとまとめにする機能です。

Acrobatには、PDFに限らずさまざまなファイルをひとまとめに扱える「PDFポートフォリオ」という機能があります。それぞれのファイル形式を変更することなく、1つのPDFにまとめるため、それぞれのファイル

を独立して扱うことができます。

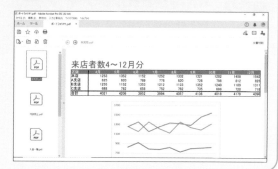

Q 作成

225» さまざまなファイルを
PDFポートフォリオにまとめたい！

A 「PDFを作成」ツールの
<複数のファイル>をクリックします。

PDFポートフォリオは、「PDFを作成」ツールで「複数のファイル」から作成することができます。

1 Q.199手順**1**～**2**を参考にして「PDFを作成」ツールを表示します。

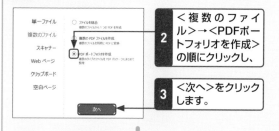

2 <複数のファイル>→<PDFポートフォリオを作成>の順にクリックし、

3 <次へ>をクリックします。

↓

4 エクスプローラーからファイルをドラッグして追加し、<作成>をクリックします。

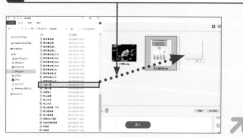

5 ナビゲーションパネルにファイルが追加され、クリックすると内容が表示されます。

↓

6 ポートフォリオを保存するにはメニューバーの<ファイル>をクリックし、

7 <ポートフォリオを保存>をクリックします。

↓

8 <別のフォルダーを選択…>をクリックし、Q.185手順**4**～**5**を参考にして保存します。

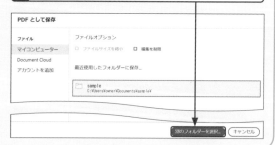

PDFとAcrobatの基本 1
表示と閲覧 2
印刷 3
編集と管理 4
作成と保護 5
校正とレビュー 6
フォームと署名 7
モバイル版 8
Document Cloud 9
Acrobat Web 10

Q 226 » ファイルサイズを 小さくしたい！

A <ファイル>メニューの <その他の形式で保存>から設定できます。

Acrobatでは、PDFのファイルサイズを小さくする機能があります。PDFのバージョンの互換性を変更すると、ファイルサイズを圧縮できます。

1 PDFを開いた状態でメニューバーの<ファイル>→ <その他の形式で保存>の順にクリックし、

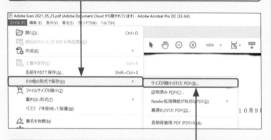

2 <サイズが縮小されたPDF>をクリックします。

3 「互換性を確保」で、互換性を確保するPDFのバージョンを選択し、

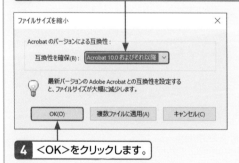

4 <OK>をクリックします。

5 保存先のフォルダを表示してファイル名を入力し、 <保存>をクリックすると、圧縮されます。

Q 227 » PDFをWeb表示に 最適化するには？

A <ファイル>メニューの <その他の形式で保存>から設定できます。

Acrobat Proでは、PDFの画像やフォントなど細かく最適化することができます。Web表示用に最適化すると、ファイルのダウンロード中にPDFを表示することができます。

1 PDFを開いた状態でメニューバーの<ファイル>→ <その他の形式で保存>の順にクリックし、

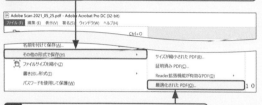

2 <最適化されたPDF>をクリックします。

3 <最適化>をクリックし、「PDFをWeb表示用に最適化」のチェックボックスをクリックしてチェックを付けます。

4 設定が完了したら、<OK>をクリックします。

5 保存先のフォルダを表示してファイル名を入力し、 <保存>をクリックすると、Webページでの表示に最適化されたPDFが保存されます。

Q 228 » 作成　画像サイズを小さくしたPDFを作成するには？

A 「PDFを最適化」画面で画像サイズを圧縮できます。

Acrobat Proでは、用途に合わせてPDFを最適化することができます。画像サイズを小さくしたい場合は、低画質にすることでファイルサイズをさらに小さくできます。

1 Q.227手順**1**～**2**を参考にして「PDFの最適化」ダイアログボックスを表示し、<画像>をクリックします。

2 「カラー画像」または「グレースケール画像」の「画質」で<低>をクリックして選択し、

3 <OK>をクリックします。

4 保存先のフォルダを表示してファイル名を入力し、<保存>をクリックすると、画像サイズを小さくしたPDFが保存されます。

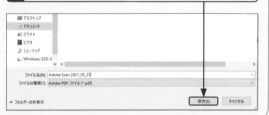

Q 229 » 作成　白黒のPDFを作成したい！

A 「印刷工程」ツールの<色を置換>をクリックします。

カラフルな文書は見た目は美しいですが、内部用の業務文書では白黒（グレースケール）で十分な場合もあります。

1 PDFを開いた状態で<ツール>をクリックし、

2 「保護と標準化」の<印刷工程>をクリックします。

3 <色を置換>をクリックします。

4 「変換のプロファイル」で<Dot Gain ○○%>または<Gray Gamma ○○>を選択し、

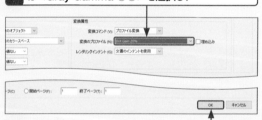

5 <OK>→<はい>の順にクリックすると、白黒（グレースケール）になります。

PDFとAcrobatの基本 1

表示と閲覧 2

印刷 3

編集と管理 4

作成と保護 5

校正とレビュー 6

フォームと署名 7

モバイル版 8

Document Cloud 9

Acrobat Web 10

230 » PDF/A、PDF/X、PDF/Eって何？

A PDFの規格のことです。

PDFには、ISO（国際標準化機構）で定義された「PDF/A」「PDF/X」「PDF/E」と呼ばれる規格があります。それぞれの規格ごとによく利用される用途が異なります。

PDF の規格

規格	用途
PDF/A	長期保存に適した規格
PDF/X	印刷出版に適した規格
PDF/E	技術文書の交換など工学分野に適した規格

231 » PDF/A、PDF/X、PDF/Eで保存するには？

A 「PDF規格」ツールから任意の規格で保存できます。

Acrobatでは、「PDF/A」「PDF/X」「PDF/E」それぞれの形式で出力できます。また、解析やフィックスアップ（調整）の機能も備えており、詳細設定で「フィックスアップを実行」にチェックを付けると、出力するファイルの規格に完全準拠するよう、保存時にファイルを調整できます。

1 PDFを開いた状態で＜ツール＞をクリックし、

2 「保護と標準化」の＜PDF規格＞をクリックします。

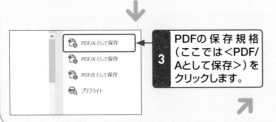

3 PDFの保存規格（ここでは＜PDF/Aとして保存＞）をクリックします。

4 保存先のフォルダを表示してファイル名を入力し、

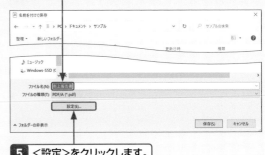

5 ＜設定＞をクリックします。

6 PDFの詳細な形式をクリックして選択し、

7 フィックスアップ（調整）に関する各項目を設定して、＜OK＞→＜保存＞の順にクリックすると、設定した規格でPDFが保存されます。

PDFとAcrobatの基本

1

表示と閲覧

2

印刷

3

編集と管理

4

作成と保護

5

校正とレビュー

6

フォームと署名

7

モバイル版

8

Document Cloud

9

Acrobat Web

10

Q | 作成 | エディション Standard Pro Reader

232 >> プリンターの一覧に表示される「Adobe PDF」って何？

A 「印刷」機能を利用して
PDFを作成できます。

Acrobatをインストールすると、「印刷」画面の「プリンター」の一覧に「Adobe PDF」が追加されます。これを選択して印刷すると、印刷イメージをPDFとして作成することができます。PDFに変換する機能がないアプリケーションでも、この方法であればPDFを作成することができます。「印刷」画面で＜プロパティ＞をクリックすると、「Adobe PDF設定」タブで出力するPDFに関する詳細な設定が行えます。

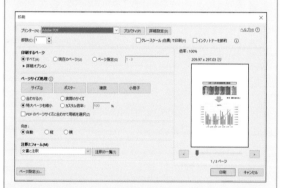

> Adobe PDFは、「印刷」画面の「プリンター」一覧の中から選択できます。

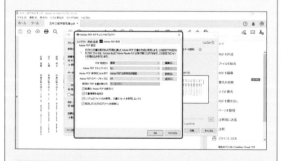

> ＜プロパティ＞をクリックして表示される「Adobe PDF設定」タブにはセキュリティや保存先フォルダ、Adobe PDFのページサイズなどの詳細設定を指定できます。「用紙/品質」タブ、「レイアウト」タブには、プリンターの用紙やインキ、ページの向きなどのオプションが表示されます。

Q | 作成 | エディション Standard Pro Reader

233 >> ファイルの印刷機能でPDFを作成するには？

A プリンターとして「Adobe PDF」を
選択して保存します。

「Adobe PDF」を利用すれば、アプリケーションの印刷画面からPDFを作成できます。ここでは、ExcelファイルからPDFを作成する方法を紹介します。

1 Office（ここではExcel）でPDFに変換したいファイルを表示した状態で、＜ファイル＞をクリックします。

2 画面左下の＜印刷＞をクリックし、「プリンター」で＜Adobe PDF＞をクリックして選択し、

3 ＜印刷＞をクリックします。

4 保存先のフォルダを表示してファイル名を入力し、

5 ＜保存＞をクリックします。

6 PDFが作成されます。

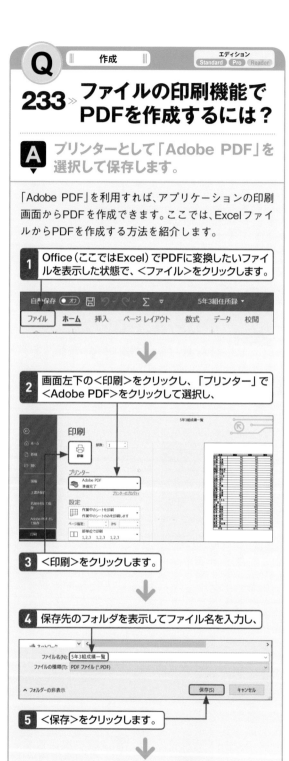

Q 234 より高品質なPDFを作成するには？

A プリンターの「Adobe PDF」の設定を変更します。

「Adobe PDF」を利用すれば、より高品質なPDFを作成することができます。ここではOfficeで作成する場合を紹介します。

1 Office（ここではPowerPoint）でPDFに変換したいファイルを表示した状態で、＜ファイル＞をクリックします。

2 画面左下の＜印刷＞をクリックし、「プリンター」で＜Adobe PDF＞をクリックして選択し、

3 ＜プリンターのプロパティ＞をクリックします。

4 「PDF設定」で＜高品質印刷＞を選択し、

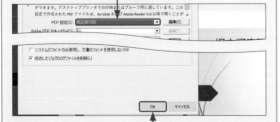

5 「システムのフォントのみ使用し、文書のフォントを使用しない」のチェックボックスをクリックしてチェックを外し、＜OK＞→＜印刷＞の順にクリックします。Q.216を参考にして、保存します。

Q 235 フォントを埋め込んだPDFを作成するには？

A プリンターの「Adobe PDF」で設定します。

受け取ったPDFにフォントが埋め込まれていない場合、自分のパソコンに正しいフォントがインストールされていれば「Adobe PDF」を利用して、フォントを埋め込むことができます。

1 「印刷」画面を表示し、「プリンター」で＜Adobe PDF＞を選択して、

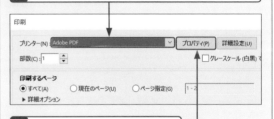

2 ＜プロパティ＞をクリックします。

3 「PDF設定」で＜プレス品質＞を選択し、

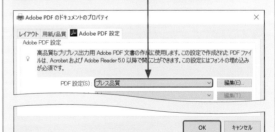

4 ＜OK＞→＜印刷＞の順にクリックします。

5 保存先のフォルダを表示してファイル名を入力し、＜保存＞をクリックすると、フォントを埋め込んだPDFが保存されます。

PDFとAcrobatの基本

1

表示と閲覧

2

印刷

3

編集と管理

4

作成と保護

5

校正とレビュー

6

フォームと署名

7

モバイル版

8

Document Cloud

9

Acrobat Web

10

Q 236 » アクションウィザードって何？

A 複数のPDFに自動で
同じ処理ができる機能です。

複数のPDFに同じ操作をくり返し行いたいとき、1つずつファイルを開いて実行していては時間と手間がかかります。とある操作を行う際に、ファイルの数が多い場合は「アクションウィザード」機能を使うと便利です。アクションとは、特定の操作をあらかじめ設定しておくことで、すばやく、まとめて適用できる機能です。Acrobat Proでは、初期設定で6種類のアクションが用意されています。

初期設定のアクション

参考：製品別の売上

「アクセシブルにする」では、OCRでのテキスト認識などが行われます。「文書をアーカイブ」では、PDF/Aに準拠した処理が行われます。「重要情報を配布」では、墨消しや暗号化が行われます。「スキャンした文書を最適化」では、テキスト変換などが行われます。「配布用に準備」では、透かしやヘッダーなどを追加できます。

Q 237 » アクションウィザードでPDFを作成したい！

A 「アクションウィザード」ツールで
作成できます。

PDFをWeb用に最適化したり、配布用にヘッダー（Q.173参照）を追加したりする場合、複数の処理を行う必要があります。「アクションウィザード」ツールを使えば、一気に処理できて便利です。

1 PDFを開いた状態で＜ツール＞をクリックし、

2 「カスタマイズ」の＜アクションウィザード＞をクリックします。

3 「アクションリスト」で処理したい項目（ここでは＜Webとモバイルに最適化＞）をクリックします。

4 ＜開始＞→＜許可＞の順にクリックすると、自動的に処理（ここではプリフライトなど）が実行されます。

5 保存先のフォルダを表示してファイル名を入力し、＜保存＞をクリックします。保存が完了すると、手順**4**の画面に「完了」と表示されます。

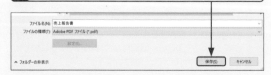

Q 作成

238» アクションウィザードで新規にアクションを追加したい！

A 「アクションウィザード」ツールの＜新規アクション＞をクリックします。

「アクションリスト」に新規アクションを追加することもできます。＜ツール＞→＜アクションウィザード＞の順にクリックして、「アクションウィザード」ツールを表示します。＜新規アクション＞をクリックし、「追加するツールを選択」で任意のアクションをダブルクリックして追加して、＜保存＞をクリックします。

1 PDFを開いた状態で＜ツール＞をクリックし、

2 「カスタマイズ」の＜アクションウィザード＞をクリックします。

3 ＜新規アクション＞をクリックします。

4 「追加するツールを選択」で任意のアクション（ここでは＜注釈の一覧を作成＞）をダブルクリックして選択します。

5 必要に応じて手順**4**をくり返し、＜保存＞をクリックします。

6 任意の「アクション名」と「アクションの説明」を入力して、

7 ＜保存＞をクリックします。

アクションを保存
アクション名：
注釈一覧を作成
アクションの説明：

8 「アクションリスト」に新規アクションが追加されます。

アクションリスト
- 注釈一覧を作成
- アクセシブルにする
- 文書をアーカイブ

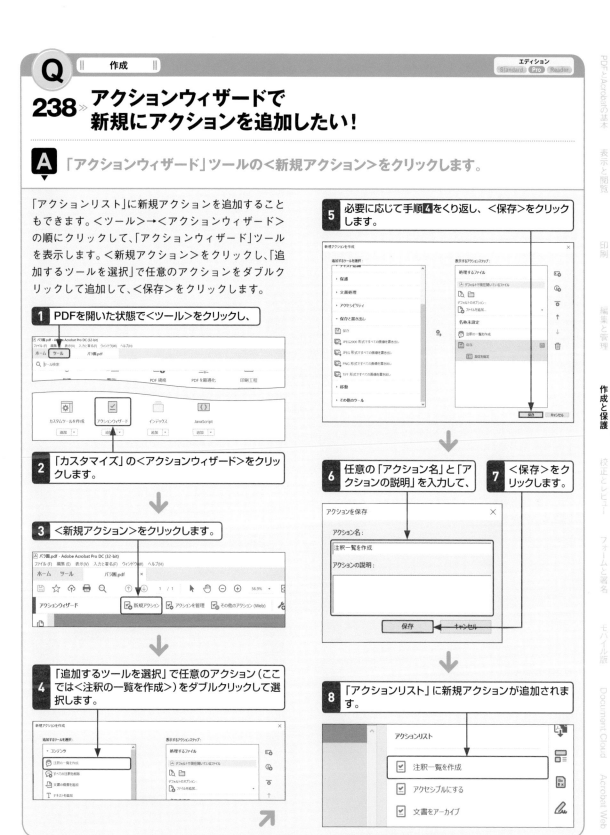

PDFとAcrobatの基本　1
表示と閲覧　2
印刷　3
編集と管理　4
作成と保護　5
校正とレビュー　6
フォームと署名　7
モバイル版　8
Document Cloud　9
Acrobat Web　10

 Q ‖ セキュリティ ‖

239 » PDFの個人情報を 削除したい！

A 「墨消し」ツールで削除できます。

Acrobat Proでは、作成者の名前をはじめ、注釈、キーワード、著作権情報、添付ファイルなど非表示情報を削除できるオプションがあります。PDFを配布する前に、文書に残っている個人情報や機密情報を削除できます。

1 PDFを開いた状態で＜ツール＞をクリックし、

2 ＜墨消し＞をクリックします。

3 ＜非表示情報をすべて削除＞→＜OK＞の順にクリックします。

4 保存先のフォルダを表示してファイル名を入力し、＜保存＞をクリックすると非表示情報をすべて削除したPDFが作成されます。

 Q ‖ セキュリティ ‖

240 » PDFの機密箇所を 墨消しにしたい！

A 「墨消し」ツールの＜テキストと画像を墨消し＞をクリックします。

機密性が高い文書を公開する場合、テキストや画像を墨で塗りつぶす「墨消し」が便利です。Acrobat Proの墨消し機能は、テキストや画像、ページを削除したうえで黒ベタで置き換えるため、機密保全は万全です。

1 Q.239手順**1**～**2**を参考にして「墨消し」ツールを表示します。

2 ＜テキストと画像を墨消し＞をクリックし、

3 対象テキストをドラッグして選択し、＜適用＞をクリックします。

4 ＜OK＞をクリックします。

5 保存先のフォルダを表示してファイル名を入力し、＜保存＞をクリックすると墨消し済みのPDFが作成されます。

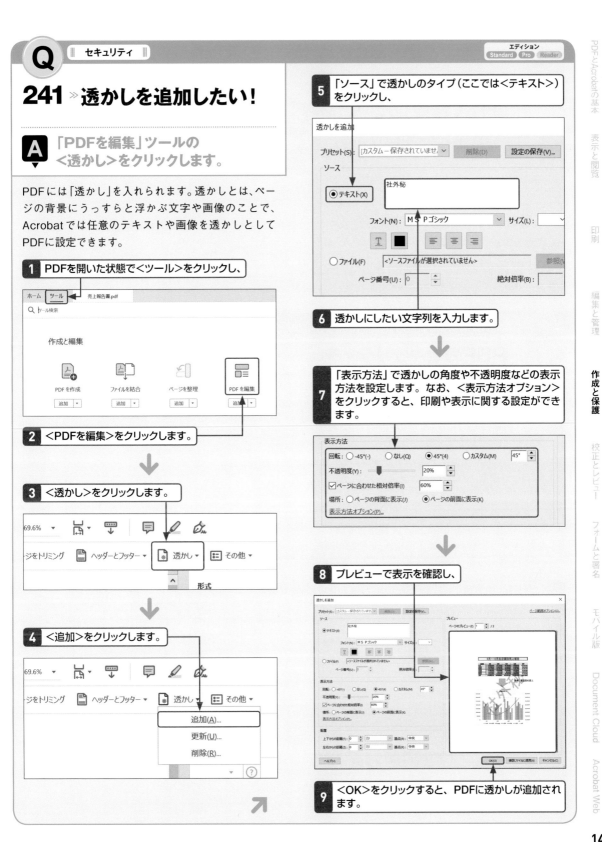

Q ‖ セキュリティ ‖

エディション
Standard | Pro | Reader

241 » 透かしを追加したい！

A 「PDFを編集」ツールの
<透かし>をクリックします。

PDFには「透かし」を入れられます。透かしとは、ページの背景にうっすらと浮かぶ文字や画像のことで、Acrobatでは任意のテキストや画像を透かしとしてPDFに設定できます。

1 PDFを開いた状態で<ツール>をクリックし、

ホーム｜ツール｜売上報告書.pdf
Q ツール検索

作成と編集

PDFを作成　ファイルを結合　ページを整理　PDFを編集
追加 ▼　　追加 ▼　　追加 ▼　　追加 ▼

2 <PDFを編集>をクリックします。

3 <透かし>をクリックします。

69.6% ▼ ... ページをトリミング　ヘッダーとフッター ▼　透かし ▼　その他 ▼
形式

4 <追加>をクリックします。

69.6% ▼ ... ページをトリミング　ヘッダーとフッター ▼　透かし ▼　その他 ▼
追加(A)...
更新(U)...
削除(R)...
(?)

5 「ソース」で透かしのタイプ（ここでは<テキスト>）をクリックし、

透かしを追加

プリセット(S)：[カスタム – 保存されていませ... ▼]　削除(D)　設定の保存(V)...
ソース
●テキスト(X)　社外秘
フォント(N)：MS Pゴシック ▼　サイズ(L)：▼
T ■ ≡ ≡ ≡
○ファイル(F)　<ソースファイルが選択されていません>　参照(V...
ページ番号(U)：0　絶対倍率(B)：

6 透かしにしたい文字列を入力します。

7 「表示方法」で透かしの角度や不透明度などの表示方法を設定します。なお、<表示方法オプション>をクリックすると、印刷や表示に関する設定ができます。

表示方法
回転：○ -45°(-)　○なし(Q)　●45°(4)　○カスタム(M)　45°
不透明度(Y)：━━▮━━　20%
☑ページに合わせた相対倍率(I)　60%
場所：○ページの背景に表示(J)　●ページの前面に表示(K)
表示方法オプション(P)...

8 プレビューで表示を確認し、

9 <OK>をクリックすると、PDFに透かしが追加されます。

149

PDFとAcrobatの基本 1

表示と閲覧 2

印刷 3

編集と管理 4

作成と保護 5

校正とレビュー 6

フォームと署名 7

モバイル版 8

Document Cloud 9

Acrobat Web 10

Q　┃ セキュリティ ┃

242 » PDFにパスワードを かけて保護したい!

A PDFを開いたり編集したりする際に パスワードを設定することができます。

Acrobatでは、パスワードをかけてPDFを保護することができます。パスワードには大きく分けて2つの種類があり、PDFを開くための「文書を開くパスワード」と、PDFの編集や印刷の制限を変更するための「権限パスワード」が設定できます。「文書を開くパスワード」は、PDFを開く際に求められるパスワードです。「権限

パスワード」は設定した編集や印刷の制限を変更する際に使います。PDFの編集や印刷は、低解像度での印刷のみ許可したり、ページの編集のみ許可したりと、用途に合わせたセキュリティを施すことが可能です。

Q　┃ セキュリティ ┃

243 » PDFのセキュリティを 確認したい!

A <ファイル>メニューの <プロパティ>から確認できます。

PDFにセキュリティが施されているか確認するには、PDFを開いた状態で、<ファイル>→<プロパティ>の順にクリックします。「文書のプロパティ」ダイアログボックスが表示されるので、<セキュリティ>タブをクリックして、PDFのセキュリティ設定を確認します。なお、セキュリティが未設定の場合、手順**3**の画面で、<詳細を表示>をクリックすることはできません。

1 PDFを開いた状態でメニューバーの<ファイル>を クリックし、

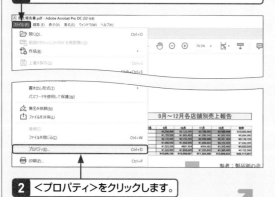

2 <プロパティ>をクリックします。

3 <セキュリティ>タブをクリックすると、PDFのセ キュリティ設定が確認できます。

4 <詳細を表示>をクリックします。

5 さらに詳細なセキュリティ設定が確認できます。

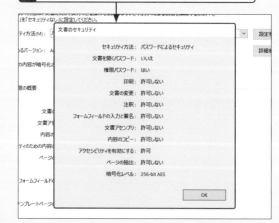

Q ‖ セキュリティ ‖　　エディション Standard Pro Reader

244 》 PDFを開く際に パスワードを設定したい!

A 「保護」ツールの<パスワードを使用 して保護>をクリックします。

PDF を開く際にパスワードを求められるようにする には、PDF を開いた状態で<ツール>→<保護>の順 にクリックし、「保護」ツールで<パスワードを使用し て保護>をクリックします。

1 PDFを開いた状態で <ツール>をクリックし、

2 <保護>をク リックします。

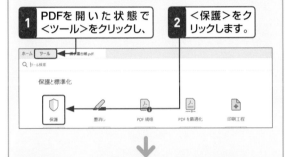

3 <パスワードを使用して保護>をクリックします。

| 保護 | パスワードを使用して保護 | 非表示情報 |

4 <閲覧>をクリックし、

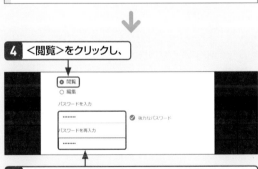

5 パスワードを2回入力し、<適用>をクリックします。

6 以降、対象のPDFを閲覧しようとすると、パスワー ドを要求されるようになります。

パスワード ✕
「請求書台帳.pdf」は保護されています。文書を開くパスワードを入力してください。
パスワードを入力(E):
OK　　キャンセル

Q ‖ セキュリティ ‖　　エディション Standard Pro Reader

245 》 PDFの編集をパスワードを かけて制限したい!

A 「保護」ツールの<パスワードを使用 して保護>をクリックします。

PDF を編集できないようにするには、PDF を開いた状 態で<ツール>→<保護>の順にクリックし、「保護」 ツールで<パスワードを使用して保護>をクリックし ます。この設定ではページの編集はできなくなります が、注釈の追加やフォームへの入力は可能です。

1 Q.244手順**1**～**2**を参考にして「保護」ツールを表 示します。

2 <パスワードを使用して保護>をクリックします。

3 <編集>をクリックし、

4 パスワードを2回入力し、<適用>をクリックします。

5 以降、対象のPDFを編集しようとすると、パスワー ドを要求されるようになります。

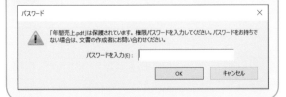
パスワード ✕
「年間売上.pdf」は保護されています。権限パスワードを入力してください。パスワードをお持ちで ない場合は、文書の作成者にお問い合わせください。
パスワードを入力(E):
OK　　キャンセル

PDFとAcrobatの基本

1

表示と閲覧

2

印刷

3

編集と管理

4

作成と保護

5

校正とレビュー

6

フォームと署名

7

モバイル版

8

Document Cloud

9

Acrobat Web

10

Q 246 ‖ セキュリティ ‖
エディション Standard Pro Reader

PDFの編集制限を細かく設定したい!

A <ファイル>メニューの<プロパティ>の「セキュリティ」タブから行えます。

PDFの編集制限はQ.245の操作でも行えますが、ページの編集のみ許可したり、一切の編集を不可にすることも可能です。Q.243を参考に「文書のプロパティ」の「セキュリティ」タブから変更します。

1 Q.243手順**1**〜**3**を参考にして、「文書のプロパティ」ダイアログボックスの「セキュリティ」タブを表示します。

2 「セキュリティ方法」で<パスワードによるセキュリティ>をクリックして選択し、<設定を変更>をクリックします。

3 「文書の印刷および編集を制限〜」にチェックを付け、「変更を許可」で任意の項目(ここでは<ページの挿入、削除、回転>)を選択し、

4 「権限パスワードの変更」にパスワードを入力して、<OK>をクリックします。

Q 247 ‖ セキュリティ ‖
エディション Standard Pro Reader

PDFを印刷不可にしたい!

A <ファイル>メニューの<プロパティ>の「セキュリティ」タブから行えます。

Acrobatでは、PDFを印刷できないようにすることができます。以下の手順では同時に編集も保護されますが、編集を許可したい場合は、手順**3**の画面で「変更を許可」の項目で「許可しない」から任意の項目に変更します。

1 Q.243手順**1**〜**3**を参考にして、「文書のプロパティ」ダイアログボックスの「セキュリティ」タブを表示します。

2 「セキュリティ方法」で<パスワードによるセキュリティ>をクリックして選択し、<設定を変更>をクリックします。

3 「文書の印刷および編集を制限〜」にチェックを付け、「印刷を許可」で<許可しない>を選択し、

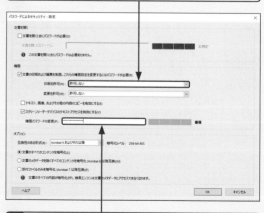

4 「権限パスワードの変更」にパスワードを入力して、<OK>をクリックします。

左ページ

Q ‖ セキュリティ ‖

エディション
Standard　Pro　Reader

248 » PDF内のテキストを コピー不可にしたい！

A ＜ファイル＞メニューの＜プロパティ＞の 「セキュリティ」タブから行えます。

Acrobatでは、PDF内のテキストや画像をコピーできないようにすることができます。文字の選択は行えますが、コピーなどのメニューは操作できなくなります。ショートカットキーでもコピーできません。

1 Q.243手順**1**〜**3**を参考にして、「文書のプロパティ」ダイアログボックスの「セキュリティ」タブを表示します。

2 「セキュリティ方法」で＜パスワードによるセキュリティ＞をクリックして選択し、＜設定を変更＞をクリックします。

⬇

3 「文書の印刷および編集を制限〜」のチェックボックスをクリックしてチェックを付け、

4 「印刷を許可」で印刷の、「変更を許可」で編集の許可について選択し、

⬇

5 「テキスト、画像、およびその他の内容のコピーを有効にする」のチェックボックスをクリックして、チェックを外します。

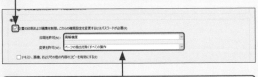

6 「権限パスワードの変更」にパスワードを入力して、＜OK＞をクリックします。

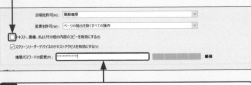

右ページ

Q ‖ セキュリティ ‖

エディション
Standard　Pro　Reader

249 » PDFのセキュリティ ポリシーを設定したい！

A 「保護」ツールで＜詳細オプション＞→ ＜セキュリティポリシーを管理＞をクリックします。

Acrobatには、さまざまな条件のセキュリティ設定を適用できますが、よく使うセキュリティの組み合わせは「セキュリティポリシー」として事前に登録しておくと便利です。

1 Q.244手順**3**の画面で＜詳細オプション＞→＜セキュリティポリシーを管理＞→＜新規＞の順にクリックします。

⬇

2 任意の保護方法（ここでは＜パスワードを使用＞）をクリックして選択し、＜次へ＞をクリックします。

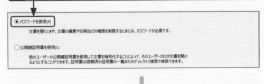

⬇

3 作成するセキュリティポリシーの名前と説明を入力し、＜次へ＞をクリックすると「パスワードによるセキュリティ」画面が表示されるので、任意の設定を行い、画面の指示に従って進みます。

⬇

4 「セキュリティポリシーの管理」画面に作成したポリシーが設定され、以降いつでも呼び出せるようになります。

PDFとAcrobatの基本　1
表示と閲覧　2
印刷　3
編集と管理　4
作成と保護　5
校正とレビュー　6
フォームと署名　7
モバイル版　8
Document Cloud　9
Acrobat Web　10

Q 250 » 複数のPDFに同じ セキュリティを設定するには?

エディション
Standard **Pro** Reader

A 「アクションウィザード」ツールを 使います。

複数のファイルに同じセキュリティを適用したいとき は、「アクションウィザード」ツール(Q.236～238参照) を利用しましょう。<新規アクション>から、パスワー ドを設定するアクションを追加して設定します。

追加した新規アクションは、以降右側のアクションリスト から選択できるようになります。アクションウィザードで は、複数のファイルをまとめて選択し、設定を適用でき ます。

Q 251 » PDFのパスワードを 削除したい!

エディション
Standard **Pro** Reader

A <この文書からセキュリティ設定を 削除>をクリックします。

設定した「文書を開くパスワード」や「権限パスワード」 を削除するには、「保護」ツールで<詳細設定>→<こ の文書からセキュリティ設定を削除>をクリックしま す。

1 保護されたPDFを開いた状態で<ツール>をクリッ クし、

2 <保護>をクリックします。

3 <詳細オプション>をクリックします。

4 <この文書からセキュリティ設定を削除>をクリック します。

5 <OK>をクリックします。

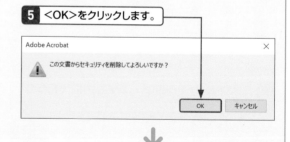

6 メニューバーの<ファイル>→<上書き保存>の順 にクリックすると、パスワードが削除された状態で 保存されます。

Q 252 ‖アクセシビリティ‖ エディション Standard Pro Reader
表示に代替テキストを設定するには？

A 「アクセシビリティ」ツールの〈代替テキストを設定〉をクリックします。

Acrobat Proの読み上げ機能（Q.287参照）で読み上げられるときに、画像の情報を知らせる役割をもつのが、代替テキストです。ネットワーク上の問題で画像が表示されなかったときや、視覚障がいのあるユーザーが画像の情報を理解できるようにするため用いられます。代替テキストを設定するとき、テキストは適切なものを入力し、キーワードを詰め込みすぎないように気を付けるとよいでしょう。また、とくに意味のない画像に、代替テキストを設定する必要はありません。

1 PDFを開いた状態で〈ツール〉をクリックし、

2 〈アクセシビリティ〉をクリックします。

3 〈代替テキストを設定〉→〈OK〉の順にクリックします。

4 「代替テキスト」に選択されている画像のキーワードを入力し、

5 〈保存して閉じる〉をクリックします。

Q 253 ‖アクセシビリティ‖ エディション Standard Pro Reader
読み上げ音声を変更したい！

A 〈環境設定〉の〈読み上げ〉で設定します。

アクセシビリティの1つ、読み上げ機能の音声を変更するには、「環境設定」ダイアログボックスから行います。

1 メニューバーの〈編集〉をクリックして、

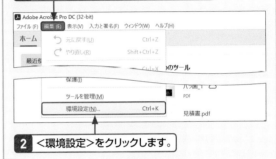

2 〈環境設定〉をクリックします。

3 「分類」で〈読み上げ〉をクリックし、

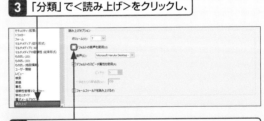

4 「読み上げオプション」の「デフォルトの音声を使用」のチェックボックスをクリックしてチェックを外します。

5 プルダウンメニューから任意の読み上げ音声を選択し、

6 〈OK〉をクリックすると、読み上げ音声が変更されます。

PDFとAcrobatの基本　1

表示と閲覧　2

印刷　3

編集と管理　4

作成と保護　5

校正とレビュー　6

フォームと署名　7

モバイル版　8

Document Cloud　9

Acrobat Web　10

Q 『アクセシビリティ』 エディション Standard Pro Reader

254 読み上げる順序を変更したい！

A 「アクセシビリティ」ツールの<セキュリティポリシーの管理>をクリックします。

Acrobat Proには、「読み上げ順序」ツールというものがあり、このツールを利用するとPDFのページ内のコンテンツの順序が表示され、読み上げ順序を確認することができます。また、「順序パネル」を表示すると、読み上げ順序の変更が可能です。

1 Q.252手順**1**～**2**を参考に「アクセシビリティ」ツールを表示して、<読み上げ順序>をクリックします。

2 <順序パネルを表示>をクリックします。

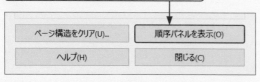

3 順序パネルが、画面左側のナビゲーションパネルに表示されるので、任意のコンテンツをドラッグすると順序を変更できます。

Q 『アクセシビリティ』 エディション Standard Pro Reader

255 PDFのアクセシビリティをチェックするには？

A 「アクセシビリティ」ツールの<アクセシビリティチェック>をクリックします。

作成したPDFは、配布する前にアクセシビリティをチェックしておくとよいでしょう。チェック機能を利用して、アクセシブルなPDFとして必要な情報が含まれているか確認できます。

1 Q.252手順**1**～**2**を参考に「アクセシビリティ」ツールを表示して、<アクセシビリティチェック>をクリックし、

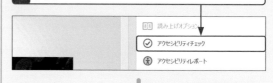

2 「チェックするオプション」で任意の項目を設定し、

3 <チェック開始>をクリックします。

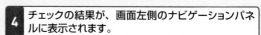

4 チェックの結果が、画面左側のナビゲーションパネルに表示されます。

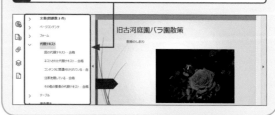

第 **6** 章

校正とレビューの 「こんなときどうする?」

Q ‖注釈ツールの基本‖

256 ≫「注釈」ツールについて知りたい！

A 校正時に使用するツールをまとめた機能です。

校正とは、文章の誤字や脱字などを修正し、正しくすることです。ビジネス文書においては、作成後の第三者チェックが行われる場合もあります。Acrobatの「注釈」ツールは、そうした校正の際に修正指示をわかりやすく伝えるための機能です。

「注釈」ツールは＜ツール＞→＜注釈＞の順にクリックすると表示されます。テキストの挿入や置換、取り消し、ハイライトといった一般的な校正に加えて、承認印や組織印として利用できる多彩なスタンプの追加、図形やフリーハンドでの入力など、あらゆる注釈機能が備わっています。

そして、PDFに加えた注釈は、注釈データだけを出力してPDF本体とは別に送受信できるため、ページ数の多いPDFの注釈も、ネットワーク経由でかんたんにやり取りできます。

また、PDFを共有しながら校正作業ができる「共有レビュー」機能を利用すると、複数人でPDFにコメントや修正を入れる作業で同じファイルに注釈を入れることができ、即座に反映されるので意見の取りまとめが容易になります。

なお、Acrobat ReaderではPDFによって利用できる注釈機能が異なります。

「注釈」ツールの主な機能

	名称	機能
💬	ノート注釈を追加	PDF全体や大まかな場所に指示を入れたいときに使用します。
🖍	テキストをハイライト表示	テキストにマーカーを引いて目立たせます。
T̲	テキストに下線を引く	テキストに下線を引くことができます。
T̶	テキストに取り消し線を引く	テキストの削除指示ができます。
T̶💬	置換テキストにノートを追加	正しいテキストへの置換を指示できます。
T︿	カーソルの位置にテキストを挿入	テキストの挿入や段落替えの指示ができます。
T	テキスト注釈を追加	PDF上にテキスト指示を書き込めます。
T	テキストボックスを追加	PDFにテキストボックスを追加できます。
✏	描画ツールを使用	手書きの指示を入れることができます。
🧽	描画を消去	「描画ツールを使用」で描いた線を部分的に消すことができます。
🔖▾	スタンプを追加	スタンプや電子印鑑を押すことができます。
📎➕	新規添付ファイルを追加	WordやExcel、テキスト形式のファイルなどを添付できます。
⬦▾	描画マークアップツール	矢印や図形を描くことができます。

257 » 描画マークアップツールで何が描けるか知りたい！

A 矢印や長方形、円、折れ線、引き出し線付きテキストボックスなどが描けます。

図表の入れ替えや置換などの指示は、文章ではなかなか伝わりにくいものです。描画マークアップツールを利用すると、矢印や長方形、円といった図形をPDFに描くことで指示を出すことができて便利です。また、描画した図形にテキストを追加することもできるため、

さらに細かく指示を出すことが可能です。
描画した図形は線の太さや色、図形内部の塗りつぶし、透明度の変更などのアレンジができます。何人かで注釈を入れる場合には、担当ごとに色を決めておくと見た目もわかりやすくなります。

描画マークアップツールの図形

	名称	機能
▱	線	PDF上をドラッグして線を追加できます。
⇨	矢印	PDF上をドラッグして矢印を追加できます。
□	長方形	PDF上をドラッグして長方形の図形を追加できます。
○	楕円	PDF上をドラッグして円形の図形を追加できます。
▤↗	引き出し線付きテキストボックス	ドラッグの始点が矢印の先端となるテキストボックスを追加できます。
⬡	多角形	複数の直線で囲まれた閉じた図形を追加できます。
☁	雲形	複数の雲形の線で囲まれた閉じた図形を追加できます。
◇	折れ線	複数の直線で作られた開いた図形を追加できます。

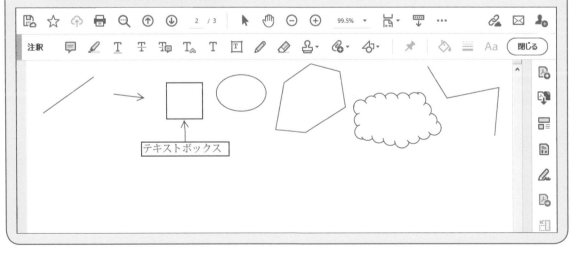

PDFとAcrobatの基本 1
表示と閲覧 2
印刷 3
編集と管理 4
作成と保護 5
校正とレビュー 6
フォームと署名 7
モバイル版 8
Document Cloud 9
Acrobat Web 10

Q

258 ≫ 「注釈」ツールを 表示したい！

A ツールセンターから表示します。

Acrobatの各種注釈機能は、「注釈」ツールから使用することができます。なお、Q.259〜Q.275の解説は、「注釈」ツールが表示された状態で行います。また、初期状態では、「注釈」ツールを表示するといっしょにツールパネルウィンドウが開き、注釈リストが表示されます。画面が小さくなってPDFが閲覧しにくい場合は、▶ をクリックすると注釈リストを非表示にできます。

1 ビューボタンの＜ツール＞をクリックします。

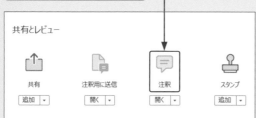

2 ＜注釈＞をクリックします。

3 「注釈」ツールが表示されます。

Q

259 ≫ テキストの取り消しを 指示したい！

A 「注釈」ツールの Ŧ をクリックします。

文書中に削除したいテキストがある場合は、「テキストに取り消し線を引く」ツールを利用してテキスト取り消しの指示を出します。「テキストと画像の選択」ツールで取り消したい箇所をドラッグで選択した状態で Ŧ をクリックする方法でも同様の指示ができます。

1 Q.258手順**1**〜**2**を参考に「注釈」ツールを表示し、Ŧ をクリックします。

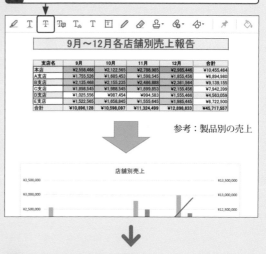

2 テキストを取り消したい箇所をドラッグすると、テキストが横線で取り消されます。

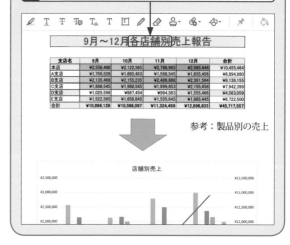

Q 260 ≫ テキストの置換を指示したい！

注釈ツール

エディション
Standard / Pro / Reader

A 「注釈」ツールの T̶o̶ をクリックします。

「置換テキストにノートを追加」ツールを使用すると、選択されたテキストに取り消し線が引かれ、ポップアップノートが開きます。ポップアップノートが表示されない場合は、Q.278を参考に「環境設定」ダイアログボックスの「注釈」で「注釈リストが開いているときは注釈ポップアップを非表示」のチェックを外しましょう。

1 Q.258手順**1**〜**2**を参考に「注釈」ツールを表示し、 T̶o̶ をクリックします。

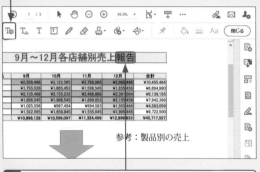

2 テキストの置換を指示したい箇所をドラッグで選択すると、

3 テキストが横線で取り消され、挿入記号⅄が表示されます。

4 修正内容を入力し、

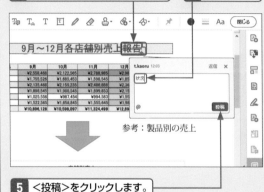

参考：製品別の売上

5 ＜投稿＞をクリックします。

Q 261 ≫ テキストの挿入を指示したい！

注釈ツール

エディション
Standard / Pro / Reader

A 「注釈」ツールの Tₐ をクリックします。

「カーソルの位置にテキストを挿入」ツールは、カーソル位置にテキストを挿入したいときに便利な機能です。また、挿入するテキストを入力せずに Enter キーを押して＜投稿＞をクリックすると、段落挿入記号⅄が表示され、段落替えの指示をすることもできます。スペースの追加を指示したいときは、半角スペースだけを入力した状態でポップアップノートを閉じると、スペース挿入記号⅄が表示されます。

1 Q.258手順**1**〜**2**を参考に「注釈」ツールを表示し、 Tₐ をクリックします。

2 テキストの挿入を指示したい箇所をクリックすると、

3 挿入記号⅄が表示されます。

4 挿入したいテキストを入力し、

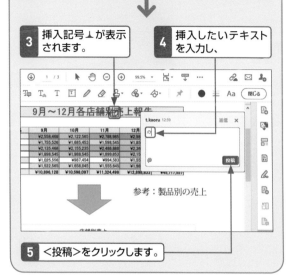

参考：製品別の売上

5 ＜投稿＞をクリックします。

PDFとAcrobatの基本

1

表示と閲覧

2

印刷

3

編集と管理

4

作成と保護

5

校正とレビュー

6

フォームと署名

7

モバイル版

8

Document Cloud

9

Acrobat Web

10

Q 注釈ツール

262 » テキストにハイライトを追加したい!

A 「注釈」ツールの✐をクリックします。

太字や斜体など、フォントのスタイルを変更したいときや、テキストを目立たせたいときに便利なのが「テキストをハイライト表示」ツールです。ほかの注釈マークよりも目立つため、見えにくい箇所への注釈として代用する使い方も可能です。また、「テキストと画像の選択」ツールでハイライトにしたい箇所をドラッグで選択した状態で✐をクリックする方法でも同様の指示ができます。

1 Q.258手順**1**〜**2**を参考に「注釈」ツールを表示し、✐をクリックします。

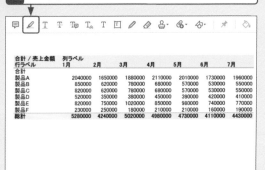

2 ハイライトにしたい箇所をドラッグすると、テキストがハイライト表示されます。

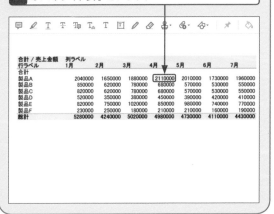

Q 注釈ツール

263 » 注釈やハイライトの色を変更したい!

A 「注釈」ツールの<色を変更>をクリックします。

注釈やハイライトの色は自由に変更することができます。初期状態では、テキストの挿入や置換のツールは青、テキストの取り消しのツールは赤、ハイライトは黄色になっています。校正する人が複数いる場合は、担当によって色を変えると、指示がよりわかりやすくなります。

1 色を変更したい注釈やハイライトをクリックし、

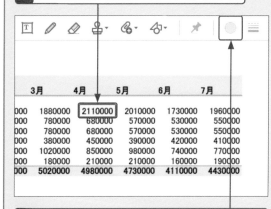

2 「注釈」ツールの●（選択されている色によってアイコンの色も変わります）をクリックします。

3 任意の色をクリックすると、注釈やハイライトの色が変更されます。

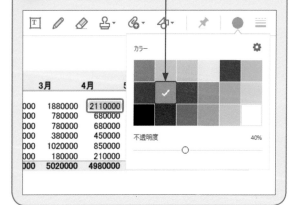

Q 264 テキストボックスを使って文章で指示したい!

A 「注釈」ツールの 🖵 をクリックします。

Acrobatの「注釈」ツールには、コメントを残す機能がありますが、ポップアップノートを閉じてしまったり、ポップアップノートを非表示にする設定をしていたりするとコメントがPDF上に表示されません。テキストボックスは、ポップアップノートを使用せず、常時表示されるため、操作環境が変わってもコメントを見ることができます。また、自由なサイズで設置できるため、長文での込み入った指示をしたいときにも便利です。

1 Q.258手順 **1**〜**2** を参考に「注釈」ツールを表示し、🖵 をクリックします。

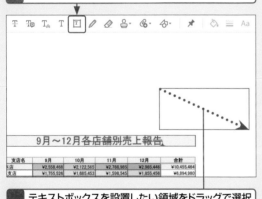

2 テキストボックスを設置したい領域をドラッグで選択します。

3 テキストボックス内にテキストを入力します。

F支店とG支店のデータも追加してください。

9月〜12月各店舗別売上報告

Q 265 ペンや手書きで注釈を付けるには?

A 「注釈」ツールの ✐ をクリックします。

紙のノートにペンでメモを取るように、「描画ツールを使用」ツールを使用すると、フリーハンドの書き込み操作が可能になります。マウスで文字を書いたり、きれいな図形を描いたりすることが難しい場合は、ペンタブレットなどを使うとよいでしょう。書き込んだ手書きの注釈を部分的に消したいときは、注釈ツールバーの ✐ をクリックして消したい箇所をドラッグします。

1 Q.258手順 **1**〜**2** を参考に「注釈」ツールを表示し、✐ をクリックします。

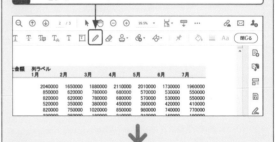

2 マウスのドラッグなどでPDF上に自由に注釈を書き込みます。

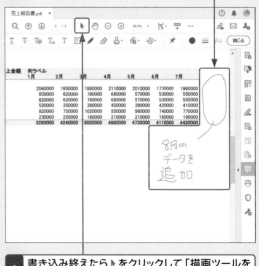

8月のデータを追加

3 書き込み終えたら ▶ をクリックして「描画ツールを使用」ツールを終了します。

‖ 注釈ツール ‖

266» ペンや手書きで校正を指示するには？

A 校正記号を使用して指示します。

手書きで校正指示を入れたいときは、「校正記号」と呼ばれる記号を使用します。校正記号は、一般的に日本工業規格の「印刷校正記号」を基準とし、原則赤色のイン

クを使用します。ここでは、ビジネス文書でよく用いられる横書きの場合を例に主な校正記号を紹介します。

誤字を直す

誤字を消すようにして、誤字の上から行間に沿って引き出し線を引きます。誤字の箇所が行の左半部であれば左側、右半部であれば右側の余白に修正した文字を書きます。単語や熟語の誤りを直したいときは、文字の中央に横線を書き、引き出し線を引きます。

文字を挿入する

さて、このた弊社では、かねてより開

「E - ウォッチ」の新製品が完成いたし

つきましては、一般公開に先立ち、本

何かとご多忙中とは存じますがぜひ来

文字を挿入したい場所から引き出し線を引き、挿入したい文字を二股の線で挟みます。引き出し線の先端に⌐の記号を付ける場合もあります。また、行末・行頭の境目に文字を挿入したいときは、行末に書きます。

文字を消す

開発を進めておりましたウェアラルブル端末

しました。

本製品の展示会を下記の通り開催いたします。

削除したい文字を消すようにして、短い引き出し線を出し、「トル」または「トルツメ」と書きます。

句読点を入れる／直す

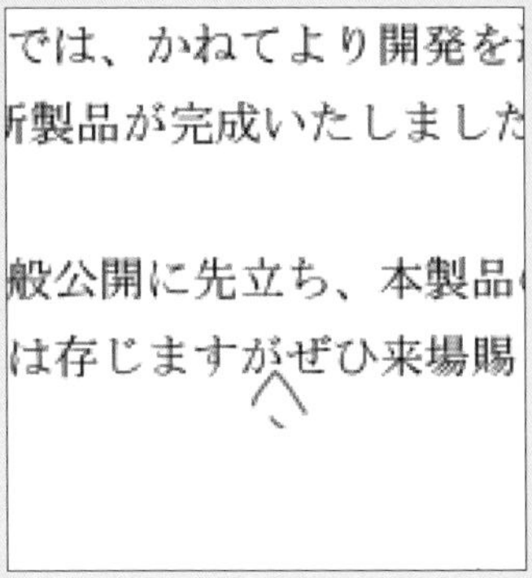

では、かねてより開発を
新製品が完成いたしました

般公開に先立ち、本製品
は存じますがぜひ来場賜

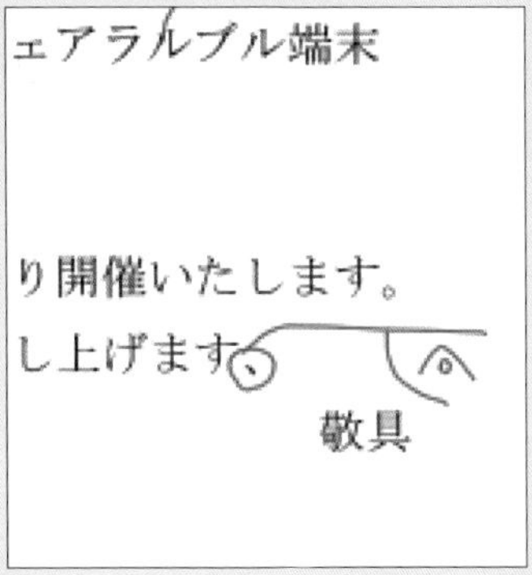

ェアラルブル端末

り開催いたします。
し上げます。

敬具

句読点を入れたい／直したい箇所の下側に ∧ の記号を付けて句読点を書きます。「文字を挿入する」と同様に引き出し線を出す書き方もあります。

改行

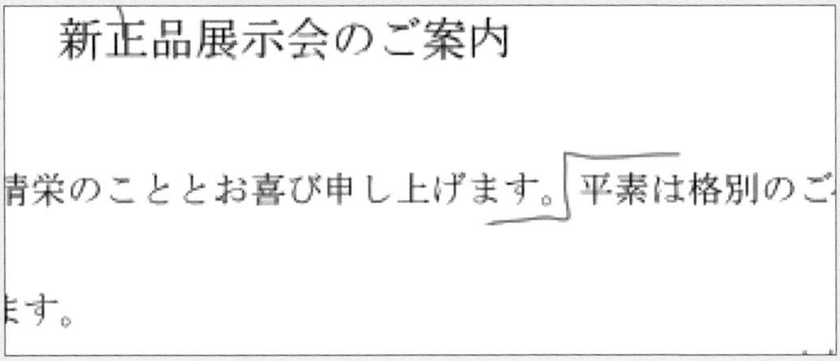

新正品展示会のご案内

青栄のこととお喜び申し上げます。平素は格別のご

ます。

改行したい場所に ⌐ を書き入れます。なお、改行の場合は原則行頭を1字下げにするため、次の行へ字を送りたいときは ⌐ の記号を使います。

行を続ける（追込み）

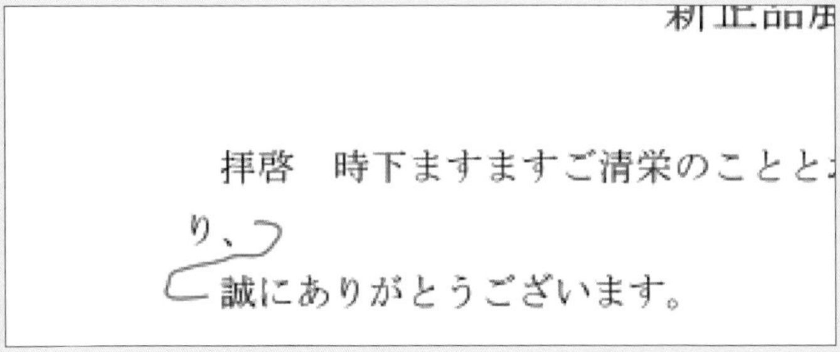

新正品展

拝啓　時下ますますご清栄のことと

り、
誠にありがとうございます。

改行をやめて前の段落の末尾に文章を続けたいときに使います。

記号を入れる／直す

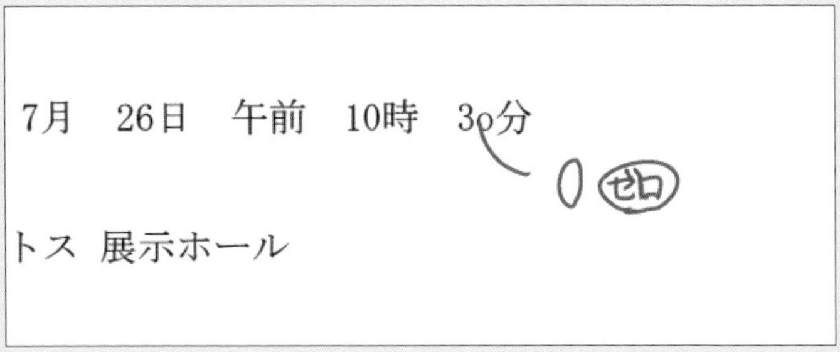

7月　26日　午前　10時　30分

0 ゼロ

トス　展示ホール

中黒は ⊡、2倍ダーシは ⊡⊡、2倍リーダーは ⊡⊡ で指示します。また、形が似ているもの（「ハイフン」「ダッシュ」「マイナス」「オンビキ」、「ゼロ」（数字の0）「オー」（大文字のO）など）は、左図のように小さ目の文字で補足を付けます。

PDFとAcrobatの基本　1
表示と閲覧　2
印刷　3
編集と管理　4
作成と保護　5
校正とレビュー　6
フォームと署名　7
モバイル版　8
Document Cloud　9
Acrobat Web　10

Q ‖ 注釈ツール ‖

エディション
Standard Pro Reader

267 》ノート注釈って何？

A 注釈をアイコンで追加できます。

「ノート注釈」は、PDFの大まかな場所に注釈を入れたいときに便利なアイコン型の注釈です。クイックツールバーから使うこともできるので、すばやく注釈を入れたいときにも使えます。アイコンのデザインは、追加したノート注釈を右クリックし、<プロパティ>→「表示方法」で任意のアイコン→<OK>の順にクリックすると変更できます。

Q ‖ 注釈ツール ‖

エディション
Standard Pro Reader

268 》ノート注釈を追加したい！

A 「注釈」ツールの 🗨 をクリックします。

全体的な指示を入れたいときにもノート注釈が活躍します。ただし、ノート注釈はポップアップノートを利用するため、ポップアップノートを閉じてしまうとコメントが見えなくなります。コメントが常時見えるようにしたいときは「テキスト注釈を追加」ツールや「テキストボックスを追加」ツールを使い、状況によって使い分けるとよいでしょう。

1 Q.258手順**1**〜**2**を参考に「注釈」ツールを表示し、🗨 をクリックします。

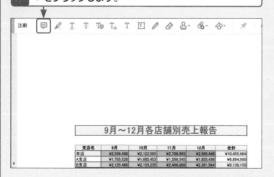

2 ノート注釈を追加したい箇所をクリックします。

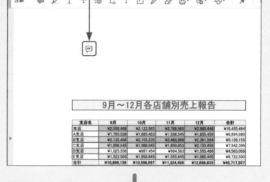

3 ポップアップノートにテキストを入力し、

4 <投稿>をクリックします。

PDFとAcrobatの基本　1

表示と閲覧　2

印刷　3

編集と管理　4

作成と保護　5

校正とレビュー　6

フォームと署名　7

モバイル版　8

Document Cloud　9

Acrobat Web　10

Q 269 ≫ PDFにスタンプを押したい！

A 「注釈」ツールの ⚲・ をクリックします。

校正や修正が終了したPDFには、「承認済」や「却下」などの印を付けるとチェックしたことがわかりやすくなります。Acrobatでは、使用頻度の高い用語があらかじめスタンプで用意されています。

1 Q.258手順 **1** ～ **2** を参考に「注釈」ツールを表示し、⚲・ をクリックします。

2 任意のカテゴリ（ここでは＜標準＞）をクリックして、

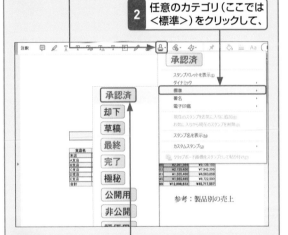

3 追加したいスタンプ（ここでは＜承認済＞）をクリックします。

4 スタンプを押したい場所をクリックして押印します。

Q 270 ≫ オリジナルのスタンプを作成したい！

A 「カスタムスタンプ」を作成します。

Acrobatには、さまざまな用途で使えるスタンプが用意されていますが、業務で使用したいものがないときは、「カスタムスタンプ」を作成するとよいでしょう。社名印や形が決まっている校正記号をカスタムスタンプに登録しておくと、作業を効率化できます。

1 Q.343手順 **1** ～ **3** を参考に事前にスタンプデータをPDFで準備します。

2 「注釈」ツールの ⚲・ をクリックし、

3 ＜カスタムスタンプ＞をクリックして、

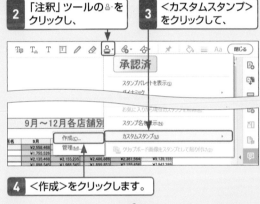

4 ＜作成＞をクリックします。

5 Q.343手順 **6** ～ **7** を参考にスタンプデータを選択し、

6 「分類」と「名前」に任意のカテゴリ名とスタンプ名を入力して、

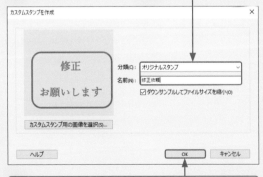

7 ＜OK＞をクリックするとカスタムスタンプが追加されます。

Q 271 注釈ツール

エディション Standard Pro Reader

PDFにファイルを添付したい！

A 「注釈」ツールの📎・をクリックします。

修正作業で必要となる資料を相手に送りたいとき、Acrobatでは、注釈機能の1つとしてファイルをPDFに添付することができます。

1 Q.258手順**1**〜**2**を参考に「注釈」ツールを表示し、📎・をクリックします。

2 ＜ファイルを添付＞をクリックします。

3 ファイルを添付するPDF上の場所をクリックし、添付したいファイルをクリックして選択したら、

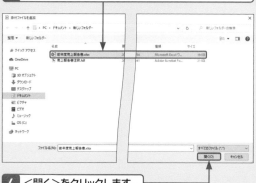

4 ＜開く＞をクリックします。

5 ＜OK＞をクリックします。

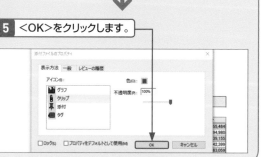

Q 272 描画マークアップツール

エディション Standard Pro Reader

図形や矢印を描いて指示したい！

A 「注釈」ツールの⟡・をクリックして図形を挿入します。

Acrobatでは、注釈機能の1つとして図形を挿入することができます。図表の移動を指示したいときなどに便利です。また、Q.280を参考にすると、挿入した矢印や長方形にコメントすることもできるので、補足を加えて詳細な指示を伝えられます。

1 Q.258手順**1**〜**2**を参考に「注釈」ツールを表示し、⟡・をクリックします。

2 挿入したい図形（ここでは＜長方形＞）をクリックします。

3 PDF上をドラッグすると注釈として図形が挿入されます。

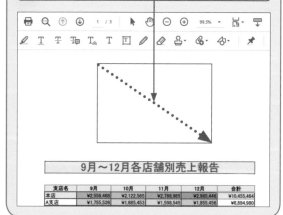

Q 273 » 図形の線の色や太さを変更したい！

A 「注釈」ツールの＜色を変更＞で設定します。

注釈として追加した図形は、線の色や太さを自由にカスタマイズできます。なお、初期状態では、線の太さがもっとも細い設定になっています。

1 線の色や太さを変更したい図形をクリックして選択し、

2 「注釈」ツールの●（選択されている色によってアイコンの色も変わります）をクリックします。

↓

3 ＜境界＞をクリックし、

4 任意の色をクリックして色を変更します。

↓

5 ≡をクリックし、

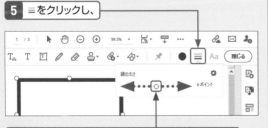

6 ○を左右にドラッグして線の太さを変更します。

Q 274 » 図形の塗りつぶし色を変更したい！

A 「注釈」ツールの＜色を変更＞→＜塗りつぶし＞で設定します。

長方形や楕円、多角形のような図形の注釈では、図形の内部を塗りつぶすことができます。「色を変更」の＜塗りつぶし＞をクリックし、任意の色をクリックすると変更できます。

1 塗りつぶしの色を変更したい図形をクリックして選択し、

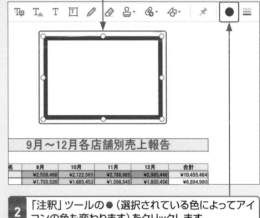

2 「注釈」ツールの●（選択されている色によってアイコンの色も変わります）をクリックします。

↓

3 ＜塗りつぶし＞をクリックし、

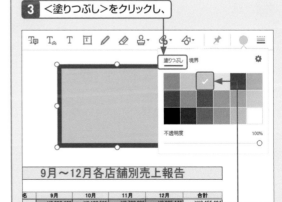

4 任意の色をクリックすると塗りつぶしの色が変更されます。

PDFとAcrobatの基本 1
表示と閲覧 2
印刷 3
編集と管理 4
作成と保護 5
校正とレビュー 6
フォームと署名 7
モバイル版 8
Document Cloud 9
Acrobat Web 10

Q ∥描画マークアップツール∥
エディション Standard Pro Reader

275》 図形の透明度を変更したい!

A 「塗りつぶし」の不透明度を変更します。

図形の塗りつぶしを行うと、図形の下のテキストや図表が見えなくなってしまいます。不透明度を調整することで、図形が透けて下になった部分が見えるようになります。

1 透明度を変更したい図形をクリックして選択し、

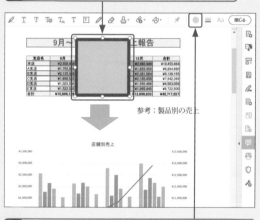

2 「注釈」ツールの●（選択されている色によってアイコンの色も変わります）をクリックします。

3 <塗りつぶし>をクリックし、

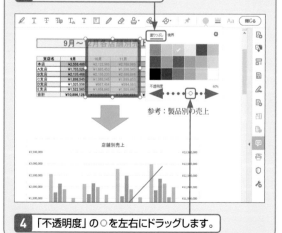

4 「不透明度」の○を左右にドラッグします。

Q ∥描画マークアップツール∥
エディション Standard Pro Reader

276》 図形の線の色や太さをデフォルトにするには?

A デフォルトにしたい注釈の図形を右クリックします。

線の色や太さをカスタマイズした図形をくり返し使いたいときは、その設定をデフォルトにすることでほかの場所に図形を追加した際に再設定せずにすみます。いつも同じ設定をするのであれば、登録しておきましょう。

1 デフォルトにしたい図形の注釈を右クリックし、

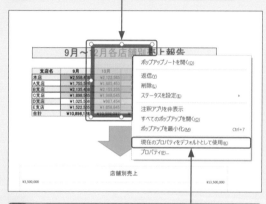

2 <現在のプロパティをデフォルトとして使用>をクリックします。

3 Q.272を参考に同じ図形を作成すると、デフォルトに設定した線の色や太さで注釈の図形が追加されます。

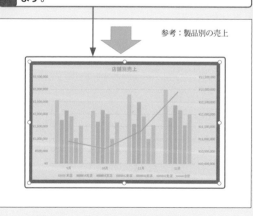

参考：製品別の売上

Q 277 » 図形を削除したい！

‖ 描画マークアップツール ‖　エディション Standard Pro Reader

A 図形を右クリックして
<削除>をクリックします。

どんなに注意していても操作を誤って、意図せず注釈の図形を増やしてしまうことがあるかもしれません。そうした場合、注釈の図形はいつでも削除することができるので、慌てず対処しましょう。なお、注釈の図形を削除すると、付けられているコメントもいっしょに削除されてしまうので注意しましょう。

1 削除したい図形の注釈を右クリックし、

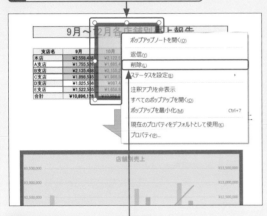

2 <削除>をクリックします。

3 注釈の図形が削除されます。

参考：製品別の売上

Q 278 » マウスオーバーで注釈を自動的に開くには？

‖ 注釈の確認 ‖　エディション Standard Pro Reader

A <環境設定>の<注釈>で設定します。

初期状態のAcrobatでは、注釈をマウスオーバーしてもコメントは表示されないか、最小限の表示がされるように設定されています。ポップアップノートをマウスオーバーで表示できるように設定すると、返信の内容まで見ることができて便利です。

1 メニューバーの<編集>をクリックし、

参考：製品別の売上

2 <環境設定>をクリックします。

3 「分類」で<注釈>をクリックし、

4 「マウスのロールオーバーでポップアップを自動的に開く」のチェックボックスをクリックしてチェックを付け、

5 <OK>をクリックします。

Q 279 注釈を一覧表示するには？

A ツールパネルウィンドウから表示します。

追加した注釈は、「注釈リスト」で一覧表示できます。ここでは、ツールパネルウィンドウを閉じた状態から注釈リストを表示する方法を紹介します。なお、「注釈」ツールが表示されているときは、◀ をクリックするだけで注釈リストが表示されます。

1 「注釈」ツールを表示していないときに画面右側のツールパネルウィンドウが非表示になっている場合は、◀ をクリックします。

2 <注釈>をクリックします。

3 注釈リストが表示されます。

Q 280 注釈にコメントしたい！

A 注釈をクリックして<ポップアップノート>をクリックします。

テキストの挿入や置換では、注釈を追加した際にコメントを合わせて入力できますが、そのほかの注釈でもコメントを記入することができます。補足説明を加えたいときにコメントを追加するとよいでしょう。

1 コメントを追加したい注釈を右クリックし、

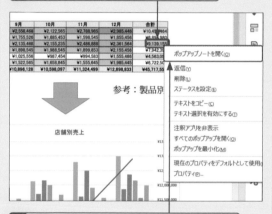

2 <ポップアップノートを開く>をクリックします。

3 ポップアップノートにコメントを入力し、

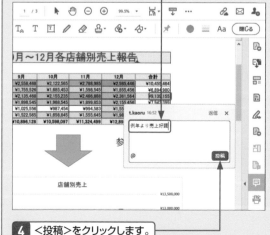

4 <投稿>をクリックします。

Q281 » 注釈に返信したい！

A 注釈リストから返信します。

注釈には複数のコメントを追加することが可能です。注釈に追加されたコメントに返信という形でコメントを追加することで、複数の校正者がいる場合のコミュニケーションが円滑になります。

1 Q.279を参考に注釈リストを表示し、返信したい注釈をクリックします。

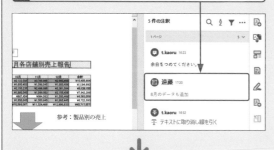

2 ＜返信を追加＞をクリックします。

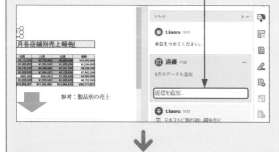

3 返信内容を入力し、

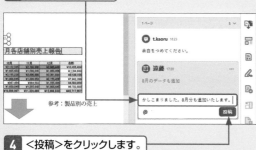

4 ＜投稿＞をクリックします。

Q282 » 挿入した注釈を取り消すには？

A 注釈を右クリックして ＜削除＞をクリックします。

間違って入れてしまった注釈やすでに修正済みで必要なくなった注釈は、いつでも削除することができます。なお、注釈を削除すると、コメントのやり取りなどもすべて削除されてしまうので注意しましょう。注釈の削除は、注釈リストからも行えます。

1 削除したい注釈を右クリックし、

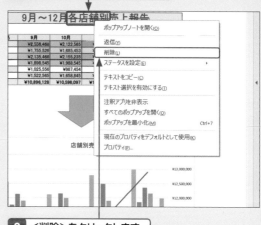

2 ＜削除＞をクリックします。

3 注釈が削除されます。

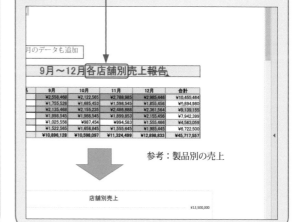

PDFとAcrobatの基本 1
表示と閲覧 2
印刷 3
編集と管理 4
作成と保護 5
校正とレビュー 6
フォームと署名 7
モバイル版 8
Document Cloud 9
Acrobat Web 10

Q 注釈の確認 | エディション Standard Pro Reader

283 » 注釈を検索したい！

A 注釈リストで🔍をクリックします。

多くの注釈が追加されたPDFでは、目的の注釈が見つからないこともしばしばです。Acrobatの注釈リストでは、検索機能を利用して特定のキーワードが含まれる注釈をかんたんに見つけることができます。また、注釈の作者や色で絞り込むことも可能です。

1 Q.279を参考に注釈リストを表示し、🔍をクリックします。

2 検索したいキーワードを入力すると検索結果が表示されます。

3 ▼をクリックすると、作者や色での絞り込みができます。

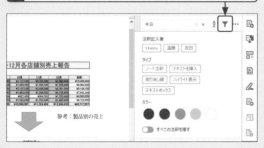

Q 注釈の確認 | エディション Standard Pro Reader

284 » 注釈をグループ化するには？

A 注釈を選択して右クリックし＜グループ＞をクリックします。

注釈をグループ化すると、描画マークアップツールで作成した図形のコメントを1つにまとめたり、まとめて別の場所に移動させたり、複数の注釈を1つの注釈のように扱うことができます。なお、注釈のグループ化はテキスト注釈では使用できません。

1 グループ化したい注釈を Ctrl キーを押しながらクリックして選択し、右クリックします。

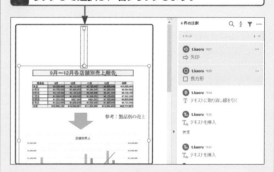

2 ＜グループ＞をクリックします。

3 グループ化すると注釈リストのコメントも1つになります。

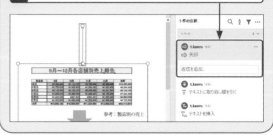

285 » 注釈の作者名を変更するには？

A 注釈のプロパティから変更します。

注釈を追加すると、それぞれの注釈に作成者の名前が表示されます。初期状態だと、パソコンの名前になっている場合もあるので、わかりにくい場合は任意で変更することが可能です。

1 Q.279を参考に注釈リストを表示して、作者名を変更したい注釈の…をクリックし、

2 ＜プロパティ＞をクリックします。

3 ＜一般＞をクリックし、

4 「作者名」に任意の名前を入力して、

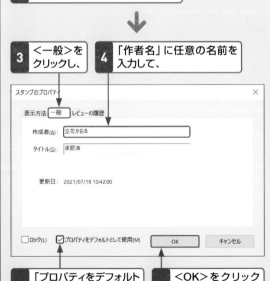

5 「プロパティをデフォルトとして使用」のチェックボックスをクリックしてチェックを付けて、

6 ＜OK＞をクリックすると以降の注釈の作者名が変更されます。

286 » 注釈内のテキストのスペルチェックをするには？

A テキストを右クリックして＜編集＞→＜スペルチェック＞をクリックします。

ノート注釈や注釈のコメントに入力した英文のスペルが間違っていると、修正が二度手間になってしまいます。「スペルチェック」機能を利用すると、入力ミスしたスペルをまとめて修正することもできます。

1 Q.279を参考に注釈リストを表示して、スペルチェックしたい注釈を右クリックし、＜編集＞をクリックします。

2 テキストを右クリックし、＜スペルチェック＞をクリックします。

3 ＜開始＞をクリックします。

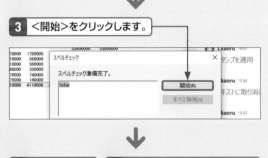

4 正しいスペルをクリックして選択し、

5 ＜変更＞もしくは＜すべて変更＞をクリックすると、注釈のテキストが修正されます。

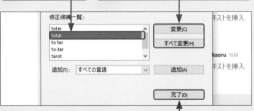

6 スペルチェックが終わったら＜完了＞をクリックします。

PDFとAcrobatの基本 1
表示と閲覧 2
印刷 3
編集と管理 4
作成と保護 5
校正とレビュー 6
フォームと署名 7
モバイル版 8
Document Cloud 9
Acrobat Web 10

175

PDFとAcrobatの基本 1
表示と閲覧 2
印刷 3
編集と管理 4
作成と保護 5
校正とレビュー 6
フォームと署名 7
モバイル版 8
Document Cloud 9
Acrobat Web 10

Q ‖ 注釈の確認 ‖ エディション Standard Pro Reader

287 ≫ PDFを音声で読み上げてもらいたい！

A ＜表示＞メニューから＜読み上げ＞→＜読み上げを起動＞をクリックします。

Acrobatの読み上げ機能でPDF内のテキストを音声で読み上げることで、誤字・脱字のチェックにも役立つ場合があります。なお、読み上げ機能はスクリーンリーダーではありません。

1 メニューバーの＜表示＞をクリックし、

2 ＜読み上げ＞をクリックして、

3 ＜読み上げを起動＞をクリックします。

↓

4 再度＜表示＞→＜読み上げ＞の順にクリックし、＜このページのみを読み上げる＞をクリックすると音声で読み上げられます。

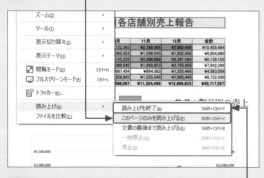

5 終了したいときは＜読み上げを終了＞をクリックします。

Q ‖ 注釈の書き出しと取り込み ‖ エディション Standard Pro Reader

288 ≫ 注釈の一覧をPDFで作成するには？

A 注釈リストで＜注釈の一覧を作成＞をクリックします。

Acrobatでは、注釈だけを別のPDFに書き出すことができます。注釈だけのPDFをタブで切り替えられるようにすると、作業画面を狭められることなく注釈一覧を参照できます。

1 Q.279を参考に注釈リストを表示し、…をクリックして、

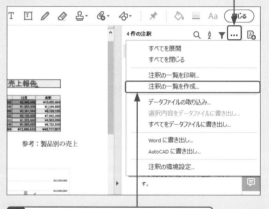

2 ＜注釈の一覧を作成＞をクリックします。

↓

3 「レイアウトを選択」の＜注釈のみ＞をクリックし、

4 ＜注釈の一覧を作成＞をクリックすると、注釈の一覧が別のPDFとして作成され、新規タブで表示されます。

Q 289 >> 注釈だけのファイルを書き出すには？

A 注釈リストで＜すべてをデータファイルに書き出し＞をクリックします。

PDFには、さまざまな注釈を追加することができますが、注釈の数が多くなると、ファイルのサイズが大きくなってしまいます。共有相手がもとのPDFを所持しているのであれば、注釈だけのファイル（Acrobat FDFファイル）をやり取りすると、ファイルサイズも小さいのでスムーズに受け渡しが可能です。

1 Q.279を参考に注釈リストを表示し、…をクリックして、

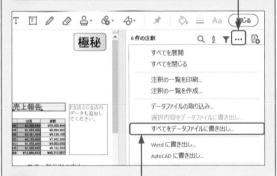

2 ＜すべてをデータファイルに書き出し＞をクリックします。

3 保存先のフォルダを表示し、ファイル名を入力して、

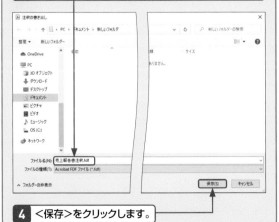

4 ＜保存＞をクリックします。

Q 290 >> 注釈だけのファイルをPDFに取り込むには？

A 注釈リストで＜データファイルの取り込み＞をクリックします。

Q.289の方法で書き出された注釈だけのファイルは、注釈が追加されていないもとのPDFや、別人によって注釈が追加されたPDFに取り込んで反映させることができます。注釈だけのファイルを受け取って、複数の校正者がそれぞれに追加した注釈を1つのPDFで確認したいときに便利です。

1 Q.279を参考に注釈リストを表示し、…をクリックして、

2 ＜データファイルの取り込み＞をクリックします。

3 取り込みたい注釈だけのファイルをクリックして選択し、

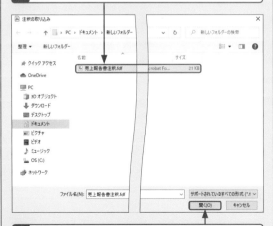

4 ＜開く＞をクリックすると、注釈がPDFに反映されます。

PDFとAcrobatの基本

表示と閲覧

印刷

編集と管理

作成と保護

校正とレビュー

フォームと署名

モバイル版

Document Cloud

Acrobat Web

1
2
3
4
5
6
7
8
9
10

Q ‖ ファイルの比較 ‖

291 ≫ 2つのPDFの内容を比較したい!

A 「ファイルを比較」ツールを使います。

注釈に従ってPDF を修正したら、修正点がすべて反映されているか確認の作業が必要になります。「ファイルを比較」ツールを利用すると、2つのPDF を並べて比較し、差異を自動検出してくれます。とくに同一PDFの別バージョンを比較したいときに、違いが一目瞭然になります。

1 古いバージョンのPDFを開いた状態でビューボタンの<ツール>をクリックし、

2 <ファイルを比較>をクリックします。

3 「新しいファイル」の<ファイルを選択>をクリックします。

4 新しいバージョンのPDFをクリックし、

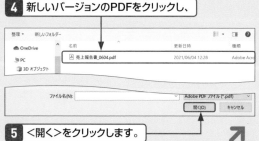

5 <開く>をクリックします。

6 <比較>をクリックします。

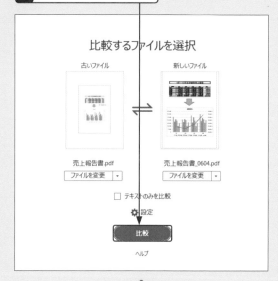

7 比較レポートが作成され、比較結果が表示されます。

Q 292 » 2つのPDFの比較箇所に コメントするには？

A 比較箇所の<返信>を クリックします。

2つのPDFを比較し、ミスがあった場合は、比較箇所に コメントをしましょう。コメントは返信の形で投稿で きます。

1 比較レポートのコメントしたい比較箇所を表示し、 <返信>をクリックします。

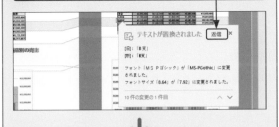

2 コメントを入力し、

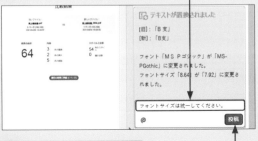

3 <投稿>をクリックします。

4 コメントが追加されます。

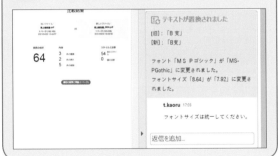

Q 293 » フィルターを使って 比較するには？

A 「ファイルを比較」ツールの フィルターを使います。

比較したPDFの相違点が多いときは、フィルター機 能を使って絞り込むと作業効率が上がって便利です。 フィルター機能を使うと、テキストや画像などオブ ジェクトの種類ごとに表示できるようになります。

1 Q.291手順**7**の画面で … をクリックし、 **2** <フィルター>を クリックして、

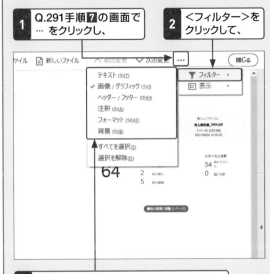

3 表示したい項目だけにチェックを付けます。

4 比較の一覧に絞り込んだ項目だけが表示されます。

PDFとAcrobatの基本 1

表示と閲覧 2

印刷 3

編集と管理 4

作成と保護 5

校正とレビュー 6

フォームと署名 7

モバイル版 8

Document Cloud 9

Acrobat Web 10

Q 294 » PDFレビュー機能って何？

A ほかのユーザーに校正を依頼できます。

文書を校正する際、自分が書いた文章の誤字・脱字はセルフチェックではなかなか見つけにくいところがあります。そのため、文書への信頼が求められるビジネス

の場面においては、第三者のチェックが必須とされています。Acrobatでは、複数の校正者にPDFの校正を依頼するための「PDFレビュー」という機能が備わっています。PDFレビュー機能を利用すると、PDFの校正をほかのユーザーに依頼することはもちろん、複数の校正者の注釈をまとめて確認することもできます。

なお、レビュー方法には、「Adobe Document Cloudレビューサービス」「電子メールベースのレビュー」「共有レビュー」の3種類があります。

Q 295 » Adobe Document Cloud レビューサービスって何？

A Webブラウザ上でレビューを行えます。

Adobe Document Cloudレビューサービスを使用して、校正者とPDFをレビュー用に共有すると、校正者がAcrobatを持っていなくても注釈を入れてもらうことができます。この方法では、依頼者は校正者にレビュー用のURLを送付します。校正者はメールに記載されたURLをクリックしてアクセスし、ブラウザ上でPDFに注釈を入れたりコメントしたりします。URLの送付は、

基本的にメールを利用しますが、リンクをコピーしてそのほかの連絡手段を使うことも可能です。校正者の作業環境に関係なく校正作業ができるので、外部とのやり取りの際に便利です。

共有中のPDFには💬が表示されます。

Q 296 » 電子メールベースのレビューって何？

A メールでPDFを共有します。

Acrobatの PDFレビュー機能では、メールを利用してPDFを共有できます。依頼者はAcrobatから校正者にメールで校正を依頼したいPDFを送付し、校正者は注釈を入れたPDFを返信します。依頼者は校正者から受け取った校正済みのPDFをもとのPDFに結合して、校正箇所を確認します。電子メールベースのレビューの場合、メールの送受信や注釈の結合は、Acrobat上で半自動的に利用できます。

メールアドレスがあればかんたんに利用できます。

Q　‖ PDFレビュー ‖

エディション
Standard　Pro　Reader

297 ≫ 共有レビューって何？

A 共有フォルダを利用して
レビューを行います。

「共有レビュー」とは、共有フォルダを利用してPDFレ
ビュー機能を使うことです。Acrobatでは、SharePoint
／Microsoft 365 サブサイト、WebDAV サーバーまた
はネットワークフォルダを利用した共有レビューが利
用可能です。この方法では、依頼者が共有フォルダに
PDFをアップロードし、校正者がそれにアクセスして

注釈を加えます。「トラッカー」から校正全体の現在状
況を確認したり、校正者を追加したりすることもでき
ます。

> トラッカーで校正作業自体を共有できます。

Q　‖ PDFレビュー ‖

エディション
Standard　Pro　Reader

298 ≫ 「注釈用に送信」ツールを
表示したい！

A <環境設定>の<レビュー>で
設定します。

「電子メールベースのレビュー」または「共有レビュー」
を行いたい場合は、「Adobe Document Cloud を使用
してレビュー用に共有」をオフにして、「注釈用に送信」
ツールを表示する必要があります。Q.303～ Q.312の
操作を行う前に「環境設定」ダイアログボックスで設定
しておきましょう。

1 メニューバーの<編集>をクリックし、

2 <環境設定>をクリックします。

3 「分類」の<レビュー>をクリックし、

4 「共有レビューのオプション」で
「Adobe Document Cloud
を使用してレビュー用に共有」の
チェックボックスをクリックして
チェックを外し、

5 <OK>を
クリックし
ます。

6 ビューボタンの<ツール>をクリックし、

7 <注釈用に送信>をクリックすると「注釈用に送信」
ツールが表示されます。

PDFとAcrobatの基本

1

表示と閲覧

2

印刷

3

編集と管理

4

作成と保護

5

校正とレビュー

6

フォームと署名

7

モバイル版

8

Document Cloud

9

Acrobat Web

10

Q 299》 Adobe Document Cloudレビューサービスでレビューを依頼したい！

A Adobe Document Cloud レビューサービスを利用します。

Adobe Document Cloudレビューサービスでレビューを依頼すると、校正者がAcrobatを持っていない場合や、外出先などで作業環境が通常と異なるときでもインターネット経由で校正作業を進めてもらうことができます。

1 ツールバーの 🔅 をクリックします。

2 校正者全員のメールアドレスとメッセージを入力し、

3 「注釈を許可」がオンになっていることを確認して、

4 <送信>をクリックします。

5 PDFが共有されます。

6 注釈が追加されるとPDFに反映され、🔅 をクリックすると、ツールパネルウィンドウの表示を注釈に切り替えることができます。

Q 300》 レビュー用のリンクをメール以外の方法で送信したい！

A レビュー用のリンクをコピーします。

Adobe Document Cloudレビューサービスを利用する場合、レビュー用のリンクを知っていれば校正に参加できます。校正者のメールアドレスを知らなくても、リンクをコピーしてSNSやビジネスチャットなど、メール以外の連絡手段で送ることが可能です。

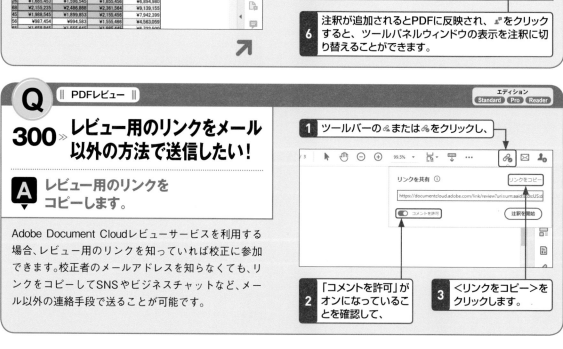

1 ツールバーの 🔅 または 🔅 をクリックし、

2 「コメントを許可」がオンになっていることを確認して、

3 <リンクをコピー>をクリックします。

PDFとAcrobatの基本 1
表示と閲覧 2
印刷 3
編集と管理 4
作成と保護 5
校正とレビュー 6
フォームと署名 7
モバイル版 8
Document Cloud 9
Acrobat Web 10

Q 301

‖ PDFレビュー ‖

エディション Standard Pro Reader

Adobe Document Cloudレビューサービスで依頼されたレビューを校正したい！

A メールで送付されたリンクをクリックします。

レビュー用のリンクが送られてきた場合は、リンクを開くとWebブラウザが起動し、Document Cloud（第9章参照）でPDFに注釈を入れることができます。注釈を追加すると自動的に依頼者のPDFにも反映されるため、注釈をアップロードしたり、メールを返信したりする必要がありません。

1 メールなどで送られてきたレビュー用のリンク（ここでは<開く>）をクリックします。

2 Webブラウザが起動し、Document CloudでPDFが表示されるので、画面左上の注釈ツールを使って注釈を追加します。

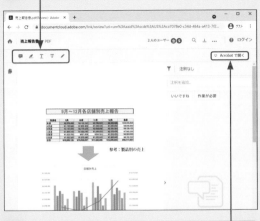

3 <Acrobatで開く>をクリックするとAcrobatで注釈を追加することもできます。

Q 302

‖ PDFレビュー ‖

エディション Standard Pro Reader

Adobe Document Cloudレビューサービスで更新されたレビューを確認するには？

A <ホーム>メニューの<自分が共有>からPDFを開きます。

Adobe Document Cloud レビューサービスで依頼したレビューは、統合や更新をしなくても自動的にPDFに反映されるので、特別な操作は必要ありません。校正者に共有したPDFは、Acrobatからいつでも表示することができます。

1 ビューボタンの<ホーム>をクリックし、

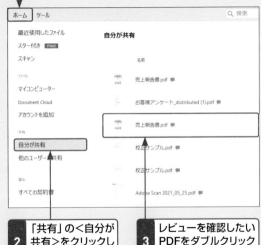

2 「共有」の<自分が共有>をクリックして、

3 レビューを確認したいPDFをダブルクリックします。

4 自動で注釈リストが表示され、注釈とコメントを確認できます。

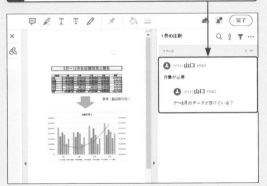

PDF・Acrobatの基本

1

表示と閲覧

2

印刷

3

編集と管理

4

作成と保護

5

校正とレビュー

6

フォームと署名

7

モバイル版

8

Document Cloud

9

Acrobat Web

10

Q 303 » メールでレビューを依頼したい！

Q ‖ PDFレビュー ‖　エディション Standard Pro Reader

A <電子メールで注釈用に送信>をクリックします。

メールでPDFのレビューを依頼したいときは、Acrobatからレビューの依頼メールを校正者に送ることができます。なお、「ユーザー情報」が未設定の場合は、あらかじめ登録しておくとスムーズです。

1 「注釈用に送信」ツールで<電子メールで注釈用に送信>をクリックし、

2 送信したいPDFが選択されていることを確認して、

3 <次へ>をクリックします。

4 校正者全員のメールアドレスを入力して<次へ>をクリックしたら、次の画面でメッセージ内容を確認し、

5 <レビュー依頼を送信>をクリックして画面の指示に従って送信します。

Q 304 » ファイル共有でレビューを依頼したい！

Q ‖ PDFレビュー ‖　エディション Standard Pro Reader

A <共有注釈用に送信>をクリックします。

SharePoint ／ Microsoft 365 サブサイトやWebDAVサーバー、ネットワークフォルダなど、ネットワーク経由で多数のユーザーとファイルを共有したいときは共有レビュー機能を利用します。共有レビューでは、校正作業の共有も可能です。

1 「注釈用に送信」ツールで<共有注釈用に送信>をクリックし、

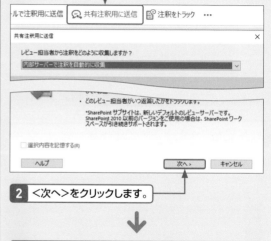

2 <次へ>をクリックします。

3 共有フォルダ／サーバーの種類（ここでは<ネットワークフォルダー>）をクリックし、

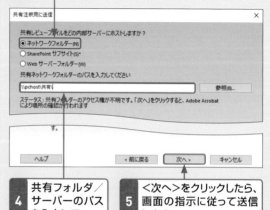

4 共有フォルダ／サーバーのパスを入力して、

5 <次へ>をクリックしたら、画面の指示に従って送信します。

Q 305 » メールで依頼された レビューを校正したい!

PDFレビュー　エディション Standard Pro Reader

A レビューを校正したら依頼者に 返送します。

レビュー依頼メールに添付されたPDFを開き、注釈を追加したら＜注釈を送信＞をクリックして依頼者にPDFを送り返します。

1 レビュー依頼メールに添付されたPDFを開き、注釈を追加します。

2 ＜注釈を送信＞をクリックし、画面の指示に従って送信します。

Q 306 » ファイル共有で依頼された レビューを校正したい!

PDFレビュー　エディション Standard Pro Reader

A レビューを校正したら注釈を アップロードします。

共有レビューへの参加依頼メールに添付されたPDFを開き、注釈を追加したら＜注釈をアップロード＞をクリックします。

1 共有レビューへの参加依頼メールに添付されたPDFを開き、＜OK＞をクリックします。

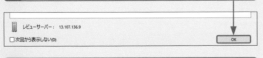

2 注釈を追加し、＜注釈をアップロード＞をクリックします。

Q 307 » レビューを収集して PDFに反映するには?

PDFレビュー　エディション Standard Pro Reader

A 電子メールベースのレビューと 共有レビューで方法が異なります。

電子メールベースのレビューは、校正者から届いた校正済みPDFを開いたときに、もとのPDFに注釈を統合させることができます。また、共有レビューの場合は、もとのPDFと同じ場所に「_レビュー」がファイル名に付加されたPDFがあるので、それを開くと校正者が追加した注釈を確認できます。注釈を最新のものにしたいときは⟳または＜新しい注釈を確認＞をクリックします。

電子メールベースのレビュー

1 校正者から届いた校正済みのPDFを開き、＜注釈を統合＞→＜OK＞の順にクリックします。

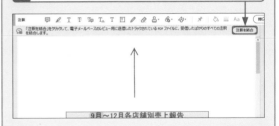

共有レビュー

1 もとのPDFと同じ場所に自動で作成される「_レビュー」がファイル名に付加されたPDFを開き、＜OK＞をクリックします。

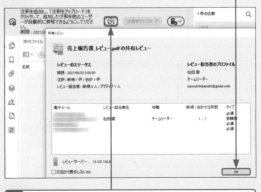

2 注釈を更新するときは⟳または＜新しい注釈を確認＞をクリックします。

PDFとAcrobatの基本 1

表示と閲覧 2

印刷 3

編集と管理 4

作成と保護 5

校正とレビュー 6

フォームと署名 7

モバイル版 8

Document Cloud 9

Acrobat Web 10

PDFとAcrobatの基本

表示と閲覧

印刷

編集と管理

作成と保護

校正とレビュー

フォームと署名

モバイル版

Document Cloud

Acrobat Web

1

2

3

4

5

6

7

8

9

10

Q 308 ≫ トラッカーって何？

|| PDFレビュー ||　エディション Standard Pro (Reader)

A 「共有レビュー」の進行などを管理できます。

「共有レビュー」機能を利用してPDFレビューをすると、「トラッカー」を使用してレビューの現状確認や通知の受信などができます。レビューにかかわる全体的な進行を管理することができ、レビューの終了や校正者の追加、校正者へのメッセージ送信など便利な機能がそろっています。

Q 309 ≫ トラッカーでレビューを管理したい！

|| PDFレビュー ||　エディション Standard Pro (Reader)

A <注釈をトラック>をクリックします。

「トラッカー」は「注釈用に送信」ツールから表示して、レビューを管理します。

1 「注釈用に送信」ツールで<注釈をトラック>をクリックし、

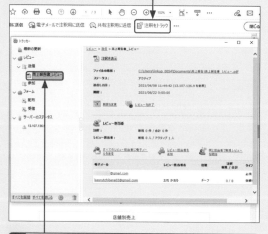

2 画面左側のツリーの「レビュー」で管理したいレビューをクリックすると、レビューの現在の状況などを確認／管理できます。

Q 310 ≫ レビュワーって何？

|| PDFレビュー ||　エディション Standard Pro Reader

A 校正者のことです。

Acrobatでは、PDFレビューをする校正者のことを「レビュワー」と呼びます。PDFを校正する際は、複数のレビュワーにレビューしてもらうことで、より文書の精度を高めることができます。

Q 311 ≫ レビュワーを追加するには？

|| PDFレビュー ||　エディション Standard Pro Reader

A 共有レビューの場合は「トラッカー」から追加します。

Adobe Document Cloud レビューサービスや電子メールベースのレビューを利用する場合は、Q.299やQ.303の方法でレビュワーを追加できます。また、共有レビューの場合は「トラッカー」からかんたんにレビュワーの追加が可能です。

1 Q.309を参考にトラッカーを表示し、<レビュー担当者を追加>をクリックします。

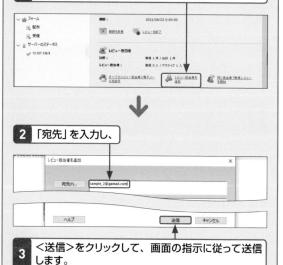

2 「宛先」を入力し、

3 <送信>をクリックして、画面の指示に従って送信します。

PDFとAcrobatの基本　1
表示と閲覧　2
印刷　3
編集と管理　4
作成と保護　5
校正とレビュー　6
フォームと署名　7
モバイル版　8
Document Cloud　9
Acrobat Web　10

Q ‖ PDFレビュー ‖

エディション
Standard　Pro　Reader

312 » PDFの承認を 依頼したい！

A <承認用に電子メールで送信>を クリックします。

ビジネス文書の中には、責任者の承認を得る必要のあるものもあります。Acrobatでは、メールでPDFの承認を依頼することができます。

1 「注釈用に送信」ツールで…をクリックし、

釈用に送信　⚲ 共有注釈用に送信　📄 注釈をトラック　…　　　　　　　閉じる
オプシ　📧 承認用に電子メールで送信
　　　　　📄 ファイルを比較

2 <承認用に電子メールで送信>→<次へ>の順にクリックします。

3 承認者のメールアドレスを入力し、

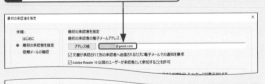
最初の承認者を指定　　　　　　　　　　　　　　　×
手順：　　　　　最初の承認者を指定
はじめに　　　　最初の承認者の電子メールアドレス
➡ 最初の承認者を指定　　アドレス帳　　⚪ @gmail.com
依頼メールの確認　☑ 文書が承認されて別の承認者へ送信されるたびに電子メールでの通知を要求
　　　　　　　☑ Adobe Reader 10以降のユーザーが承認者として参加することを許可
　　　　　　　　　　　　　　キャンセル　< 前に戻る　次へ >

4 <次へ>をクリックします。

5 「件名」と「依頼メッセージ」を必要に応じて編集し、

依頼メールの確認　　　　　　　　　　　　　　×
手順：　　　依頼メールの確認
はじめに　　依頼メールの件名とメッセージを編集できます。依頼メールを送信するには、「承認依頼を送信」ボタンをクリックします。
最初の承認者を指定　件名：
➡ 依頼メールの確認　承認依頼：売上報告書.pdf
　　　　　依頼メッセージ：
　　　　　添付文書「売上報告書.pdf」の承認をお願いします。
　　　　　承認の手順：
　　　　　1. 添付文書を開きます。
　　　　　2. スタンプパレットから電子印鑑を選択し、文書に押印します。
　　　　　3. 「承認」ボタンを押印して、次の承認者に文書を送信します。
　　　　　自分が最終承認者である場合は、「最終承認」ボタンを選択します。
　　　　　電子印鑑を使用して文書を承認するには、Adobe Acrobat 10以降またはAdobe Reader 10以降が必要です。
　　　　　　　　　　　　　キャンセル　< 前に戻る　承認依頼を送信

6 <承認依頼を送信>をクリックして画面の指示に従って送信します。

Q ‖ PDFレビュー ‖

エディション
Standard　Pro　Reader

313 » PDFを承認したい！

A PDFを開いて電子印鑑を押します。

承認依頼メールからPDFを開くと、自動的にスタンプパレットが開き、PDFに電子印鑑を押印できます。承認作業が終わったら、次の承認者にPDFを送信する場合は<承認>、自分が最終承認者の場合は<最終承認>をクリックしてPDFを送信します。<非承認>をクリックすると、PDFを却下できます。

1 承認依頼メールに添付されているPDFを開き、自動的に表示されているスタンプパレットから任意の電子印鑑をクリックして選択し、電子印鑑を押したい場所をクリックします。

文書に適用して、「承認」または「最終承認」ボタンをクリックします。　　最終承認　承認　非承認

鈴木
3.06.09
あきこ

2 <最終承認>または<承認>をクリックします。

3 手順**2**で<最終承認>をクリックした場合は依頼者の、<承認>をクリックした場合は次の承認者のメールアドレスを「宛先」に入力して、

最終承認の完了：売上報告書.pdf
文書 売上報告書.pdf の最終承認を完了します。完了の方法を選択してください。
最終承認の完了方法：
承認済みの文書を担当者に送信
承認完了の通知先の電子メールアドレス：
鈴木　宛先に...　⚪ @gmail.com
3.06.09　Cc(C)...
あきこ
タイトル：
承認完了：売上報告書.pdf
メッセージ：
売上報告書.pdf の最終承認が完了しました。

支店名	
本店	
A支店	
B支店	
C支店	
D支店	
E支店	
合計	

☑ 承認依頼者に承認ステータスを電子メールで通知
💡 メールが電子メールアプリケーションに渡れます。スケジュールに合わせて自動的にメールを送信するように電子メールアプリケーションが設定されている場合、このメールは自動的に送信されます。そうでない場合は、メールを手動で送信する必要があります。
　　　　　　　　送信　キャンセル

4 必要に応じて「タイトル」や「メッセージ」を編集し、<送信>をクリックして画面の指示に従って送信します。

Q 314 » Acrobat Readerで校正を行うには？

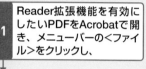

A Reader拡張機能が有効になっているPDFを作成してもらいます。

Acrobat Readerにも、Acrobatと同様に注釈機能が備わっています。しかし、Acrobat Readerですべての注釈ツールを使うには、注釈を追加したいPDFが、Reader拡張機能が有効になっているPDFであることが必須です。校正者がAcrobat Readerで校正することがあらかじめわかっている場合は、依頼者側でReader拡張機能が有効なPDFを書き出して送付しましょう。

1 Reader拡張機能を有効にしたいPDFをAcrobatで開き、メニューバーの＜ファイル＞をクリックし、

2 ＜その他の形式で保存＞をクリックし、

3 ＜Reader拡張機能が有効なPDF＞をクリックし、

4 ＜注釈とものさしを有効にする＞→＜OK＞の順にクリックして画面の指示に従ってPDFを保存します。

Q 315 » Reader拡張機能が有効なPDFに注釈を追加するには？

A 「注釈」ツールを使用します。

注釈が有効になっているPDFは、Acrobat ReaderでAcrobatと同様の「注釈」ツールが利用できます。操作方法も、Acrobatとほぼ同じです。

1 Acrobat Readerでビューボタンの＜ツール＞をクリックし、

2 ＜注釈＞をクリックします。

3 「注釈」ツールが表示されます。

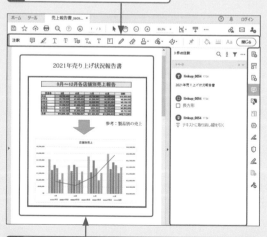

4 Q.259～Q.277を参考にPDFに注釈を追加します。

フォームと署名の「こんなときどうする？」

PDFとAcrobatの基本 1

表示と閲覧 2

印刷 3

編集と整理 4

作成と保護 5

校正とレビュー 6

フォームと署名 7

モバイル版 8

Document Cloud 9

Acrobat Web 10

Q ‖ フォーム ‖

316 ≫ フォームって何？

A 入力欄のあるPDFのことで、アンケートフォームや申請書などを作成できます。

Acrobatでは、「フォームを準備」ツールで、アンケートフォームや申請書といったテキストの入力欄などを備えたフォームを作成することができます。＜ツール＞→＜フォームを準備＞の順にクリックし、Excelで作成した表やスキャンした紙の文書を取り込むだけで、自動的に入力欄が認識され、フォームのPDFに変換されます（Q.319参照）。作成したフォームは、そのまま

Acrobat上でメールや共有フォルダ経由の配布・回収ができます（Q.336～337参照）。また、フォームを多くの人に配布した場合でも、集計機能によってかんたんにデータをまとめることが可能です（Q.338参照）。作成したフォームは、プロパティの変更やテキストフィールド、チェックボックスなどの追加によって、自由に編集することができます。

Excelで作成した表やスキャンした紙の文書を取り込むだけで、自動的に入力欄を備えたフォームに変換されます。

行や列に入力された数字を自動計算するよう設定することも可能です。「和」や「積」、「平均」などを求めることができます。

クリックすることで印刷などのアクションを行うボタンやデジタル署名ができる電子署名なども追加できます。

フォームを配布すると、集計用ファイルが自動的に作成され、かんたんにフォームの集計を行うことができます。

Q ‖ フォーム ‖ エディション Standard Pro Reader

317 ≫PDFに追加できるフォームフィールドの種類を知りたい！

A テキストフィールドやリストボックスなど、さまざまなフォームフィールドを利用できます。

「フォームを準備」ツールでは、作成したフォームにテキストを入力できる「テキストフィールド」や、複数の項目から1つを選択する「リストボックス」など、さまざまなフォームフィールドを追加することが可能です。アンケートフォームを作成する際には、チェックボックスやラジオボタンを利用することで、アンケートフォームを受け取った相手が質問への回答をかんたんに入力することができます。申請書を作成する際に

は、電子署名が相手からの承認を得る場合に役立ちます。目的や用途に合わせてフォームフィールドを使い分けましょう。フォームフィールドを追加するためのツールバーは、フォームの編集が可能なPDFを開くか、＜ツール＞→＜フォームを準備＞の順にクリックしてフォームを作成するとツールバーの下に表示されます（Q.319参照）。

フォームフィールドの種類

❶　❷　❸　❹　❺　❻　❼　❽　❾　❿

	名称	機能
❶	テキストフィールド	名前や質問の回答などをテキストで入力できます。
❷	チェックボックス	数個の選択項目から複数の項目を選択できます。
❸	ラジオボタン	2つから数個の選択肢から1つを選択できます。
❹	リストボックス	数個の選択項目から1つを選択できます。
❺	ドロップダウンリスト	多くの選択項目から1つを選択できます。
❻	ボタン	クリックすると、印刷やクリアなどのアクションを実行します。
❼	画像フィールド	任意の画像を表示します。
❽	日付フィールド	カレンダーから日付を選択できます。
❾	電子署名	デジタルIDを設定している場合、デジタル署名をすることができます。
❿	バーコード	フォームにQRコードなどのバーコードを表示します。

Q 318 フォームのもとになるExcel文書を用意したい！

A 下罫線や枠を追加しながら文書を作成します。

フォームのもととなる文書の作成ではExcelを使用すると便利です。下罫線が引かれていたり、枠で囲われたりしているだけで、フォームを作成する際にフィールドとして自動的に認識されるため、Excelでは下罫線や枠を加えながら文書を作成します。

1 Excelで、フォームのフィールド（入力欄）としたいセルを選択します。

2 ＜ホーム＞→⊞の▼→＜下罫線＞（または＜外枠＞）の順にクリックし、下罫線を追加します。

3 同様に、フィールドにしたい部分に下罫線や外枠を追加しながら文書を作成します。

Q 319 フォームを自動作成したい！

A 「フォームを準備」ツールで作成します。

フォームは、ExcelファイルをAcrobatに取り込むだけで自動的に作成することができます（Q.318参照）。なお、同様のフォーム形式の紙の文書をスキャンすることでも、フォームを作成することが可能です。

1 ファイルを開いていない状態で＜ツール＞をクリックし、＜フォームを準備＞をクリックします。

2 Excelファイルからフォームを作成する場合は、＜ファイルを選択＞をクリックします。

3 Excelファイルをクリックし、＜開く＞→＜開始＞の順にクリックすると、フォームが作成されます。

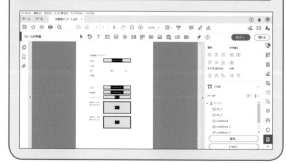

320 » フォームの表示方法を変更するには？

A フィールドを右クリックして「テキストフィールドのプロパティ」画面から変更します。

作成したフォームの、フィールドのフォントや色などの書式は自動的に設定されますが、用途に応じて適切に変更することができます。

1 Q.317を参考にフォームフィールドのツールバーを表示し、表示方法を変更したいフィールドを右クリックして、<プロパティ>をクリックします。

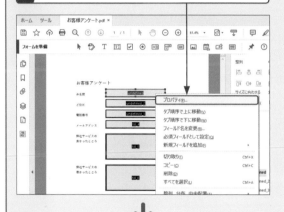

2 「テキストフィールドのプロパティ」画面が表示されます。<表示方法>をクリックし、「フォントサイズ」で任意のサイズを選択することで、入力する文字のサイズを指定できます。

3 フィールドの塗りつぶし色を指定する場合は、「塗りつぶしの色」の色アイコンをクリックし、任意の色をクリックして、

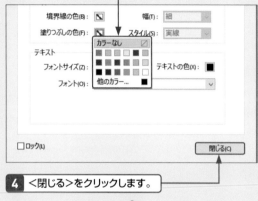

4 <閉じる>をクリックします。

5 プレビューを確認する場合は、<プレビュー>をクリックします。

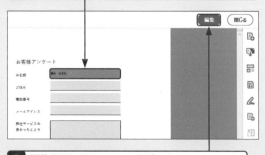

6 プロパティを変更したフィールドに入力すると、変更が反映されていることが確認できます。

7 編集画面に戻るには、<編集>をクリックします。

PDFとAcrobatの基本

1

表示と閲覧

2

印刷

3

編集と管理

4

作成と保護

5

校正とレビュー

6

7 フォームと署名

モバイル版

8

Document Cloud

9

Acrobat Web

10

Q 321 » 作成したフォームを確認するには？

║ フォーム ║

A ＜プレビュー＞をクリックします。

作成したフォームは、フォームフィールドのツールバー横の＜プレビュー＞をクリックすることで、変更した表示方法などの確認ができます。＜プレビュー＞では実際に入力ができるため、自動計算の結果が正しく表示されるかなどを試すことが可能です。

1 作成したフォームを開いた状態で、Q.317を参考にフォームフィールドのツールバーを表示し、＜プレビュー＞をクリックします。

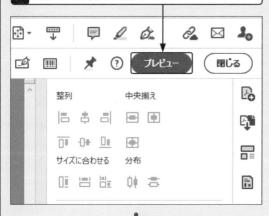

2 フォームのプレビューが表示されます。

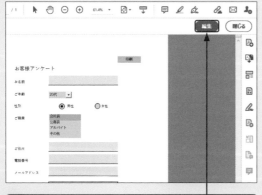

3 ＜編集＞をクリックすると、もとの編集画面に戻ります。

Q 322 » フォームを新規作成したい！

║ フォーム ║

A 「フォームを準備」ツールの＜新規作成＞をクリックします。

Excelファイルや紙の文書の取り込み以外にも、フォームを新規作成することが可能です。フォーム内のテキストやフィールドは追加できます。

1 ＜ツール＞をクリックしてツールセンターを表示し、＜フォームを準備＞をクリックします。

2 ＜新規作成＞→＜開始＞の順にクリックします。

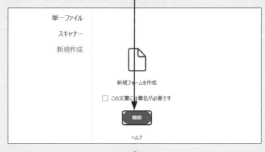

3 新規フォームが表示されます。

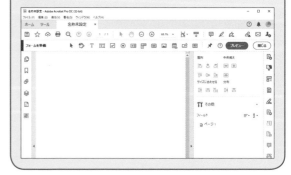

Q 323 » フィールド名を変更したい!

フィールド Standard Pro Reader（エディション）

A 「テキストフィールドのプロパティ」画面から変更できます。

フィールドには、フォーム作成時に自動的にフィールド名が割り当てられます。そのままでは何に関するフィールドなのかがわかりにくいため、フィールド名を変更しておくと便利です。

1 Q.320手順**1**を参考に「テキストフィールドのプロパティ」画面を表示し、<一般>をクリックして、「名前」にフィールド名（ここでは「名前」）を入力します。

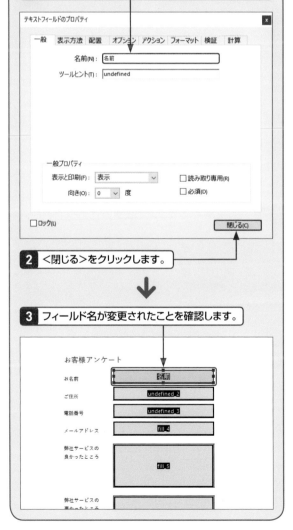

2 <閉じる>をクリックします。

3 フィールド名が変更されたことを確認します。

Q 324 » ツールヒントを変更したい!

フィールド Standard Pro Reader（エディション）

A 「テキストフィールドのプロパティ」画面からかんたんな補足説明を追加できます。

フィールドにマウスカーソルを合わせた際に表示されるメッセージのことをツールヒントといい、入力をサポートします。ツールヒントにかんたんな補足説明を加えたい場合に設定することができます。

1 Q.320手順**1**を参考に「テキストフィールドのプロパティ」画面を表示し、<一般>をクリックして、「ツールヒント」にメッセージを入力します。

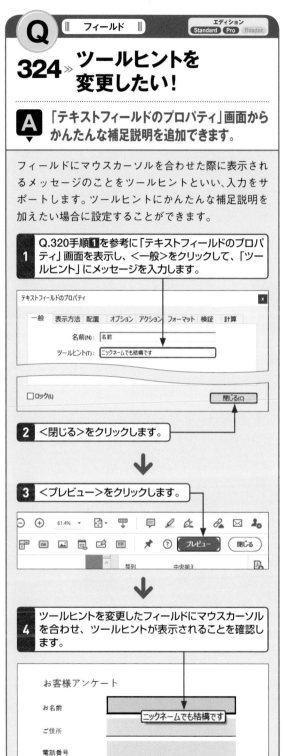

2 <閉じる>をクリックします。

3 <プレビュー>をクリックします。

4 ツールヒントを変更したフィールドにマウスカーソルを合わせ、ツールヒントが表示されることを確認します。

PDFとAcrobatの基本

1

表示と閲覧

2

印刷

3

編集と管理

4

作成と保護

5

校正とレビュー

6

フォームと署名

7

モバイル版

8

Document Cloud

9

Acrobat Web

10

Q

325 » フィールドを非表示にしたい!

A 「表示と印刷」で＜非表示＞を選択します。

フィールドは、個々に表示・非表示を切り替えることができます。非表示にしたフィールドはクリックしても入力ができなくなるため、入力が不要になった項目を隠したい場合などに使うと便利です。

1 Q.320手順**1**を参考に「テキストフィールドのプロパティ」画面を表示し、＜一般＞をクリックして、「表示と印刷」で＜非表示＞を選択します。

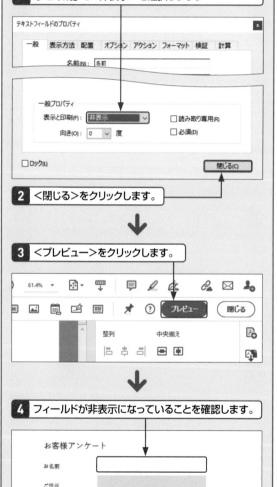

2 ＜閉じる＞をクリックします。

3 ＜プレビュー＞をクリックします。

4 フィールドが非表示になっていることを確認します。

お客様アンケート

お名前

ご住所

電話番号

Q

326 » フィールドを印刷しないようにしたい!

A 「表示と印刷」で＜表示／印刷しない＞を選択します。

フィールドやボタンは、個々に印刷するかしないかを設定することができます。印刷する必要のないボタン（Q.332参照）などに設定しましょう。

1 Q.320手順**1**を参考に「テキストフィールドのプロパティ」画面を表示し、＜一般＞をクリックして、「表示と印刷」で＜表示/印刷しない＞を選択します。

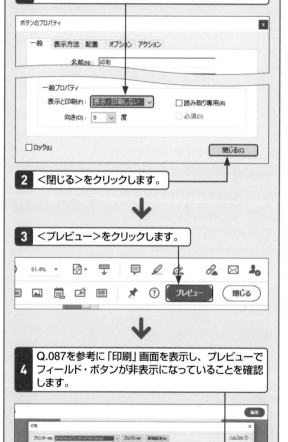

2 ＜閉じる＞をクリックします。

3 ＜プレビュー＞をクリックします。

4 Q.087を参考に「印刷」画面を表示し、プレビューでフィールド・ボタンが非表示になっていることを確認します。

Q 327 フィールド内で 自動計算するには？

エディション Standard Pro Reader

A ＜計算＞から「和」や「積」などの 自動計算ができます。

フィールド内に入力された数値は、Excelのように自動計算することができます。見積書や清算書など、列や行のある表のようなフォームを作成する場合に利用できます。

1 計算結果を表示するフィールドを右クリックして、＜プロパティ＞をクリックします。

2 ＜計算＞→＜次のフィールドの＞の順にクリックして、計算方法を選択し、＜選択＞をクリックして、計算対象となるフィールドを設定します。

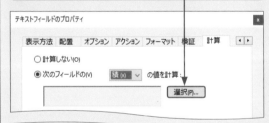

3 ＜閉じる＞をクリックします。

4 Q.321を参考にプレビューを表示し、計算対象となるフィールドに適当な数値を入力して、計算結果が正しく表示されることを確認します。

商品名	単価	数量	合計
製品A	120	2	240
製品B			
製品C			
合計			

Q 328 フォームにリストボックスを 追加したい！

エディション Standard Pro Reader

A フォームフィールドのツールバーの▦を クリックします。

フォームには、複数の項目から選択できるリストボックスを追加することができます。アンケートフォームで職業などの選択項目リストを設けたい場合に利用できます。

1 Q.317を参考にフォームフィールドのツールバーを表示し、▦をクリックして、リストボックスを追加したい場所をクリックします。

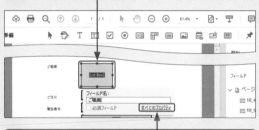

2 フィールド名を入力して、＜すべてのプロパティ＞をクリックします。

3 ＜オプション＞をクリックし、「項目」に追加したい項目を入力して、＜追加＞をクリックします。

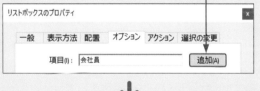

4 手順**3**をくり返してそのほかの項目も追加し、＜閉じる＞をクリックします。

PDFとAcrobatの基本

1

表示と閲覧

2

印刷

3

編集と管理

4

作成と保護

5

校正とレビュー

6

フォームと署名

7

モバイル版

8

Document Cloud

9

Acrobat Web

10

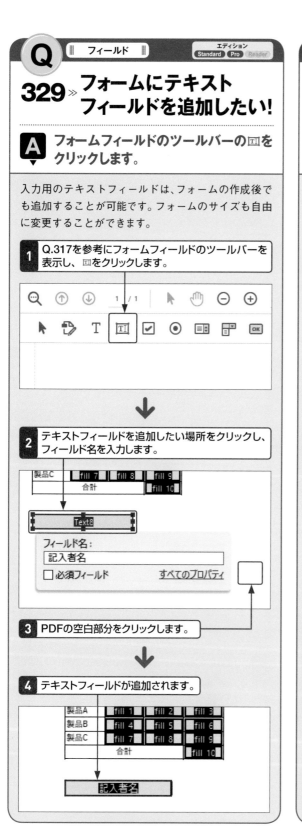

Q フィールド
エディション
Standard Pro Reader

329 ≫ フォームにテキストフィールドを追加したい!

A フォームフィールドのツールバーの回をクリックします。

入力用のテキストフィールドは、フォームの作成後でも追加することが可能です。フォームのサイズも自由に変更することができます。

1 Q.317を参考にフォームフィールドのツールバーを表示し、回をクリックします。

2 テキストフィールドを追加したい場所をクリックし、フィールド名を入力します。

製品C fill 7 fill 8 fill 9
合計 fill 10

Text8

フィールド名:
記入者名
□ 必須フィールド すべてのプロパティ

3 PDFの空白部分をクリックします。

4 テキストフィールドが追加されます。

製品A fill 1 fill 2 fill 3
製品B fill 4 fill 5 fill 6
製品C fill 7 fill 8 fill 9
合計 fill 10

記入者名

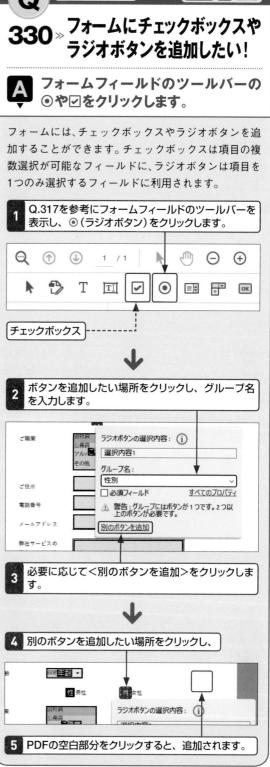

Q フィールド
エディション
Standard Pro Reader

330 ≫ フォームにチェックボックスやラジオボタンを追加したい!

A フォームフィールドのツールバーの◉や☑をクリックします。

フォームには、チェックボックスやラジオボタンを追加することができます。チェックボックスは項目の複数選択が可能なフィールドに、ラジオボタンは項目を1つのみ選択するフィールドに利用されます。

1 Q.317を参考にフォームフィールドのツールバーを表示し、◉(ラジオボタン)をクリックします。

チェックボックス

2 ボタンを追加したい場所をクリックし、グループ名を入力します。

ご職業
会社員
公務員
アルバ
その他

ラジオボタンの選択内容: ⓘ
選択内容1
グループ名:
性別
□ 必須フィールド すべてのプロパティ
⚠ 警告: グループにはボタンが1つです。2つ以上のボタンが必要です。
別のボタンを追加

ご住所
電話番号
メールアドレス
弊社サービスの

3 必要に応じて<別のボタンを追加>をクリックします。

4 別のボタンを追加したい場所をクリックし、

60代年齢

性 男性 性 女性

ラジオボタンの選択内容: ⓘ

会社員
公務員

5 PDFの空白部分をクリックすると、追加されます。

Q 331 » フォームにドロップダウンリストを追加したい！

A フォームフィールドのツールバーの □ を
クリックします。

フォームには、ドロップダウンリストを追加できます。
ドロップダウンリストはフォーム上の表示領域をあま
り占めないため、選択項目数が多い場合に効果的です。

1 Q.317を参考にフォームフィールドのツールバーを
表示し、□ をクリックします。

2 ドロップダウンリストを追加したい場所をクリックし、
フィールド名を入力します。

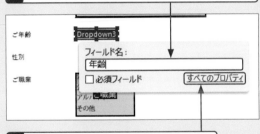

3 <すべてのプロパティ>をクリックします。

4 <オプション>をクリックし、Q.328手順**3**を参考に
項目を追加します。

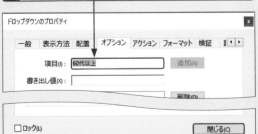

5 <閉じる>をクリックします。

Q 332 » フォームにボタンを追加したい！

A フォームフィールドのツールバーの ＯＫ を
クリックします。

ボタンとは、クリックすることで印刷などのアクショ
ンを実行できるボタンのことです。なお、アクションの
追加方法については、Q.333を参照してください。

1 Q.317を参考にフォームフィールドのツールバーを
表示し、ＯＫ をクリックします。

2 ボタンを追加したい場所をクリックし、フィールド名
を入力します。

3 <すべてのプロパティ>をクリックします。

4 <オプション>をクリックし、ボタン上に表示する文
字を「ラベル」に入力します。

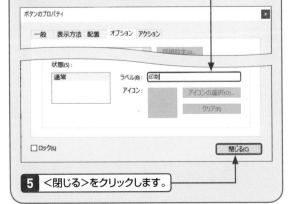

5 <閉じる>をクリックします。

PDFとAcrobatの基本

1

表示と閲覧

2

印刷

3

編集と管理

4

作成と保護

5

校正とレビュー

6

フォームと署名

7

モバイル版

8

Document Cloud

9

Acrobat Web

10

Q ‖ フィールド ‖

333 » フィールドをクリックしたときの動作を変更したい！

A 「アクションを選択」で任意のアクションを選択します。

フォーム上のフィールドやボタンには、クリックした
ときのアクションを設定できます。設定できるアク
ションには、印刷の開始やフォームのリセットなどが
あります。

1 Q.317を参考にフォームフィールドのツールバーを
表示し、アクションを変更したいフィールドやボタン
を右クリックして、＜プロパティ＞をクリックします。

2 ＜アクション＞をクリックし、「アクションを選択」の
∨ をクリックします。

3 任意のアクション（ここでは＜メニュー項目を実
行＞）をクリックします。

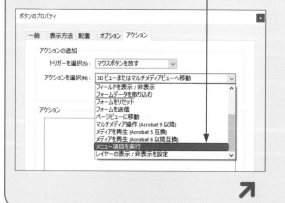

4 ＜追加＞をクリックします。

5 手順 **3** で＜メニュー項目を実行＞を選択した場合
は、具体的なアクション（ここでは＜印刷＞）をクリッ
クして選択し、

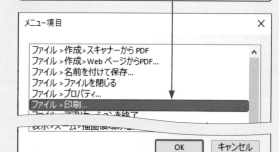

6 ＜OK＞をクリックします。

7 「アクション」に選択した
アクションが追加されて
いることを確認します。

8 ＜閉じる＞をクリッ
クすると、アクショ
ンが変更されます。

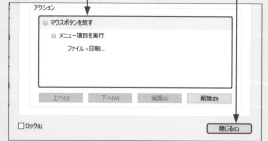

PDFとAcrobatの基本 1
表示と閲覧 2
印刷 3
編集と管理 4
作成と保護 5
校正とレビュー 6
フォームと署名 7
モバイル版 8
Document Cloud 9
Acrobat Web 10

Q ‖ フィールド ‖ エディション Standard Pro Reader

334 » フォームを整列して並べるには？

A 「フォームを準備」ツールの「整列」からできます。

複数のフォーム選択し、「整列」の項目から任意のアイコンをクリックすると整列できます。複数のフォームを選択するには Ctrl キーを押しながらフォームをクリックします。

1 Q.317を参考にフォームフィールドのツールバーを表示し、整列させたいフォームを複数選択します。

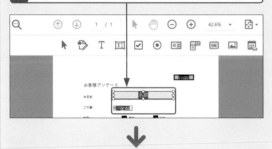

⬇

2 「整列」から任意の項目（ここでは🔳）をクリックします。

⬇

3 フォームが整列します。

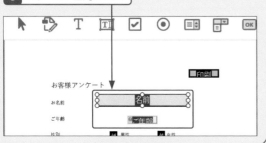

Q ‖ フィールド ‖ エディション Standard Pro Reader

335 » フォームを削除するには？

A フォームを右クリックして、＜削除＞をクリックします。

追加したフォームを削除するには、削除したいフォームをクリックして選択し、その上で右クリックして、＜削除＞をクリックします。

1 Q.317を参考にフォームフィールドのツールバーを表示し、削除したいフォームをクリックして選択します。

⬇

2 右クリックし、＜削除＞をクリックします。

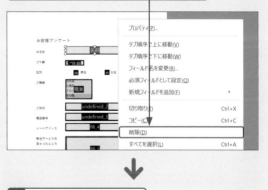

⬇

3 フォームが削除されます。

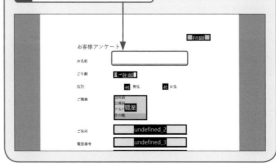

PDFとAcrobatの基本

表示と閲覧

印刷

編集と管理

作成と保護

校正とレビュー

7 フォームと署名

モバイル版

Document Cloud

Acrobat Web

Q 336 » フォームを配布したい！

A 「フォームを準備」ツールの
<配布>をクリックします。

フォームを作成したら、記入を求める相手にフォームを配布しましょう。配布をすると、フォームと同じフォルダに集計用ファイル（Q.338参照）が自動的に作成されます。

1 Q.317を参考にフォームフィールドのツールバーを表示し、画面右下の<配布>をクリックします。

2 メールで配布する場合は<電子メール>をクリックし、<続行>→<次へ>の順にクリックします。

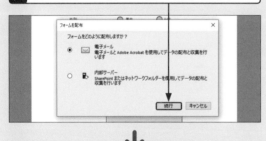

3 配布先のメールアドレスを入力します。

4 必要に応じてタイトルやメッセージを編集し、<送信>をクリックして、画面の指示に従い送信します。

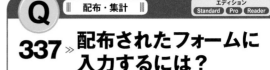

Q 337 » 配布されたフォームに入力するには？

A メールに添付されているフォームをクリックします。

フォームが配布されると、配布先にメールが届きます。メールに添付されているフォームのフィールドに記入し、画面の指示に従い返信しましょう。

1 配布メールに添付されているフォームを開き、フィールドに入力して、<フォームを送信>をクリックします。

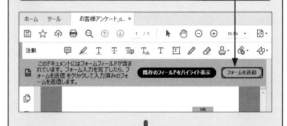

2 自分のメールアドレスと名前を入力し、<送信>をクリックします。

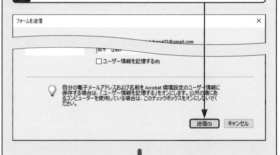

3 送信に利用するメールを選択し、<続行>をクリックして、画面の指示に従い送信します。

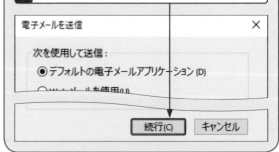

338≫配布したフォームに入力されたデータを集計したい！

A <既存の集計ファイルに追加>をクリックして集計用ファイルにデータをまとめます。

記入済みフォームが返信されると、メールが届きます。
メールに添付されている記入済みフォームを開いて、
入力されたデータを集計用ファイルにまとめましょ
う。

1 回収した記入済みのフォームを開き、<既存の集計
ファイルに追加>をクリックし、フォーム配布時に
自動的に作成された集計ファイルの場所を確認しま
す。

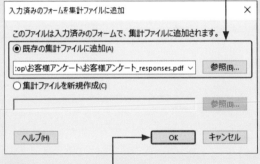

2 <OK>をクリックします。

3 記入済みフォームのデータが集計用ファイルに追加
されます。

4 さらにデータを追加する場合は、をクリックしま
す。

5 <ファイルを追加>をクリックします。

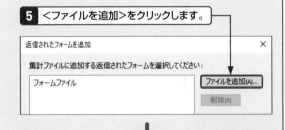

6 追加したい記入済みフォームのファイルを選択し、
<開く>をクリックします。

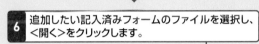

7 <OK>をクリックします。

8 記入済みのデータが保存されます。

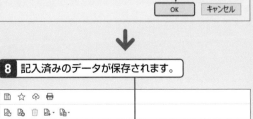

PDFとAcrobatの基本 1
表示と閲覧 2
印刷 3
編集と管理 4
作成と保護 5
校正とレビュー 6
フォームと署名 7
モバイル版 8
Document Cloud 9
Acrobat Web 10

203

PDFとAcrobatの基本

1

表示と閲覧

2

印刷

3

編集と管理

4

作成と保護

5

校正とレビュー

6

フォームと署名

7

モバイル版

8

Document Cloud

9

Acrobat Web

10

Q 署名 〈エディション Standard Pro Reader〉

339» 署名・電子印鑑・電子署名とは？

A 署名・電子印鑑はPDF上にサインや印鑑を押せる機能で、電子署名は書類の真正性を証明するものです。

Acrobatでは、PDFの文書やフォームに紙の書類と同じ感覚で署名を入力したり、電子印鑑を押したりすることができます。サインのような手書きの署名や自分の名前の入った印鑑が使えるので、認め印としての利用が可能です。なお、署名を行って保存したPDFは編集が行えなくなるので改ざん防止としても利用できます。

それに対して電子署名とは、書類の真正性を証明するものです。署名を行ったのが本人であることや、文書が改ざん・偽造されていないことを第三者（サービス）が保証したやり取りです。AcrobatではAdobe Signという電子署名サービスを利用して、オンラインのみで契約書などの締結が行えます。

紙の書類におけるサインが「署名」に当たります。作成した署名は、PDFの認め印として利用できます。上図はPDFに署名を適用する画面で、＜手書き＞や＜画像＞をクリックすると、それぞれの署名を利用できます。なお、＜スタイルの変更＞をクリックすると、フォントスタイルを変更することが可能です。

署名に用いるネーム印をはじめ、日付印や検印、認印、承認印など電子印鑑の種類は豊富にあります。

Q 署名

340 署名を追加するには？

A 「入力と署名」ツールで追加できます。

Acrobatでは、＜ツール＞→＜入力と署名＞の順にクリックすると表示される「入力と署名」ツールで署名を入力することができます。

1 PDFを開いた状態で＜ツール＞をクリックし、

2 「フォームと署名」の＜入力と署名＞（Acrobat Readerでは＜入力と署名＞→＜入力と署名＞）をクリックします。

3 ＜自分で署名＞（Acrobat Readerでは＜署名＞）をクリックし、

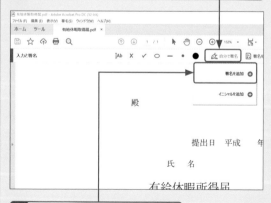

4 ＜署名を追加＞をクリックします。

5 入力方法（ここでは＜タイプ＞）をクリックして選択し、

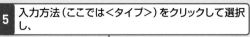

6 署名に使う名前を入力します。＜スタイルを変更＞をクリックすると、署名のスタイルを変更できます。

7 ＜適用＞をクリックします。

8 マウスカーソルが追加した署名に変更されます。任意の場所でクリックすると、署名を追加できます。

9 Ａをクリックすると署名サイズを小さく、Ａをクリックすると署名サイズを大きくすることができます。

イニシャルを追加

イニシャルを追加する場合、手順**4**の画面で＜イニシャルを追加＞をクリックします。任意の入力方法（ここでは＜タイプ＞）をクリックし、イニシャルを入力して、＜適用＞をクリックすると、イニシャルを登録できます。

手書きサインで追加

手書きサインを追加する場合、手順**5**の画面で＜手書き＞をクリックして選択します。手書きで署名を記入して、＜適用＞をクリックすると手書きサインを登録できます。また、＜画像＞をクリックすると、パソコン内のフォルダから任意の画像を選択できるので、手書きサインの画像を用意して、登録することも可能です。

PDFとAcrobatの基本　1

表示と閲覧　2

印刷　3

編集と管理　4

作成と保護　5

校正とレビュー　6

フォームと署名　7

モバイル版　8

Document Cloud　9

Acrobat Web　10

PDFとAcrobatの基本
1
表示と閲覧
2
印刷
3
編集と管理
4
作成と保護
5
校正とレビュー
6
フォームと署名
7
モバイル版
8
Document Cloud
9
Acrobat Web
10

341 » PDFに電子印鑑を押すには？

A 「スタンプ」ツールで電子印鑑を選択します。

電子印鑑とは、デジタル文書へ捺印できる印鑑データのことです。電子印鑑はインターネット上の無料サービスや、Word、Excelなどでかんたんに作成できますが、Acrobatを利用するとよりかんたんに電子印鑑を作成し、捺印できます。

1 PDFを開いた状態で＜ツール＞をクリックし、

2 ＜スタンプ＞をクリックします。

3 ＜スタンプ＞をクリックし、

4 ＜電子印鑑＞をクリックします。

5 電子印鑑が未設定の場合、「ユーザー情報の設定」画面が表示されるので、電子印鑑に表示する情報を入力し、

6 ＜完了＞をクリックします。

7 再度手順 **3**〜**4** を行い、任意の電子印鑑をクリックします。

8 電子印鑑を押したい場所でクリックすると、PDF上に電子印鑑が捺印されます。

342 » 電子印鑑をお気に入りに追加するには？

A 「スタンプ」機能で設定できます。

よく使うスタンプをお気に入りに追加しておくと、いちいち探す手間が省け、便利です。電子印鑑をお気に入りに追加するには、電子印鑑を押したあとにQ.341の手順 **8** の画面で＜スタンプ＞→＜現在のスタンプをお気に入りに追加＞の順にクリックします。

PDFとAcrobatの基本 1

表示と閲覧 2

印刷 3

編集と管理 4

作成と保護 5

校正とレビュー 6

フォームと署名 7

モバイル版 8

Document Cloud 9

Acrobat Web 10

Q ‖ 署名 ‖

343» オリジナルの電子印鑑を作成するには？

A スタンプデータを作成し、カスタムスタンプとして取り込みます。

Acrobatでは、注釈としてスタンプを追加できます。デフォルトだけでもさまざまなスタンプが使用できますが、自分で作成したオリジナルのスタンプをAcrobatに取り込んで、カスタムスタンプとして使用できます。

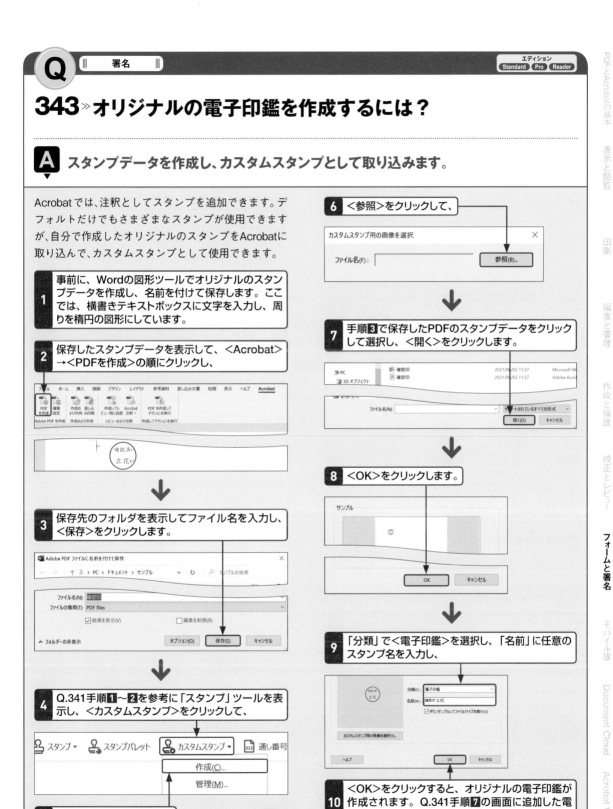

1 事前に、Wordの図形ツールでオリジナルのスタンプデータを作成し、名前を付けて保存します。ここでは、横書きテキストボックスに文字を入力し、周りを楕円の図形にしています。

2 保存したスタンプデータを表示して、＜Acrobat＞→＜PDFを作成＞の順にクリックし、

3 保存先のフォルダを表示してファイル名を入力し、＜保存＞をクリックします。

4 Q.341手順**1**～**2**を参考に「スタンプ」ツールを表示し、＜カスタムスタンプ＞をクリックして、

5 ＜作成＞をクリックします。

6 ＜参照＞をクリックして、

7 手順**3**で保存したPDFのスタンプデータをクリックして選択し、＜開く＞をクリックします。

8 ＜OK＞をクリックします。

9 「分類」で＜電子印鑑＞を選択し、「名前」に任意のスタンプ名を入力し、

10 ＜OK＞をクリックすると、オリジナルの電子印鑑が作成されます。Q.341手順**7**の画面に追加した電子印鑑が表示されるようになります。

PDFとAcrobatの基本　1

表示と閲覧　2

印刷　3

編集と管理　4

作成と保護　5

校正とレビュー　6

フォームと署名　7

モバイル版　8

Document Cloud　9

Acrobat Web　10

344 » デジタルIDを設定するには？

A 「証明書」ツールで設定できます。

デジタルIDとは、自分の身分を証明する電子版の運転免許証やパスポートのようなものです。Acrobatの電子署名で用いられるデジタルIDには「Self Sign ID」と呼ばれる簡易証明書のほか、認証機関による正規の証明書も利用可能です。

1 PDFを開いた状態で＜ツール＞をクリックし、

2 ＜証明書＞をクリックします。

3 ＜電子署名＞→＜OK＞の順にクリックし、

4 電子署名を配置したい場所でドラッグします。

5 ＜デジタルIDを設定＞をクリックします。

6 ＜新しいデジタルIDの作成＞をクリックし、

7 ＜続行＞をクリックします。

8 任意の保存先（ここでは＜ファイルに保存＞）を選択し、

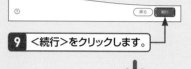

9 ＜続行＞をクリックします。

10 デジタルIDに登録する名前やメールアドレスなどを入力・設定し、「デジタルIDの使用対象」で＜電子署名＞を選択して、

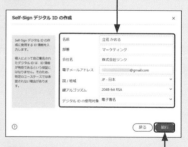

11 ＜続行＞をクリックします。

12 デジタルIDに設定するパスワードを2回入力して、

13 ＜保存＞をクリックすると、デジタルIDが設定されます。

Q 345» デジタルIDで電子署名を追加するには?

A デジタルIDを選択して<署名>をクリックします。

AcrobatはPDFに電子署名できます。電子署名は、本人であることを証明する「デジタルID」を含む偽造困難な署名で、文書の改ざんや偽装を防げます。ここではQ.344手順13の続きから解説しますが、デジタルIDを設定済みであれば、Q.344手順1～4を参考にして電子署名を追加できます。

1 電子署名に利用するデジタルIDをクリックし、

署名に使用するデジタル ID を選択してください: （更新）

● 立花 かおる (デジタル ID ファイル) 詳細を表示
発行者 : 立花 かおる。期限 : 2026.06.01

（新しいデジタル ID を設定）（キャンセル）（続行）

2 <続行>をクリックします。

3 Q.344の手順12で設定したパスワードを入力し、

署名に影響を与える可能性のある文書コンテンツをレビューする （レビュー）

（戻る）（署名）

4 <署名>をクリックします。

5 保存先のフォルダを表示してファイル名を入力し、

名前を付けて保存

ファイル名(N): 売上報告書（署名）
ファイルの種類(T): Adobe PDF ファイル (*.pdf)

（保存(S)）（キャンセル）

6 <保存>をクリックします。

7 PDFに電子署名が追加されます。詳細を確認するには、電子署名をクリックします。

立花 かおる　電子署名名 : 立花かおる
日付 : 2021.06.02
10:30:19 +09'00'

8 <署名のプロパティ>をクリックすると、電子署名の詳細が確認できます。

（署名のプロパティ(P)...）（閉じる(C)）

9 <署名者の証明書を表示>をクリックします。

署名のプロパティ
署名は有効で、立花 かおる < @gmail.com> によって署名されています。

直接信頼している証明書について失効確認...
（署名者の証明書を表示(S)...）

10 <書き出し>をクリックします。

（書き出し(X)...）

11 <書き出したデータをファイルに保存>をクリックし、

データ交換ファイル - 証明書の書き出し

次のデータを書き出すために選択しました:
連絡先の証明書

書き出したデータをファイルに、Adobe Acrobat 6.0 Professional または Standard 以降、または Reader 6.0 以降が必要です。

書き出し先:
○ 書き出したデータをメール（デフォルトのメール）で送信する
● 書き出したデータをファイルに保存する
● Acrobat PDF データ交換
○ 証明書メッセージ シンタックス - PKCS#7

（キャンセル）（< 戻る）（次へ >）

12 <次へ>→<署名>の順にクリックします。

13 Q.344手順12で設定したパスワードを入力して<署名>をクリックし、画面の指示に従って書き出したデータを保存します。

証明書のパスワードを入力して「署名」ボタンをクリックする

（ヘルプ）（署名(S)）（キャンセル）

PDFとAcrobatの基本

1

表示と閲覧

2

印刷

3

編集と管理

4

作成と保護

5

校正とレビュー

6

7

フォームと署名

モバイル版

8

Document Cloud

9

Acrobat Web

10

Q ‖ 署名 ‖

346 » 証明書を送信したい！

A 「証明書の書き出し」画面から送信することができます。

電子署名が有効かどうかを閲覧者が確認するためには、PDFとは別に、電子署名の証明書を閲覧者に送信する必要があります。

1 Q.345手順**7**〜**10**を参考に「証明書の書き出し」画面を表示して、＜書き出したデータを電子メールで送信＞をクリックし、

2 ＜次へ＞をクリックします。

3 ユーザー情報を確認し、必要があれば入力して、＜次へ＞→＜署名＞の順にクリックします。

4 Q.344手順**12**で設定したパスワードを入力して、＜署名＞→＜次へ＞の順にクリックします。

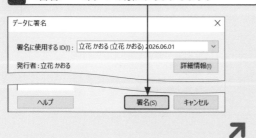

5 「宛先」に送信先のメールアドレスを入力し、

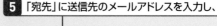
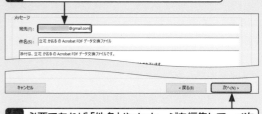

6 必要であれば「件名」やメッセージを編集して、＜次へ＞→＜完了＞の順にクリックします。

7 送信に使用するメールを選択し、

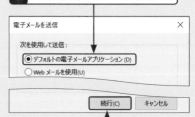

8 ＜続行＞→＜OK＞の順にクリックして、送信します。

受信した証明書を確認する

メールに添付されたPDFをダウンロードして開くと、自動的にAcrobatが起動して証明書のデータを確認できます。

347 » ほかのユーザーに電子署名を依頼するには？

A 「署名を依頼」ツールで署名用にPDFを送信します。

Acrobatでは、Adobe Signを使用して、電子署名を依頼する相手にPDFを送信できます。1人のユーザーに送信するのはもちろん、複数のユーザーに送信することも可能です。なお、Acrobat Readerでは、月2回まで依頼できます。

1 署名を依頼したいPDFを開いた状態で＜ツール＞をクリックし、

2 ＜署名を依頼＞（Acrobat Readerでは＜入力と署名＞→＜入力と署名＞）をクリックします。

3 署名者のメールアドレスを署名してもらう順番で入力し、必要に応じて件名やメッセージを入力します。

4 ＜署名場所を指定＞をクリックします。

5 ツールパネルウィンドウから署名してもらう人をクリックして選択し、

6 任意の場所をクリックして、フィールドを追加します。

7 ✐をクリックすると、署名フィールドに変わります。フィールドの右下隅にマウスカーソルを合わせて、ドラッグすると大きさを変更できます。

8 文書内の別の場所をクリックしてフィールドを追加し、••• をクリックすると、ほかのフィールドを設定できます。

9 必要に応じて手順5～8をくり返し、すべてのフィールドを文書に配置したら、＜送信＞をクリックします。

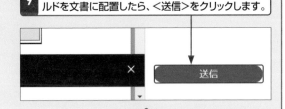

10 電子署名用のPDFが送信され、依頼が完了します。

PDFとAcrobatの基本 1
表示と閲覧 2
印刷 3
編集と管理 4
作成と保護 5
校正とレビュー 6
フォームと署名 7
モバイル版 8
Document Cloud 9
Acrobat Web 10

Q 348 » 依頼されたPDFに電子署名するには？

署名

A 署名用のPDFを表示して署名箇所をクリックします。

電子署名用のPDFが送られてきたら、メールソフトやWebメールなどでメールを開き、＜確認して署名＞をクリックします。Webブラウザが開いて、Adobe SignでPDFが表示されるので、署名箇所をクリックして、署名を任意の方法で入力し、＜適用＞→＜クリックして署名＞の順にクリックします。なお、複数の署名者が

いる場合は、次の署名者へ依頼メールが送信されます。

Q 349 » 電子署名されたPDFを確認したい！

署名

A 署名後に送られたメールのリンクをクリックします。

相手が電子署名を行うとメールが届くので、クリックすることでAdobe Signのサイトで電子署名されたPDFが表示されます。「アクション」から、電子署名済みのPDFとPDFへの操作を記録した監査レポートなどをダウンロードすることができます。

アクションでできること

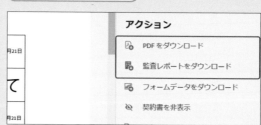

1 メールソフトでメールを開き、メール内の＜文書＞をクリックします。

2 Webブラウザが表示され、Adobe Signのサイトで電子署名されたPDFが表示され、確認できます。

＜PDFをダウンロード＞や＜監査レポートをダウンロード＞をクリックすると、電子署名されたPDFや監査レポートのPDFをダウンロードでき、Acrobatで表示できます。ほかにも、受信者やアクティビティの確認などが行えます。

第 8 章

モバイル版Acrobat Readerを利用するときの「こんなときどうする？」

PDF＆Acrobatの基本

1

表示と閲覧

2

印刷

3

編集と管理

4

作成と保護

5

校正とレビュー

6

フォームと署名

7

8 モバイル版

Document Cloud

9

Acrobat Web

10

 Q ‖ モバイル版 ‖

350》モバイル版Acrobat Readerって何？

A スマートフォンなどのモバイルデバイス上で
Acrobat Readerの機能が使えるアプリです。

モバイル版Acrobat Reader では、基本的にPDFの閲覧・編集が可能です。PDFに注釈を加えたり、フォームに入力したり、ほかのアプリと共有したりすることができます。また、有料版のAcrobatのAdobe IDでサインインすると、PDFのページの編集や、OfficeファイルからのPDF作成もできるようになります。Acrobatのバージョンによる機能の違いについては、Q.004を参照してください。なお、Android版とiPhone版がありますが、操作はほぼ同じです。本書では、Android版の画面で解説します。

「ホーム」画面

「最近のファイル」や「スター付き」のタブを切り替えて、それぞれPDFを表示できます。

「ファイル」画面

デバイス上やDocument Cloud、クラウドストレージサービスからファイルを開くことができます。

「共有」画面

共有したPDFを確認できます。ファイルの共有を解除したり、削除したりすることも可能です。

「閲覧」画面

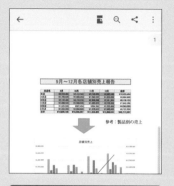

PDFの閲覧画面では、注釈やテキストを追加することも可能です。

「書き出し」画面

有料版のAcrobatと同じAdobe IDでサインすると、PDFの編集や作成、書き出しなどが行えます。

「ホーム」画面（iPhone版）

iPhone版の画面は、Android版と大きな違いはありません。操作もほぼ同じです。

Q 351 ‖ モバイル版 ‖ エディション Standard Pro Reader
モバイル版Acrobat Reader をインストールしたい!

A Playストア（iPhoneはApp Store） からインストールできます。

スマートフォンでは、モバイル版の「Acrobat Reader」を使うことで、PDFの閲覧や編集ができます。まずは、スマートフォンにAcrobat Readerをインストールしてみましょう。

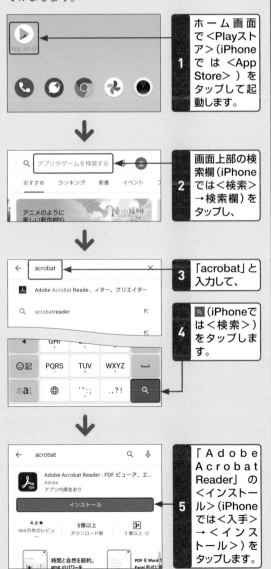

ホーム画面で<Playストア>（iPhoneでは<App Store>）をタップして起動します。

2 画面上部の検索欄（iPhoneでは<検索>→検索欄）をタップし、

3 「acrobat」と入力して、

4 （iPhoneでは<検索>）をタップします。

5 「Adobe Acrobat Reader」の<インストール>（iPhoneでは<入手>→<インストール>）をタップします。

Q 352 ‖ モバイル版 ‖ エディション Standard Pro Reader
モバイル版Acrobat Reader にログインするには?

A Adobe IDのメールアドレスとパスワードを入力します。

Adobe Acrobatをインストールしたら、さっそく起動しましょう。Acrobat Pro DCと同じAdobe IDでログインすると、利用できる機能が増え、Document Cloud（第9章参照）を利用することもできます。

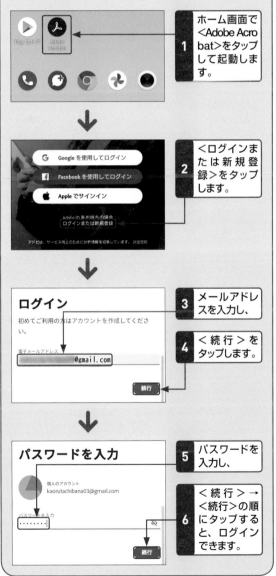

1 ホーム画面で<Adobe Acrobat>をタップして起動します。

2 <ログインまたは新規登録>をタップします。

3 メールアドレスを入力し、

4 <続行>をタップします。

5 パスワードを入力し、

6 <続行>→<続行>の順にタップすると、ログインできます。

PDFとAcrobatの基本

1

表示と閲覧

2

印刷

3

編集と管理

4

作成と保護

5

校正とレビュー

6

フォームと署名

7

モバイル版

8

Document Cloud

9

Acrobat Web

10

Q 閲覧 エディション Standard Pro Reader

353 ≫ PDFを閲覧したい!

A 「ファイル」画面から PDFを選んでタップします。

サインインが完了したら、PDFを閲覧してみましょう。閲覧したいPDFをタップすると表示され、2ページ以上あるPDFは上方向にスワイプすることでページ送りできます。ここでは、Document Cloud（第9章参照）に保存したPDFを閲覧する手順を例に解説します。

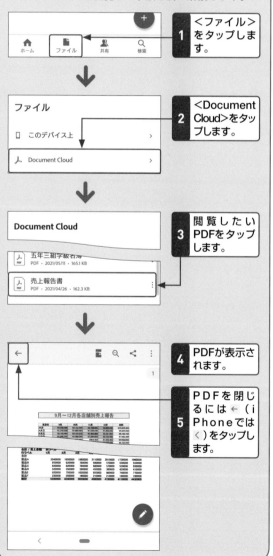

1 <ファイル>をタップします。

2 <Document Cloud>をタップします。

3 閲覧したいPDFをタップします。

4 PDFが表示されます。

5 PDFを閉じるには ← （iPhoneでは 〈 ）をタップします。

Q 閲覧 エディション Standard Pro Reader

354 ≫ PDFを単一ページで 表示したい!

A 閲覧画面から表示を変更できます。

PDFを閲覧する際、初期設定では画面を上下にスワイプしてページを切り替える設定になっています。単一ページ設定にすると、画面を左右にスワイプしてページを切り替えることができ、片手操作のときに便利です。

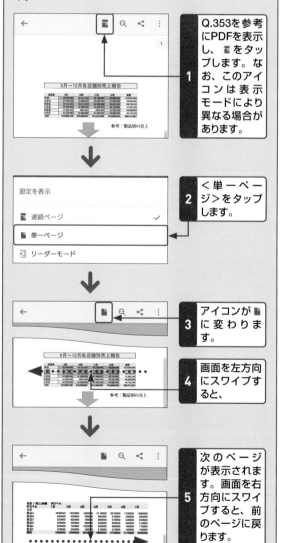

1 Q.353を参考にPDFを表示し、 をタップします。なお、このアイコンは表示モードにより異なる場合があります。

2 <単一ページ>をタップします。

3 アイコンが に変わります。

4 画面を左方向にスワイプすると、

5 次のページが表示されます。画面を右方向にスワイプすると、前のページに戻ります。

355» 複数のページを一気に移動したい！

A 閲覧画面に表示されている数字をドラッグして移動します。

ページ数の多いPDFの場合、いちいち画面をスクロールしてページを移動するのは時間がかかります。PDFを表示したときに右側に現れる数字を上下にドラッグすることで、複数ページを一気に移動できます。

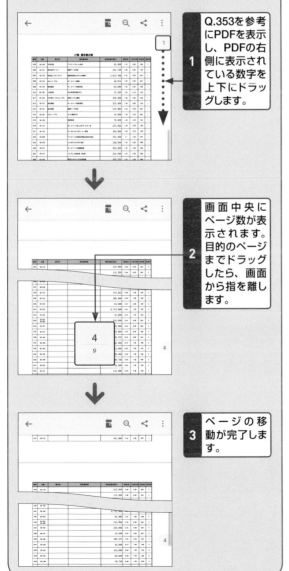

1 Q.353を参考にPDFを表示し、PDFの右側に表示されている数字を上下にドラッグします。

2 画面中央にページ数が表示されます。目的のページまでドラッグしたら、画面から指を離します。

3 ページの移動が完了します。

356» 指定のページに移動したい！

A 閲覧画面に表示されている数字をタップしてページを指定します。

PDFの確認したいページがすでにわかっている場合は、ページを指定して移動しましょう。ページ番号を入力して＜OK＞をタップするだけで、かんたんに移動できます。ページ数の多いPDFを閲覧するときに、重宝します。

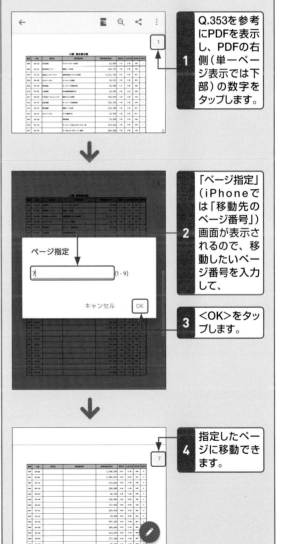

1 Q.353を参考にPDFを表示し、PDFの右側（単一ページ表示では下部）の数字をタップします。

2 「ページ指定」（iPhoneでは「移動先のページ番号」）画面が表示されるので、移動したいページ番号を入力して、

3 ＜OK＞をタップします。

4 指定したページに移動できます。

PDFとAcrobatの基本 1
表示と閲覧 2
印刷 3
編集と管理 4
作成と保護 5
校正とレビュー 6
フォームと署名 7
モバイル版 8
Document Cloud 9
Acrobat Web 10

PDFとAcrobatの基本

1

表示と閲覧

2

印刷

3

編集と管理

4

作成と保護

5

校正とレビュー

6

フォームと署名

7

モバイル版

8

Document Cloud

9

Acrobat Web

10

Q 閲覧 エディション Standard Pro Reader

357» リーダーモードと ナイトモードって何?

A モバイル版独自の 見やすい表示モードです。

モバイル版Acrobat Readerでは、PDFを閲覧する際に表示モードを選択できます。それが「リーダーモード」(iPhoneでは「リーディングモード」)と「ナイトモード」です。PDFを表示し、📄→＜リーダーモード＞(iPhoneでは＜リーディングモード＞)または＜ナイトモード＞の順にタップして切り替えます。「リーダーモード」では、テキストを画面端で折り返して表示したり、ピンチやダブルタップで拡大表示したりできます。「ナイトモード」はオンとオフで切り替えができ、黒背景に白文字に反転表示させられるので、目の負担を減らすことが可能です。

リーダーモード

ナイトモード

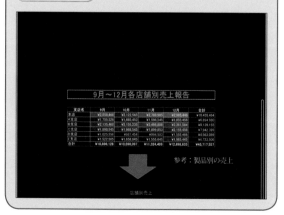

Q 閲覧 エディション Standard Pro Reader

358» メールに添付された PDFを表示するには?

A 添付のPDFをタップして アプリを選択します。

メールに添付されたPDFであっても、スマートフォンにモバイル版Acrobat Readerのアプリをインストールしておくと、アプリから表示できます。なお、iPhoneの場合は、手順**1**のあと、⬆→＜その他＞の順にタップし、＜Acrobat＞をタップして選択します。

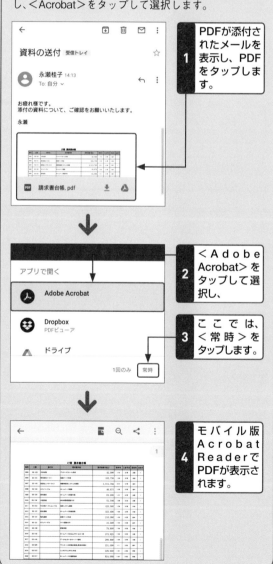

PDFが添付されたメールを表示し、PDFをタップします。 **1**

＜Adobe Acrobat＞をタップして選択し、 **2**

ここでは、＜常時＞をタップします。 **3**

モバイル版Acrobat ReaderでPDFが表示されます。 **4**

359 ≫ PDF内を検索したい！

A 閲覧画面で 🔍 をタップします。

PDF内に探したいキーワードがある場合は、検索機能を使いましょう。キーワードを入力して検索すると、該当するキーワードの件数が表示され、キーワードがハイライト表示されます。

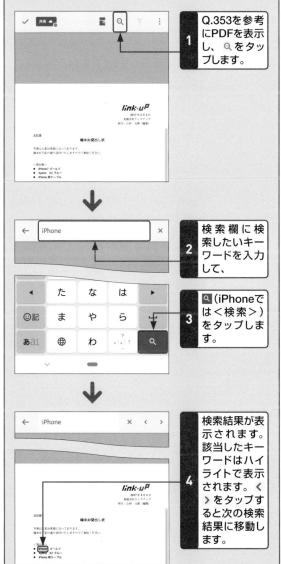

1 Q.353を参考にPDFを表示し、🔍 をタップします。

2 検索欄に検索したいキーワードを入力して、

3 🔍（iPhoneでは＜検索＞）をタップします。

4 検索結果が表示されます。該当したキーワードはハイライトで表示されます。＜ ＞ をタップすると次の検索結果に移動します。

360 ≫ 注釈を付けたい！

A 閲覧画面で ✏ をタップします。

モバイル版Acrobat Readerにも、PDFに注釈を付ける機能があります。注釈を付けたい部分をタップし、コメントを入力するだけで行えるので、出先でPDFを確認したいときに便利です。

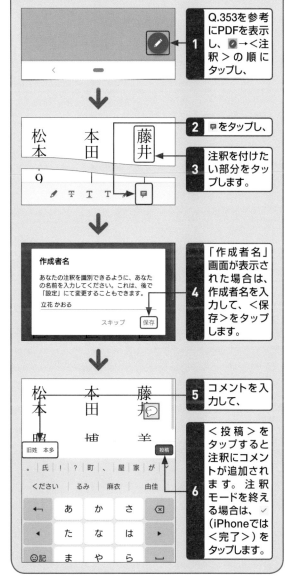

1 Q.353を参考にPDFを表示し、✏ →＜注釈＞の順にタップし、

2 🔲 をタップし、

3 注釈を付けたい部分をタップします。

4 「作成者名」画面が表示された場合は、作成者名を入力して、＜保存＞をタップします。

5 コメントを入力して、

6 ＜投稿＞をタップすると注釈にコメントが追加されます。注釈モードを終える場合は、✓（iPhoneでは＜完了＞）をタップします。

PDFとAcrobatの基本 1
表示と閲覧 2
印刷 3
編集と管理 4
作成と保護 5
校正とレビュー 6
フォームと署名 7
モバイル版 8
Document Cloud 9
Acrobat Web 10

PDFとAcrobatの基本 1
表示と閲覧 2
印刷 3
編集と管理 4
作成と保証 5
校正とレビュー 6
フォームと署名 7
モバイル版 8
Document Cloud 9
Acrobat Web 10

Q 361 » 注釈を確認したい！

A 閲覧画面から注釈リストを確認できます。

PDFに付けられた注釈は、一覧で確認することができます。PDFにたくさん注釈が付いている場合、注釈の内容をすぐに確認できます。

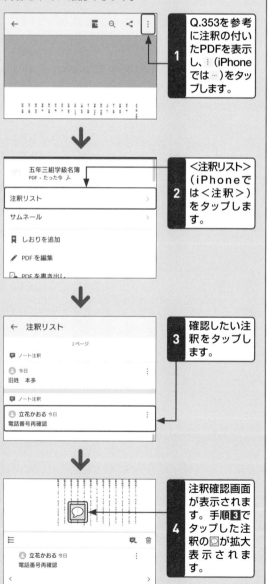

1 Q.353を参考に注釈の付いたPDFを表示し、⋮（iPhoneでは …）をタップします。

2 ＜注釈リスト＞（iPhoneでは＜注釈＞）をタップします。

3 確認したい注釈をタップします。

4 注釈確認画面が表示されます。手順3でタップした注釈の◎が拡大表示されます。

Q 362 » 注釈に返信するには？

A 📰から注釈に返信できます。

モバイル版Acrobat Readerでは、注釈に対して返信を付けることも可能です。ファイルのやり取りをする際に、文書の内容についてピンポイントで確認したり、指示したりするのに役立ちます。

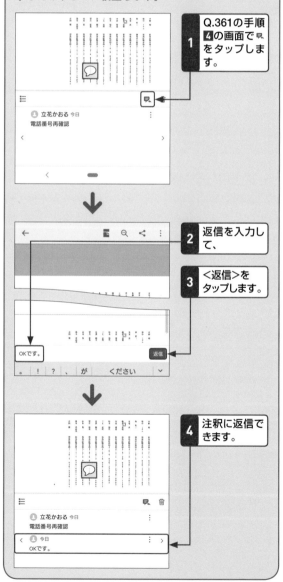

1 Q.361の手順4の画面で📰をタップします。

2 返信を入力して、

3 ＜返信＞をタップします。

4 注釈に返信できます。

Q 363 » テキストを追加したい！

A 「PDFを編集」画面で 🔤 を
タップします。

モバイル版Acrobat Readerでは、PDFにテキストを追加することも可能です。不足分のテキストを追加したり、文章の中にテキストを追加して読みやすくしたりできます。コメント注釈と異なり、PDFに直接テキストを追加します。

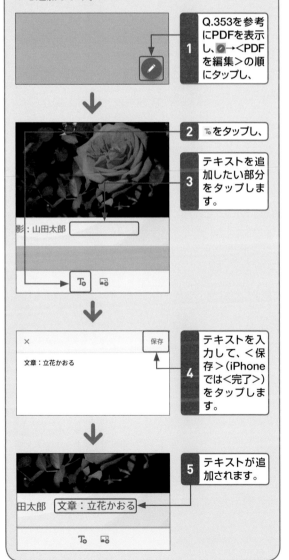

1 Q.353を参考にPDFを表示し、✏️→＜PDFを編集＞の順にタップし、

2 🔤 をタップし、

3 テキストを追加したい部分をタップします。

4 テキストを入力して、＜保存＞（iPhoneでは＜完了＞）をタップします。

5 テキストが追加されます。

Q 364 » テキストを編集したい！

A 「PDFを編集」画面でテキストを
タップします。

PDF内のテキストを編集したい場合、テキストを編集しましょう。編集したいテキストをタップするだけで、かんたんに編集できます。なお、手順2の画面で＜削除＞をタップすると、テキストが削除されます。

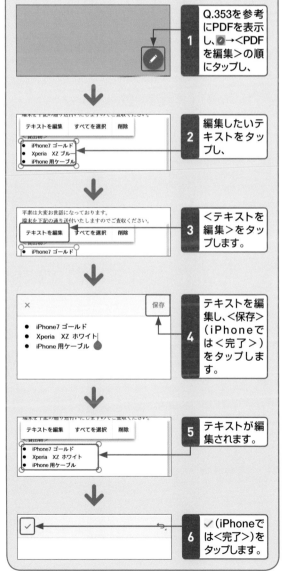

1 Q.353を参考にPDFを表示し、✏️→＜PDFを編集＞の順にタップし、

2 編集したいテキストをタップし、

3 ＜テキストを編集＞をタップします。

4 テキストを編集し、＜保存＞（iPhoneでは＜完了＞）をタップします。

5 テキストが編集されます。

6 ✓（iPhoneでは＜完了＞）をタップします。

PDFとAcrobatの基本　1
表示と閲覧　2
印刷　3
編集と管理　4
作成と保護　5
校正とレビュー　6
フォームと署名　7
モバイル版　8
Document Cloud　9
Acrobat Web　10

PDFとAcrobatの基本 1

表示と閲覧 2

印刷 3

編集と管理 4

作成と保護 5

校正とレビュー 6

フォームと署名 7

モバイル版 8

Document Cloud 9

Acrobat Web 10

Q 365 » テキストに下線を追加したい！

A 「PDFを編集」画面で T をタップします。

PDFのテキストに下線を追加して、テキストを強調してみましょう。テキストをタップして選択し、T をタップするだけで、かんたんに下線を追加できます。

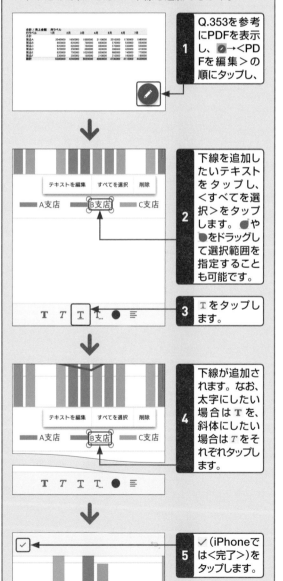

1 Q.353を参考にPDFを表示し、●→<PDFを編集>の順にタップし、

2 下線を追加したいテキストをタップし、<すべてを選択>をタップします。●や●をドラッグして選択範囲を指定することも可能です。

3 T をタップします。

4 下線が追加されます。なお、太字にしたい場合は T を、斜体にしたい場合は T をそれぞれタップします。

5 ✓（iPhoneでは<完了>）をタップします。

Q 366 » テキストにハイライトを追加したい！

A 「注釈」画面で ✐ をタップします。

ハイライトとは、テキストに背景色を追加して文を強調することです。下線よりも強調されるので、より主張したいテキストに追加するとよいでしょう。テキストをドラッグすることでハイライトを追加できます。

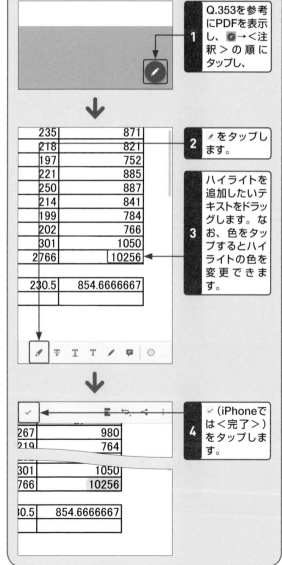

1 Q.353を参考にPDFを表示し、●→<注釈>の順にタップし、

2 ✐ をタップします。

3 ハイライトを追加したいテキストをドラッグします。なお、色をタップするとハイライトの色を変更できます。

4 ✓（iPhoneでは<完了>）をタップします。

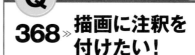

Q 編集 エディション Standard Pro Reader

367 » フリーハンドで描画したい!

A 「注釈」画面で✐をタップします。

モバイル版Acrobat Readerは、画面にフリーハンドで直接描画できる機能が付いています。スマートフォンやタブレットを操作するようにPDFに描画しましょう。

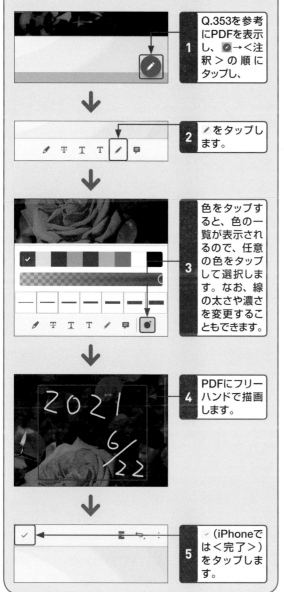

1 Q.353を参考にPDFを表示し、◉→<注釈>の順にタップし、

2 ✐をタップします。

3 色をタップすると、色の一覧が表示されるので、任意の色をタップして選択します。なお、線の太さや濃さを変更することもできます。

4 PDFにフリーハンドで描画します。

5 ✓(iPhoneでは<完了>)をタップします。

Q 編集 エディション Standard Pro Reader

368 » 描画に注釈を付けたい!

A 描画をタップして注釈を追加できます。

追加した描画に、注釈を付けることも可能です。描画だけでは足りない情報を、注釈を加えることで補うことができます。なお、手順2のメニュー画面で、色や線の太さ、濃さの変更ができます。また、🗑をタップして描画を削除することも可能です。

1 Q.353を参考に描画入りのPDFを表示し、フリーハンドで描いた部分をタップします。

2 画面下部にメニューが表示されるので<ここにメモを追加>(iPhoneでは<メモを書く>)をタップします。

3 コメントを入力して、

4 <投稿>をタップします。

223

PDFとAcrobatの基本

表示と閲覧

印刷

編集と管理

作成と保護

校正とレビュー

フォームと署名

モバイル版

Document Cloud

Acrobat Web

1
2
3
4
5
6
7
8
9
10

Q

| 編集 | エディション Standard Pro Reader |

369 ≫ iPadでApple Pencilを使ってPDFに書き込みたい！

A 「注釈」画面や「PDFを編集」画面から書き込みできます。

モバイル版Acrobat ReaderをiPadにインストールした場合、Apple Pencilを用いたPDFへの書き込みが可能になります。iPadでの操作も、iPhone版と大きな違いはありません。「注釈」画面や「PDFを編集」画面から、テキストに装飾を付けたり、手書きで注釈を追加したりできます（無料版のAcrobat Readerの場合、「PDFを編集」は非対応）。なお、ここではApple Pencilを用いたときの操作方法を紹介します。

1 ホーム画面で＜Acrobat＞をタップします。初回起動時には、ログインが必要です（Q.352参照）。

2 ＜ファイル＞をタップして、

3 書き込みしたいPDFをタップします。なお、ファイルの保存先を選びたいときは、画面左上の＜場所＞をタップします。

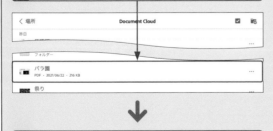

4 PDFが表示されるので、🖊→＜注釈＞または＜PDFを編集＞の順にタップすると、書き込みが行えるようになります。

テキストに下線を追加する

手順4の画面で＜PDFを編集＞をタップし、下線を追加したいテキストをタップして、＜すべてを選択＞をタップします。画面上部のＴをタップすると下線が追加されます。

テキストにハイライトを追加する

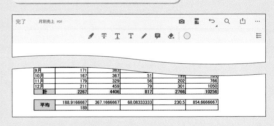

手順4の画面で＜注釈＞をタップし、ハイライトを追加したいテキストをドラッグして、＜ハイライト＞または🖊をタップするとハイライトが追加されます。なお、画面上部の色をタップすると色を変更できます。

手書きで注釈を追加する

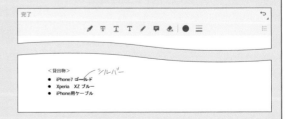

手順4の画面で＜注釈＞をタップし、🖊をタップすると手書きできます。画面上部の色や≡をタップして色や線の太さを変更できます。

Q 370 »　変更をもとに戻したい！／やり直したい！

編集　｜　エディション　Standard　Pro　Reader

A　PDFを表示している画面上部のアイコンから行います。

PDFに変更の追加をしているときに、間違った変更を入れてしまうことがあります。そのような場合、変更をもとに戻す機能を使いましょう。また、変更をもとに戻してから、再度やり直すことも可能です。なお、アイコンが表示されていない場合、：（iPhoneでは…）→＜○○を元に戻す＞または＜○○をやり直す＞の順にタップすることでももとに戻したり、やり直したりできます。

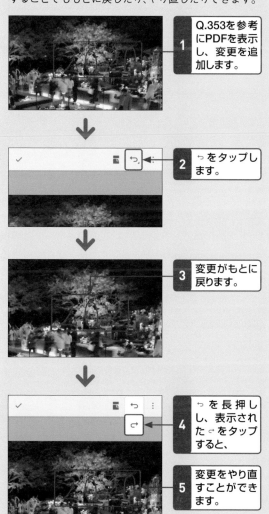

1　Q.353を参考にPDFを表示し、変更を追加します。

2　↶をタップします。

3　変更がもとに戻ります。

4　↶を長押しし、表示された↷をタップすると、

5　変更をやり直すことができます。

Q 371 »　ページの順序を入れ替えたい！

編集　｜　エディション　Standard　Pro　Reader

A　「ページを整理」画面でページをドラッグします。

有料版のAcrobat Pro DCのAdobe IDでモバイル版Acrobat Readerにサインインすると、PDFの順序を入れ替えて整理することができます。移動したいPDFのページをドラッグして入れ替えます。

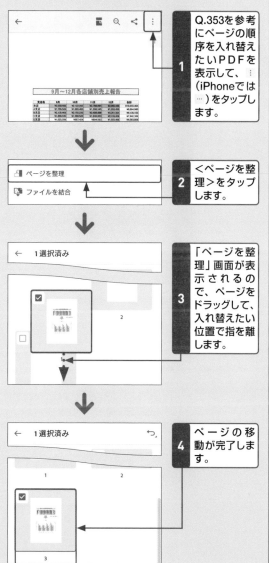

1　Q.353を参考にページの順序を入れ替えたいPDFを表示して、：（iPhoneでは…）をタップします。

2　＜ページを整理＞をタップします。

3　「ページを整理」画面が表示されるので、ページをドラッグして、入れ替えたい位置で指を離します。

4　ページの移動が完了します。

Q 編集 エディション Standard **Pro** Reader

372 » ページを削除したい！

A 「ページを整理」画面で
🗑をタップします。

有料版のAcrobat Pro DCのAdobe IDでモバイル版
Acrobat Readerにサインインすると、不要なページを
削除することもできます。

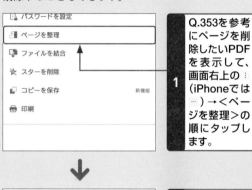

Q.353を参考にページを削除したいPDFを表示して、画面右上の⋮（iPhoneでは…）→＜ページを整理＞の順にタップします。

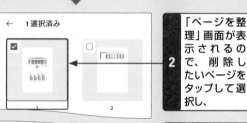

2 「ページを整理」画面が表示されるので、削除したいページをタップして選択し、

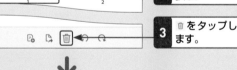

3 🗑をタップします。

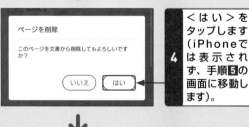

4 ＜はい＞をタップします（iPhoneでは表示されず、手順**5**の画面に移動します）。

5 PDFからページが削除されます。

Q 編集 エディション Standard **Pro** Reader

373 » ページを
回転させるには？

A 「ページを整理」画面で
↻をタップします。

有料版のAcrobat Pro DCのAdobe IDでモバイル版
Acrobat Readerにサインインすると、PDFのページご
とに回転させることができます。回転させたいページ
をタップして選択し、右回転か左回転かを選択します。
1回タップするごとに90°ずつ回転します。

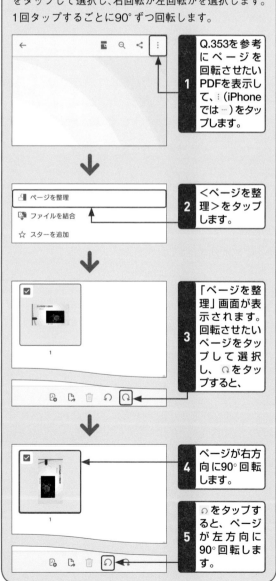

1 Q.353を参考にページを回転させたいPDFを表示して、⋮（iPhoneでは…）をタップします。

2 ＜ページを整理＞をタップします。

3 「ページを整理」画面が表示されます。回転させたいページをタップして選択し、↻をタップすると、

4 ページが右方向に90°回転します。

5 ↻をタップすると、ページが左方向に90°回転します。

PDFとAcrobatの基本 1
表示と閲覧 2
印刷 3
編集と管理 4
作成と保護 5
校正とレビュー 6
フォームと署名 7
モバイル版 8
Document Cloud 9
Acrobat Web 10

Q 374 » Officeファイルから PDFを作成したい！

作成　エディション Standard Pro Reader

A ●＋ →＜PDFを作成＞をタップします。

有料版のAcrobatのAdobe IDでモバイル版Acrobat Readerにサインインすると、OfficeのWordやExcelファイルをPDFに変換することができます。作成したPDFは、通常のPDFのように編集や修正を行うことができます。

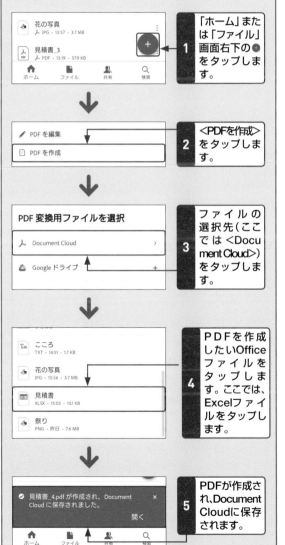

1 「ホーム」または「ファイル」画面右下の●をタップします。

2 ＜PDFを作成＞をタップします。

3 ファイルの選択先（ここでは＜Document Cloud＞）をタップします。

4 PDFを作成したいOfficeファイルをタップします。ここでは、Excelファイルをタップします。

5 PDFが作成され、Document Cloudに保存されます。

Q 375 » PDFをOfficeファイルに 変換したい！

作成　エディション Standard Pro Reader

A ⋮（iPhoneでは …）
→＜PDFを書き出し＞をタップします。

有料版のAcrobatのAdobe IDでモバイル版Acrobat Readerにサインインすると、PDFをWordやExcelファイルの形式で書き出すことができます。書き出したファイルは、Adobeのオンラインストレージ「Document Cloud」に保存されます。

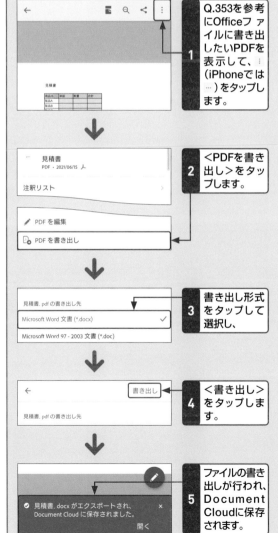

1 Q.353を参考にOfficeファイルに書き出したいPDFを表示して、⋮（iPhoneでは …）をタップします。

2 ＜PDFを書き出し＞をタップします。

3 書き出し形式をタップして選択し、

4 ＜書き出し＞をタップします。

5 ファイルの書き出しが行われ、Document Cloudに保存されます。

PDFとAcrobatの基本

1

表示と閲覧

2

印刷

3

編集と管理

4

作成と保護

5

校正とレビュー

6

フォームと署名

7

モバイル版

8

Document Cloud

9

Acrobat Web

10

Q 376 »

撮影した写真をPDFにしたい！

A Adobe Scanをインストールしておくと撮影した写真をPDFにできます。

モバイル版Acrobat Readerでは、スマートフォンで撮影した写真をPDFにすることができます。なお、専用アプリ「Adobe Scan」をインストールしておく必要があります。

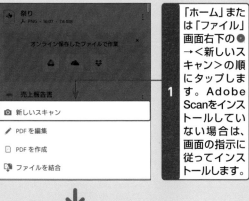

1 「ホーム」または「ファイル」画面右下の●→＜新しいスキャン＞の順にタップします。Adobe Scanをインストールしていない場合は、画面の指示に従ってインストールします。

2 「カメラ」画面に切り替わるので、●をタップして撮影します。

3 撮影すると画面右下にプレビューが表示されるのでタップします。

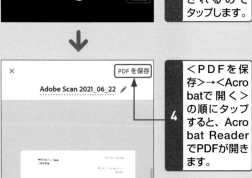

4 ＜PDFを保存＞→＜Acrobatで開く＞の順にタップすると、Acrobat ReaderでPDFが開きます。

Q 377 »

Adobe Scanでスキャンした文書でPDFを編集したい！

A Document Cloud内の「Adobe Scan」フォルダから行います。

専用アプリ「Adobe Scan」（Q.376参照）を利用すると、文字がOCR認識されたPDFが作成され、Document Cloudの「Adobe Scan」フォルダに保存されるので、ここからPDFを表示して編集できます。

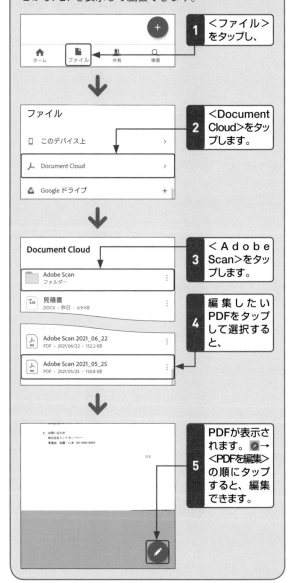

1 ＜ファイル＞をタップし、

2 ＜Document Cloud＞をタップします。

3 ＜Adobe Scan＞をタップします。

4 編集したいPDFをタップして選択すると、

5 PDFが表示されます。 ✐ →＜PDFを編集＞の順にタップすると、編集できます。

作成

378 » 表示しているWebページをPDFで保存したい！

A Androidでは＜印刷＞メニューから、iPhoneでは＜マークアップ＞から保存します。

スマートフォンのWebブラウザで表示しているページはさまざまな方法でPDFに変換し、保存することができます。ここでは、AndroidでChromeを使っている場合とiPhoneでSafariを使っている場合の方法を紹介します。

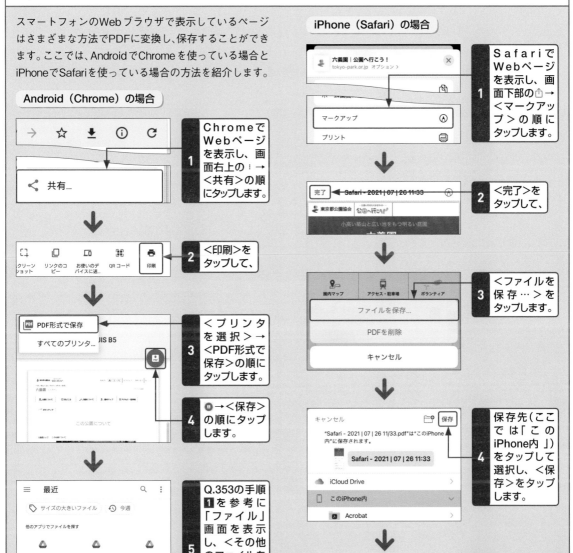

Android（Chrome）の場合

ChromeでWebページを表示し、画面右上の⋮→＜共有＞の順にタップします。 **1**

＜印刷＞をタップして、 **2**

＜プリンタを選択＞→＜PDF形式で保存＞の順にタップします。 **3**

📄→＜保存＞の順にタップします。 **4**

Q.353の手順 **1** を参考に「ファイル」画面を表示し、＜その他のファイルを参照＞をタップすると、保存したPDFが確認できます。 **5**

iPhone（Safari）の場合

SafariでWebページを表示し、画面下部の⬆️→＜マークアップ＞の順にタップします。 **1**

＜完了＞をタップして、 **2**

＜ファイルを保存…＞をタップします。 **3**

保存先（ここでは「このiPhone内」）をタップして選択し、＜保存＞をタップします。 **4**

iPhoneの「ファイル」アプリを開くと、保存したPDFが確認できます。 **5**

PDFとAcrobatの基本

1

表示と閲覧

2

印刷

3

編集と管理

4

作成と保護

5

校正とレビュー

6

フォームと署名

7

モバイル版

8

Document Cloud

9

Acrobat Web

10

Q 379 » フォームに入力するには？

作成

エディション Standard Pro Reader

A フォームとして作成されたPDFを表示してフィールドをタップします。

モバイル版Acrobat Readerでも、フォームとして作成されたPDFに入力することができます。テキストの入力だけでなく、選択項目リストやラジオボタンなども選択できます。

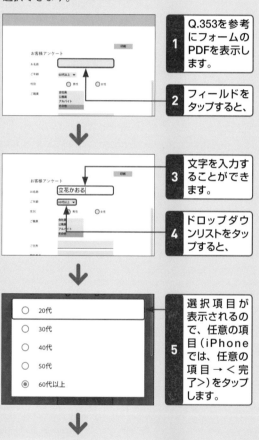

1 Q.353を参考にフォームのPDFを表示します。

2 フィールドをタップすると、

3 文字を入力することができます。

4 ドロップダウンリストをタップすると、

5 選択項目が表示されるので、任意の項目（iPhoneでは、任意の項目→＜完了＞）をタップします。

6 そのほかも同様に入力／選択します。

7 別画面に移動すると、自動的に内容が保存されます。

Q 380 » PDFにパスワードを設定したい！

作成

エディション Standard Pro Reader

A PDFを表示してメニューから設定します。

モバイル版Acrobat Readerでも、PDFにパスワードを設定することができます。パスワードを設定することで、パスワードで保護されたPDFのコピーがDocument Cloud上に作成されます。第三者に共有するときなどに便利です。

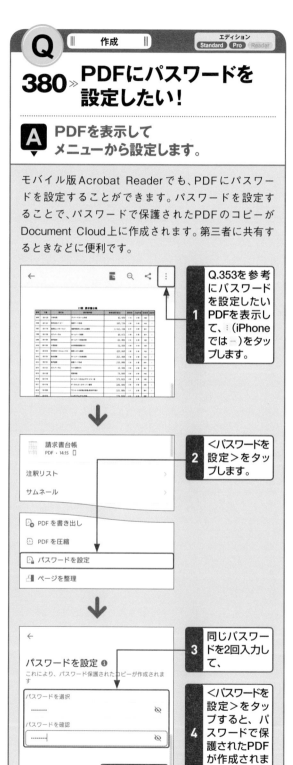

1 Q.353を参考にパスワードを設定したいPDFを表示して、 ⋮（iPhoneでは … ）をタップします。

2 ＜パスワードを設定＞をタップします。

3 同じパスワードを2回入力して、

4 ＜パスワードを設定＞をタップすると、パスワードで保護されたPDFが作成されます。

381 » 署名を作成したい！

A 「入力と署名」画面で作成できます。

モバイル版Acrobat Readerでは、PDF上にフリーハンドで署名を作成することができます。テキストを入力する必要がないため、すばやい署名が可能です。また、一度作成した署名は保存することができ、2回目以降は保存した署名を使うことができます。

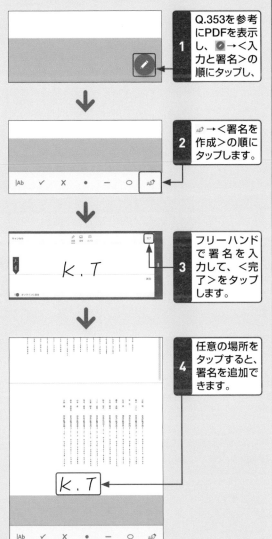

1 Q.353を参考にPDFを表示し、🖊 →＜入力と署名＞の順にタップし、

2 🖊 →＜署名を作成＞の順にタップします。

3 フリーハンドで署名を入力して、＜完了＞をタップします。

4 任意の場所をタップすると、署名を追加できます。

382 » 電子印鑑を押したい！

A 「入力と署名」画面から押すことができます。

署名は、「画像」や「カメラ」から作成し、保存することも可能です。あらかじめ用意した印鑑の画像、またはカメラで印鑑の写真を撮ることで、電子印鑑として署名を保存することもできます。

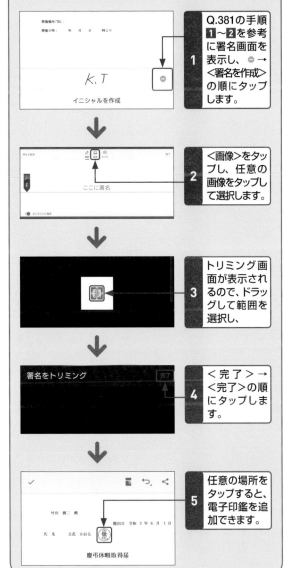

1 Q.381の手順1～2を参考に署名画面を表示し、⊖ →＜署名を作成＞の順にタップします。

2 ＜画像＞をタップし、任意の画像をタップして選択します。

3 トリミング画面が表示されるので、ドラッグして範囲を選択し、

4 ＜完了＞→＜完了＞の順にタップします。

5 任意の場所をタップすると、電子印鑑を追加できます。

PDF＆Acrobatの基本

1

表示と閲覧

2

印刷

3

編集と管理

4

作成と保護

5

校正とレビュー

6

フォームと署名

7

モバイル版

8

Document Cloud

9

Acrobat Web

10

Q 383 » ファイルを検索したい！

A 「検索」画面から行います。

PDFをたくさん保存しておくと、閲覧したいPDFを探すのに非常に手間がかかってしまいます。そのようなときは、検索機能を利用すると、キーワードを入力して検索するだけで、該当する名前のPDFが表示されるので便利です。

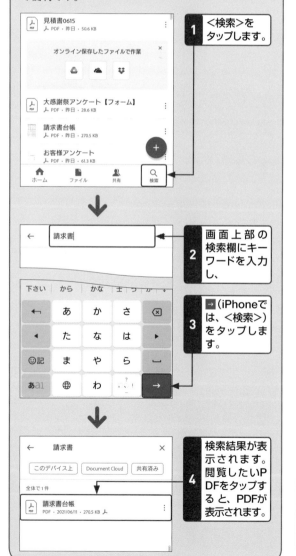

1 ＜検索＞をタップします。

2 画面上部の検索欄にキーワードを入力し、

3 →（iPhoneでは、＜検索＞）をタップします。

4 検索結果が表示されます。閲覧したいPDFをタップすると、PDFが表示されます。

Q 384 » ファイルの表示方法を変更したい！

A 日付や名前で並べ替えできます。

「ファイル」画面では、ファイルの一覧を日付や名前で並べ替えて表示することができます（無料版のAcrobat Readerの場合、Androidでは非対応、iPhoneでは日付や名前で並べ替えのみ対応）。なお、iPhoneでは、 ☰ と ▦ をタップすることで、表示方法を変更できます。

Android版では、ファイルの並べ替えのみ可能です。ファイル保存場所の画面右上の ⋮ →＜日付で並べ替え＞または＜名前で並べ替え＞の順にタップします。

iPhone版では、日付と名前での並べ替えのほか、ファイルを一覧表示にしたり、サムネイル表示にしたりできます。

PDFとAcrobatの基本 1
表示と閲覧 2
印刷 3
編集と管理 4
作成と保護 5
校正とレビュー 6
フォームと署名 7
モバイル版 8
Document Cloud 9
Acrobat Web 10

Q 385 ≫ ファイルをまとめて整理したい!

整理 / エディション Standard Pro Reader

A 長押しすると、複数のファイルを まとめて選択できます。

「ファイル」画面では、複数のファイルを選択して、移動したり削除したりすることができます。なお、iPhoneでは「ファイル」画面右上の☑ をタップすると、ファイルを複数選択できます。

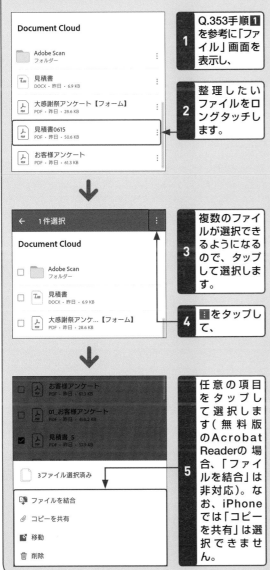

1 Q.353手順 **1** を参考に「ファイル」画面を表示し、

2 整理したいファイルをロングタッチします。

3 複数のファイルが選択できるようになるので、タップして選択します。

4 ⋮ をタップして、

5 任意の項目をタップして選択します(無料版のAcrobat Readerの場合、「ファイルを結合」は非対応)。なお、iPhoneでは「コピーを共有」は選択できません。

Q 386 ≫ ファイルを削除したい!

整理 / エディション Standard Pro Reader

A PDF横のアイコンをタップし 表示されるメニューから削除できます。

スマートフォンやオンラインストレージに保存してあるPDFを削除することができます。削除したいPDFの⋮(iPhoneでは⋯)をタップして、表示されるメニューから削除を選択します。

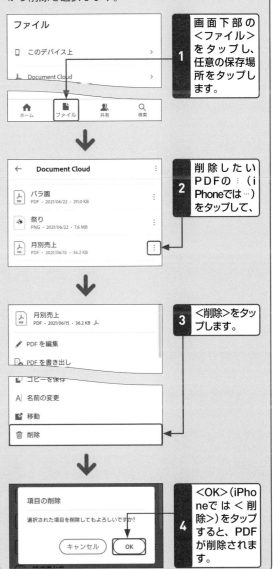

1 画面下部の<ファイル>をタップし、任意の保存場所をタップします。

2 削除したいPDFの⋮(iPhoneでは⋯)をタップして、

3 <削除>をタップします。

4 <OK>(iPhoneでは<削除>)をタップすると、PDFが削除されます。

PDFとAcrobatの基本

表示と閲覧

印刷

編集と管理

作成と保護

校正とレビュー

フォームと署名

8 モバイル版

Document Cloud

Acrobat Web

1
2
3
4
5
6
7
9
10

Q 共有 エディション Standard Pro Reader

387 » ファイルを共有したい！

A PDFを表示して
共有アイコンをタップします。

モバイル版Acrobat Readerでは、PDFをメールなどで共有することができます。PDFを表示して＜（iPhoneでは⬆）をタップするか、「ホーム」画面で⋮（iPhoneでは…）をタップして＜共有＞をタップすると「電子メールで招待する」画面が表示されるので、任意の共有方法を選択して送信します。なお、Androidでは「コピーを共有」を選択することもできます。共有したファイルは、「共有」画面で確認できます。

1 Q.353を参考にPDFを表示します。

2 ＜（iPhoneでは⬆）をタップします。

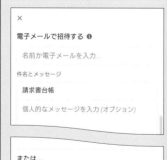

3 「電子メールで招待する」画面が表示されます。画面の指示に従って共有します。ここでは、＜共有＞（iPhoneでは＜リンクを取得＞）をタップします。

コピーを共有

4 「共有」画面が表示されます。＜リンクを作成＞をタップすると、共有リンクが作成されます。

Q 共有 エディション Standard Pro Reader

388 » ファイルのリンクを取得したい！

A 「共有」画面からリンクを作成して取得できます。

PDFを共有する以外に、PDFのリンクを共有することもできます。Q.387手順**4**のあと、作成された共有リンクとアプリのリストが表示されるので、共有先をタップして選択します。なお、リンクを共有するには、Adobe IDでサインインしている必要があります。

Q 管理 エディション Standard Pro Reader

389 » DropboxやGoogle Driveに保存したPDFを見たい！

A 「ファイル」画面からアカウントを追加します。

モバイル版Acrobat Readerでは、オンラインストレージとリンクさせて、PDFの閲覧などができます。以下はDropboxでの例です。

「ファイル」画面から＜Dropbox＞→＜アカウントを追加＞の順にタップし、画面の指示に従ってログインすると、Dropbox内のPDFを表示できるようになります。

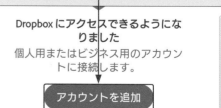

Document Cloudの
「こんなときどうする?」

Q ||| Document Cloud |||

390 ≫ Document Cloudって何？

A Adobeのクラウドストレージサービスです。

Adobe Document Cloud（以下Document Cloud）とは、Adobeが提供しているクラウドストレージサービスです。AcrobatはDocument Cloudと連携しており、PDFだけでなくMicrosoft Word、Excel、PowerPointなどのさまざまなファイルをDocument Cloudのストレージで閲覧・管理・共有することができます。外出先などAcrobatが利用できない環境でも、WebブラウザからDocument Cloudにアクセスできるため、効率的な作業を実現できます。なお、Document Cloudでは2GBのストレージを無料で利用でき、Acrobatの有料版を購入している場合は100GBのストレージが利用できます。また、Document Cloudはモバイル版にも対応しているため、スマートフォンからもファイルの閲覧や管理が可能です。

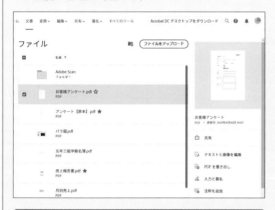

パソコンやスマートフォンからDocument Cloudにアクセスすることで、いつでもどこからでもファイルを確認できます。

ファイルにスターを付けることで、ファイルをお気に入りに追加して管理することができます。ファイルの整理に役立ちます。

Document Cloud内のファイルをほかのユーザーと共有することが可能です。

共有ファイルにはコメントや注釈を追加でき、共有したユーザーどうしで確認できます。

391 》Document Cloudを利用したい！

A WebブラウザからAdobe IDでログインする必要があります。

Document Cloudへログインするには、Adobe IDが必要です。ここでは、Windows 10のMicrosoft Edgeでログインする場合を例に解説します。

ログインには、Adobe IDのアカウントが利用可能です。アカウントを持っていない場合は、手順**3**の画面で＜アカウントを作成＞をクリックし、画面の指示に従ってアカウントを作成します。モバイル版のDocument Cloudにログインする場合も、手順に大きな違いはありません。パソコン版と同じアカウントでログインすると、パソコンとモバイルから同一のファイルを管理したり利用したりすることが可能です。

また、AcrobatからAdobe IDでログインすると、ホームビューでDoucment Cloudのファイルが表示されます。パソコン版とモバイル版と同じファイルがAcrobatでも利用できます。

1 Webブラウザで「https://documents.adobe.com/」にアクセスします。

2 ログインに利用するアカウント（ここでは＜Adobeでログイン＞）をクリックします。

3 メールアドレスを入力します。

4 ＜続行＞をクリックします。

5 パスワードを入力します。

6 ＜続行＞をクリックします。

7 ログインが完了し、ホーム画面が表示されます。

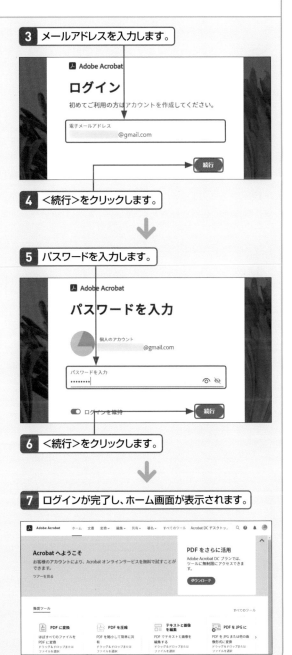

PDFとAcrobatの基本　1

表示と閲覧　2

印刷　3

編集と管理　4

作成と保護　5

校正とレビュー　6

フォームと署名　7

モバイル版　8

Document Cloud　9

Acrobat Web　10

PDFとAcrobatの基本

1

表示と閲覧

2

印刷

3

編集と管理

4

作成と保護

5

校正とレビュー

6

フォームと署名

7

モバイル版

8

Document Cloud

9

Acrobat Web

10

Q ‖ Document Cloud ‖

392≫Document Cloudの基本画面について知りたい！

A ファイルの管理やツールの使用ができます。

ホーム画面には最近使用したファイルやAdobeが推奨するツールなどが表示されます。ナビゲーションバーやナビゲーションウィンドウからサービスを選択し、ファイルの管理などを行います。モバイル版のDocument Cloudでも、パソコン版と同様の操作ができます。パソコン版で利用しているアカウントでログインすると、外出先でもファイルの管理や検索をすることができます。

パソコン版の基本画面

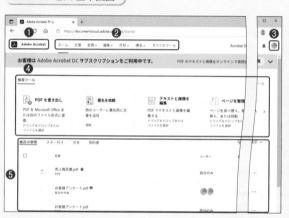

名称	機能
❶ ホームボタン	クリックすると、Adobe Acrobat ホームを表示します。
❷ ナビゲーションバー	サービスを選択するとアクションを実行します。
❸ アカウントアイコン	アカウント情報の確認や設定の変更、ログアウトなどの操作ができます。
❹ 推奨ツール	Adobeが推奨するツールが表示されます。
❺ 最近の使用	最近使用したファイルが表示されます。

モバイル版の基本画面

名称	機能
❶ ナビゲーション	タップすると、ナビゲーションウィンドウが表示されます。
❷ アカウントアイコン	アカウント情報の確認や設定の変更、ログアウトなどの操作ができます。
❸ 推奨ツール	Adobeが推奨するツールが表示されます。
❹ 最近の使用	最近使用したファイルが表示されます。

Q 393 » 表示言語を切り替えるには？

A アカウントアイコンをクリックして設定画面を表示します。

‖ Document Cloud ‖ エディション Standard Pro Reader

まれに、パソコン版Document Cloud が英語で表示されることがあります。言語設定を切り替えることで、日本語表示にできます。

1 ホーム画面で、右上のアカウントアイコンをクリックします。

Start free trial

2 <Settings>をクリックします。

永瀬 佳子
@gmail.com
Adobe Account

Do more with PDF
Get unlimited tool ac
Acrobat DC plan

ACROBAT
Settings
My plan

3 「User locale」の ∨ をクリックして、切り替えたい言語を選択します。

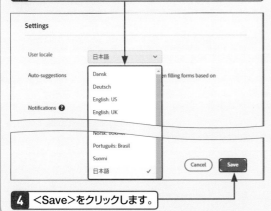

Settings

User locale　日本語 ∨

Auto-suggestions　　en filling forms based on

Dansk
Deutsch
English: US
English: UK

Norsk: Bokmål
Português: Brasil
Suomi
日本語 ✓

Notifications

Cancel　Save

4 <Save>をクリックします。

Q 394 » 通知を受け取らないようにしたい！

A 設定画面から変更できます。

‖ Document Cloud ‖ エディション Standard Pro Reader

Document Cloud の通知は設定から無効にすることができます。なお、モバイル版やAcrobat での通知設定はそれぞれ変更が必要です。

1 ホーム画面で、右上のアカウントアイコンをクリックします。

nous_home&x...

ル　Acrobat DC デスクトッ...

2 <設定>をクリックします。

編集 ∨　共有 ∨　署名 ∨　すべてのツール　Acrobat DC デスクトッ...

立花 かおる さん
@gmail.com
アドビアカウント

インサービスを無料で試すことが

PD
Ad
ツ
す。

ACROBAT
設定
プラン
ログアウト

3 「通知を有効にする」のチェックを外します。

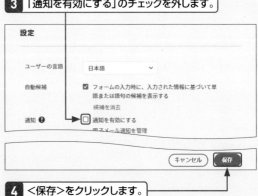

設定

ユーザーの言語　日本語 ∨

自動候補　☑ フォームの入力時に、入力された情報に基づいて単語または語句の候補を表示する
候補を消去

通知　☐ 通知を有効にする
メール通知を管理

キャンセル　保存

4 <保存>をクリックします。

PDFとAcrobatの基本

1

表示と閲覧

2

印刷

3

編集と管理

4

作成と保護

5

校正とレビュー

6

フォームと署名

7

モバイル版

8

Document Cloud

9

Acrobat Web

10

Q 395 ｜｜ ファイル操作 ｜｜ エディション Standard Pro Reader

最近使用したファイルの一覧をクリアしたい！

A ホーム画面で＜一覧をクリア＞をクリックします。

ホーム画面には最近使用したファイルが表示されますが、ホーム画面で＜一覧をクリア＞をクリックすることで表示されなくなります。ファイルが削除されることはありません。

1 ホーム画面で下方向にスクロールします。

2 ＜一覧をクリア＞をクリックします。

3 ＜消去＞をクリックします。

最近使用したファイルの一覧をクリア

最近使用したファイルの一覧をクリアすると、最近使用したファイルは表示されなくなりますが、削除はされません。

キャンセル　消去

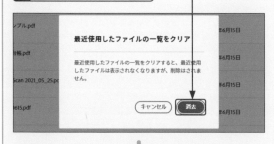

4 最近使用したファイルが表示されなくなります。

Q 396 ｜｜ ファイル操作 ｜｜ エディション Standard Pro Reader

Document Cloud内のすべてのファイルやフォルダを表示したい！

A ホーム画面で＜文書＞をクリックします。

ホーム画面で＜文書＞をクリックすると、Document Cloud内のすべてのファイルやフォルダを確認することができます。

1 ホーム画面で＜文書＞をクリックします。

2 Document Cloud内のすべてのファイルやフォルダが表示されます。

Q 397 » Document Cloud内の PDFをお気に入りに追加したい!

A スターを付けることで
お気に入りに追加できます。

Document Cloudのファイルはスターを付けることで
お気に入りに追加することができます。スター付きの
ファイルはまとめて表示できます（Q.398参照）。

1 Q.396を参考にホーム画面で＜文書＞をクリックし、
ファイルを表示します。

2 スター付きに追加したいファイルにマウスカーソル
を合わせます。

3 ファイル名の横に☆が表示されるので、クリックし
ます。

4 ファイルがスター付きに追加されます。

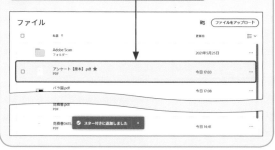

Q 398 » お気に入りに追加した ファイルを表示したい!

A 「文書」画面で＜スター付き＞を
クリックします。

スターを付けたファイル（Q.397参照）はスター付き
というフォルダにまとめられます。重要な書類をまと
めたいときなどに役立ちます。

1 ホーム画面で＜文書＞をクリックします。

2 ＜スター付き＞をクリックします。

3 スター付きに追加されているすべてのファイルが表
示されます。

PDFとAcrobatの基本 1
表示と閲覧 2
印刷 3
編集と管理 4
作成と保護 5
校正とレビュー 6
フォームと署名 7
モバイル版 8
Document Cloud 9
Acrobat Web 10

<table>
<tr><td>Q</td><td>ファイル操作</td><td>エディション Standard Pro Reader</td></tr>
</table>

399 » Document Cloud内の契約書やテンプレートを表示したい!

A 「文書」画面で＜すべての契約書＞をクリックします。

Document Cloudでは、Adobe Signでアップロードした電子署名に関するPDFを、処理中、処理待ち、完了、テンプレートなどのステータスでフィルタリングすることが可能です（無料版のAcrobat Readerの場合、テンプレートの表示は非対応）。

1 Q.396を参考にホーム画面で＜文書＞をクリックし、ファイルを表示します。

2 ＜すべての契約書＞をクリックします。

3 Document Cloud内のすべてのAdobe Signで電子署名されたPDFが表示されます。

4 ＜テンプレート＞をクリックします。

5 テンプレートが表示されます。

<table>
<tr><td>Q</td><td>ファイル操作</td><td>エディション Standard Pro Reader</td></tr>
</table>

400 » Document Cloud内のファイルを並べ替えたい!

A 名前、更新日、追加日で並べ替えることができます。

Document Cloud内のファイルは名前、更新日、追加日で並べ替えることができます。昇順・降順の変更も可能です。

1 Q.396を参考にホーム画面で＜文書＞をクリックし、ファイルを表示します。

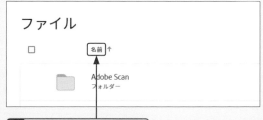

2 ＜名前＞をクリックします。

3 ＜名前＞＜更新日＞＜追加日＞からクリックして選択します。

4 ファイルが並べ替えられます。

PDFとAcrobatの基本 1
表示と閲覧 2
印刷 3
編集と管理 4
作成と保証 5
校正とレビュー 6
フォームと署名 7
モバイル版 8
Document Cloud 9
Acrobat Web 10

Q 401 ‖ ファイル操作 ‖
エディション Standard Pro Reader

Document Cloud内のファイルを検索したい！

A 「文書」画面で🔍をクリックします。

ファイル名やファイルの形式名から、Document Cloud内のファイルを検索することができます。ファイルやフォルダの数が多く、利用したいファイルが見つからないときなどに便利です。

1 Q.396を参考にホーム画面で＜文書＞をクリックし、🔍をクリックします。

2 検索したい文字を入力し、Enter キーを押します。

3 検索結果が表示されます。

Q 402 ‖ ファイル操作 ‖
エディション Standard Pro Reader

Document Cloud内のファイル名を変更したい！

A 「文書」画面で＜名前を変更＞をクリックします。

Document Cloudでは、いつでもファイル名を変更することができます。ファイルの整理をするときなどに利用しましょう。

1 Q.396を参考にホーム画面で＜文書＞をクリックし、ファイルを表示します。

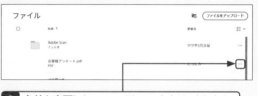

2 名前を変更したいファイルの … をクリックします。

3 ＜名前を変更＞をクリックします。

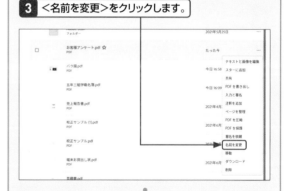

4 ファイル名を入力します。

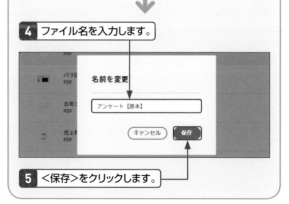

5 ＜保存＞をクリックします。

Q 403 》 Document Cloudに ファイルをアップロードしたい!

A 「文書」画面で＜ファイルをアップロード＞をクリックします。

Document Cloudでは、一度に100MBまで（圧縮PDFの場合は500MBまで）のサイズのファイルをアップロードすることができます。100MB以下であれば、複数のファイルを同時にアップロードすることも可能です。なお、フォルダのアップロードはできません。

1 Q.396を参考にホーム画面で＜文書＞をクリックし、＜ファイルをアップロード＞をクリックします。

2 Document Cloudにアップロードしたいファイルを選択します。

3 ＜開く＞をクリックします。

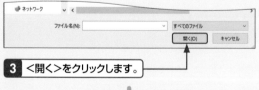

4 選択したファイルがアップロードされます。

Q 404 》 Document Cloud内の ファイルをダウンロードしたい!

A 「文書」画面で＜ダウンロード＞をクリックします。

Document Cloudに保存されているPDFは、いつでもダウンロードすることが可能です。外出先でファイルが必要になった場合などに役立ちます。

1 Q.396を参考にホーム画面で＜文書＞をクリックし、ファイルを表示します。

2 ダウンロードしたいファイルにマウスカーソルを合わせ、□をクリックします。

3 ＜ダウンロード＞をクリックします。

4 ファイルがダウンロードされます。

Q 405 » Document Cloudに新しいフォルダを作成したい！

A 「文書」画面で をクリックします。

Document Cloudでは、フォルダを作成することができます。Document Cloud内のファイルを整理するときなどに利用できます。

1 Q.396を参考にホーム画面で＜文書＞をクリックし、ファイルを表示します。

2 をクリックします。

3 フォルダ名を入力します。

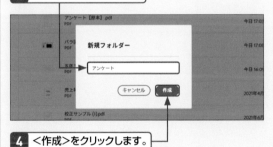

4 ＜作成＞をクリックします。

5 作成したフォルダが追加されます。

Q 406 » Document Cloud内のファイルを移動したい！

A 「文書」画面で＜移動＞をクリックします。

作成したフォルダにファイルを移動することによりファイルを整理できます。ファイルの数が多い場合などに役立ちます。

1 Q.396を参考にホーム画面で＜文書＞をクリックし、ファイルを表示します。

2 移動したいファイルにマウスカーソルを合わせ、□ をクリックします。

3 ＜移動＞をクリックします。

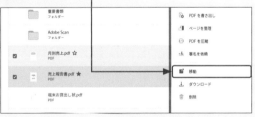

4 移動先のファイルを選択し、＜移動＞をクリックします。

PDFとAcrobatの基本　1

表示と閲覧　2

印刷　3

編集と管理　4

作成と保護　5

校正とレビュー　6

フォームと署名　7

モバイル版　8

Document Cloud　9

Acrobat Web　10

Q 407 » Document Cloud内の ファイル操作 エディション Standard Pro Reader
ファイルを削除したい!

A 「文書」画面で複数のファイルを
選択して<削除>をクリックします。

Document Cloudでは、選択したファイルを削除する
ことができます。2つ以上のファイルを同時に削除す
ることも可能です。

1 Q.396を参考にホーム画面で<文書>をクリックし、
ファイルを表示します。

2 削除したいファイルの … をクリックします。

3 <削除>をクリックします。

4 <続行>をクリックします。

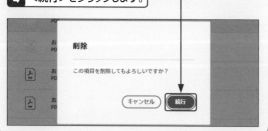

Q 408 » Document Cloud内のPDFを ファイル操作 エディション Standard Pro Reader
サムネイル表示したい!

A リスト表示とサムネイル表示から
選択できます。

Document Cloud内のPDFは、リスト表示からサムネ
イル表示に変更することができます。自分が見やすい
表示方法を設定しましょう。

1 Q.396を参考にホーム画面で<文書>をクリックし、
ファイルを表示します。

2 ≔をクリックします。

3 ▦をクリックします。

4 PDFがサムネイルで表示されます。

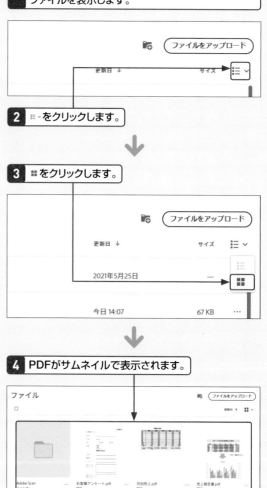

409 » Document Cloud内の PDFを表示したい！

A 「文書」画面でファイルを クリックします。

ファイルの一覧からPDFを表示するには、表示したい PDFをクリックします。

1 Q.396を参考にホーム画面で＜文書＞をクリックし、 ファイルを表示します。

2 表示したいファイルにマウスカーソルを合わせ、□ をクリックします。

3 画面の右側にプレビューが表示されます。

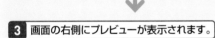

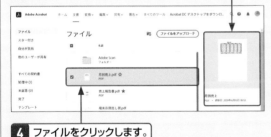

4 ファイルをクリックします。

5 PDFが表示されます。

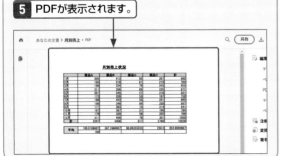

410 » PDFを画面に合わせた サイズで表示したい！

A ツールバーのアイコンを クリックします。

Document CloudでPDFを表示した場合、PDFの表示 サイズを選択することができます。表示サイズは「画面 幅に調整」と「ページ全体を表示」の2種類です。

1 PDFを表示し、画面下部のツールバーの□をクリッ クします。

2 PDFが、表示画面の幅に合うよう調整された状態 で表示されます。

3 手順**1**で□をクリックした場合、PDFのページ全体 が表示されるよう調整されます。

PDFとAcrobatの基本 1
表示と閲覧 2
印刷 3
編集と管理 4
作成と保護 5
校正とレビュー 6
フォームと署名 7
モバイル版 8
Document Cloud 9
Acrobat Web 10

PDFとAcrobatの基本

1

表示と閲覧

2

印刷

3

編集と管理

4

作成と保護

5

校正とレビュー

6

フォームと署名

7

モバイル版

8

Document Cloud

9

Acrobat Web

10

Q 表示 | エディション Standard Pro Reader

411 》 PDFを拡大／縮小して表示したい！

A ツールバーから拡大／縮小の操作ができます。

Document Cloudでは、PDFの表示倍率を変更することができます。PDFの内容や使用しているデバイスに合わせて調整しましょう。

1 PDFを表示し、画面下部のツールバーの⊕をクリックします。

2 PDFが拡大表示されます。

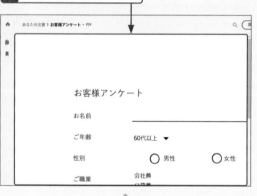

3 手順**1**で⊖をクリックした場合、PDFが縮小表示されます。

Q 表示 | エディション Standard Pro Reader

412 》 ツールバーの表示を消すには？

A ドッキングの解除によりPDFをより広く表示できます。

通常、PDFの拡大／縮小などの操作を行うツールバーは画面下部に固定され、常に表示されている状態ですが、ドッキングを解除することによって、操作をしていない間、ツールバーの表示を消すことができます。PDFをより広く表示することが可能です。

1 PDFを表示し、画面下部のツールバーの📑をクリックします。

2 ツールバーが画面下部から離れた状態で表示されます。

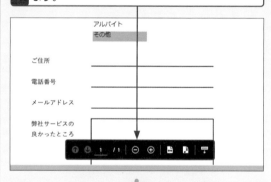

3 数秒経過すると、ツールバーの表示が消えます。

アルバイト
その他

ご住所

電話番号

メールアドレス

弊社サービスの
良かったところ

PDFとAcrobatの基本　1
表示と閲覧　2
印刷　3
編集と管理　4
作成と保護　5
校正とレビュー　6
フォームと署名　7
モバイル版　8
Document Cloud　9
Acrobat Web　10

Q 413 » ファイルを共有するには？

共有　エディション Standard Pro Reader

A 「文書」画面で＜共有＞をクリックします。

Document Cloudでは、ファイルへのリンクを送信することによりファイルを共有します。リンクを受け取ったユーザーは、Adobe IDやDocument Cloudのアカウントを持っていなくてもファイルにアクセスできます。

1 Q.396を参考にホーム画面で＜文書＞をクリックし、ファイルを表示します。

2 共有したいファイルにマウスカーソルを合わせ、…→＜共有＞の順にクリックします。

3 共有方法の選択画面が表示されます。

4 ＜他の人と共有＞をクリックします。

5 メールアドレスを入力し、＜送信＞をクリックすると、リンクが送信されます。

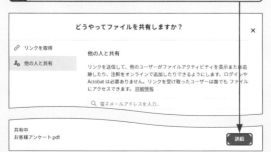

Q 414 » 共有したファイルのリンクを取得するには？

共有　エディション Standard Pro Reader

A 「文書」画面で＜共有＞をクリックし＜リンクを作成＞をクリックします。

ファイルへのリンクは作成することで取得できます。取得したリンクはメールやSNSなどにペーストすることでファイルの共有に利用できます。

1 Q.396を参考にホーム画面で＜文書＞をクリックし、ファイルを表示します。

2 共有したいファイルにマウスカーソルを合わせ、…→＜共有＞の順にクリックします。

3 ＜リンクを作成＞をクリックします。

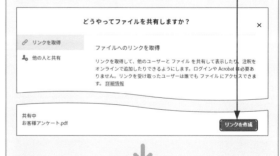

4 ファイルへのリンクが作成されます。＜リンクをコピー＞をクリックすると、クリップボードにコピーされます。

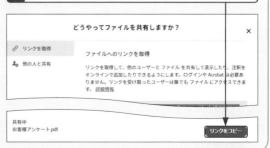

PDFとAcrobatの基本

1

表示と閲覧

2

印刷

3

編集と管理

4

作成と保護

5

校正とレビュー

6

フォームと署名

7

モバイル版

8

Document Cloud

9

Acrobat Web

10

Q
Q ‖ 共有 ‖ エディション Standard Pro Reader

415 ≫ 共有されたファイルを 閲覧するには?

A リンクや<開く>をクリックします。

ファイルへのリンクを受け取った場合は、メールに記載されているリンクや<開く>をクリックすることにより閲覧することができます。

1 メールを表示し、<開く>をクリックします。

2 確認画面が表示されるので、<続行>をクリックします。

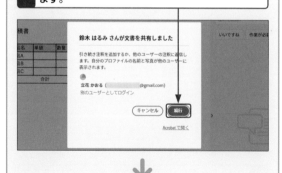

3 共有されたファイルが表示されます。

Q ‖ 共有 ‖ エディション Standard Pro Reader

416 ≫ 共有されたファイルを ダウンロードするには?

A 「文書」画面の<他のユーザーが共有>からファイルを表示します。

ほかのユーザーから共有されたファイルも、通常のファイルと同様にダウンロードすることができます。なお、ダウンロードの手順は通常のファイルと異なります。

1 Q.396を参考にホーム画面で<文書>をクリックし、ファイルを表示します。

2 <他のユーザーが共有>をクリックします。

3 ダウンロードしたいファイルをクリックします。

4 ↓をクリックします。

PDFとAcrobatの基本 1
表示と閲覧 2
印刷 3
編集と管理 4
作成と保護 5
校正とレビュー 6
フォームと署名 7
モバイル版 8
Document Cloud 9
Acrobat Web 10

Q 417 共有 ｜ファイルの共有状況を確認するには？

A ＜自分が共有＞または＜他のユーザーが共有＞をクリックします。

共有したファイルや共有されたファイルは、Document Cloudで共有状況を確認できます。Document Cloudでは、共有しているユーザー、ステータス、最終アクティビティが一覧で表示されます。

1 Q.396を参考にホーム画面で＜文書＞をクリックし、ファイルを表示します。

ここをクリックするとほかのユーザーが共有したファイルが表示されます。

2 ＜自分が共有＞をクリックします。

3 自分が共有したファイルの共有状況が表示されます。

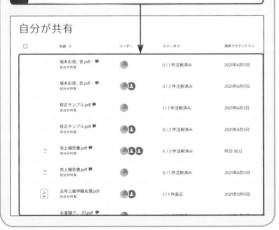

Q 418 共有 ｜共有ファイルに期限を設定するには？

A ＜自分が共有＞の＜期限を指定＞をクリックします。

共有したファイルには期限を設定することができます。期限はファイルを共有しているすべてのユーザーに表示され、期限後は共有が解除されます。

1 Q.417を参考に自分が共有したファイルを表示します。

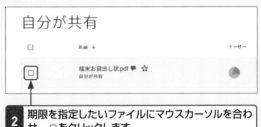

2 期限を指定したいファイルにマウスカーソルを合わせ、□をクリックします。

3 ＜期限を指定＞をクリックします。

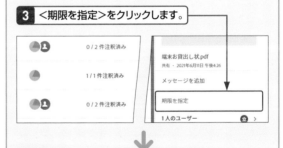

4 期限にしたい日付をクリックして選択し、＜追加＞をクリックします。

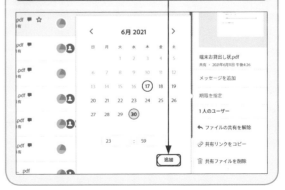

PDFとAcrobatの基本　1
表示と閲覧　2
印刷　3
編集と管理　4
作成と保護　5
校正とレビュー　6
フォームと著名　7
モバイル版　8
Document Cloud　9
Acrobat Web　10

Q 共有　エディション Standard Pro Reader

419 » 共有ファイルの コメントを確認するには?

A ファイルを表示すると コメントを確認できます。

共有したファイルにコメントの付いた注釈がある場合、画面右のパネルにコメントの一覧が表示されます。クリックすることでコメントを確認し、返信を追加することができます。また、こちらから新規に注釈コメントやハイライト、手書きなどの注釈でコメントを付けることも可能です。

1 Q.417を参考にほかのユーザーが共有したファイルを表示し、コメントを確認したいファイルをクリックします。

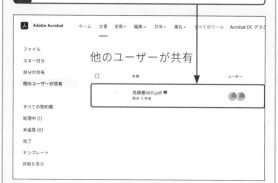

2 コメントをクリックすると、コメントに対する返信を追加できます。

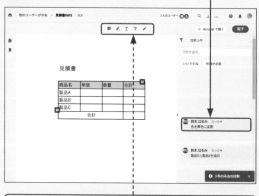

クリックすることでコメント注釈やハイライト、手書きなどの注釈とコメントが付けられます。

Q 共有　エディション Standard Pro Reader

420 » ファイルの共有を 解除するには?

A <自分が共有>の<ファイルの共有 を解除>をクリックします。

共有の必要がなくなったファイルは、自分が共有したファイルであれば共有を解除することができます。

1 Q.417を参考に自分が共有したファイルを表示します。

2 共有を解除したいファイルにマウスカーソルを合わせ、□をクリックします。

3 <ファイルの共有を解除>をクリックします。

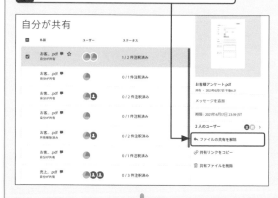

4 <共有解除>をクリックします。

ファイルの共有を解除

このファイルを共有解除しますか? 受信者はこのファイルを表示できなくなります。

[キャンセル]　[共有解除]

Q 421 » AcrobatでDocument Cloudを利用したい！

Acrobat — エディション Standard Pro Reader

A ホームビューで＜Document Cloud＞をクリックします。

AcrobatからDocument Cloudを利用するには、Adobe IDでログインするだけです。ホームビューで＜Document Cloud＞をクリックすれば、Document Cloud内のファイルが表示され、閲覧・管理することができます。

1 Acrobatを起動し、Document Cloudを利用しているアカウントを使用してログインします。

2 ホームビューで＜Document Cloud＞をクリックします。

3 Document Cloud内のファイルが表示されます。

Adobe Document Cloud

□	名前 ↑	追加日	サイズ
	Adobe Scan フォルダー	—	—
	お客様アンケート PDF	6月16日	67 KB
□	アンケート【原本】 PDF	6月15日	67 KB
	バラ園 PDF	6月15日	183 KB

Q 422 » AcrobatでDocument Cloudのファイルを管理したい！

Acrobat — エディション Standard Pro Reader

A ホームビューから行います。

Acrobatのホームビューで＜Document Cloud＞をクリックすると、Document Cloud内のファイルが表示されます。パソコン版と同様の操作で、ファイルの移動や削除、ファイル名の変更、フォルダの作成、共有などが行えます。

1 Acrobatを起動し、ホームビューの＜Document Cloud＞をクリックします。

2 Document Cloudに保存されているファイルが一覧で表示されます。ファイルをクリックして選択すると、

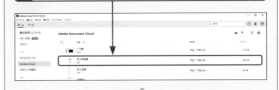

3 右側にメニューやプレビューが表示され、ファイルの管理を行うことができます。

PDFとAcrobatの基本 1

表示と閲覧 2

印刷 3

編集と管理 4

作成と保護 5

校正とレビュー 6

フォームと署名 7

モバイル版 8

Document Cloud 9

Acrobat Web 10

Q 423 》 AcrobatでDocument Cloudのファイルを表示したい!

Acrobat

エディション
Standard / Pro / Reader

A ホームビューでDocument Cloudのファイルをクリックします。

AcrobatでDocument Cloudのファイルを開くには、Document Cloud内のファイルが表示された画面でファイルをダブルクリックします。ファイルを選択して表示される右側のパネルから、直接「PDFを編集」ツールや「ページを整理」ツールなどの画面を表示することもできます。

1 Q.422を参考にDocument Cloudに保存されているファイルを表示して、開きたいファイルをダブルクリックします。

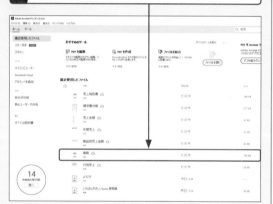

↓

2 ファイルが開きます。ここからファイルを編集することもできます。

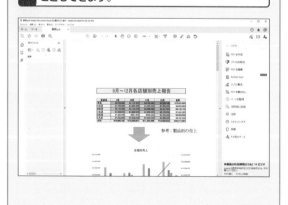

Q 424 》 AcrobatでDocument Cloudにファイルを保存したい!

Acrobat

エディション
Standard / Pro / Reader

A ファイルの保存画面で<Document Cloud>を選択します。

AcrobatからDocument Cloudにファイルを保存するには、<ファイル>→<名前を付けて保存>の順にクリックして表示される「PDFとして保存」画面で、<Document Cloud>クリックします。

1 ファイルを開いた状態で、メニューバーの<ファイル>をクリックし、

2 <名前を付けて保存>をクリックします。

↓

3 <Document Cloud>をクリックして、

4 ファイル名を入力し、

5 <保存>をクリックします。

第 **10** 章

Acrobat Webの
「こんなときどうする？」

PDFとAcrobatの基本 1

表示と閲覧 2

印刷 3

編集と管理 4

作成と保護 5

校正とレビュー 6

フォームと署名 7

モバイル版 8

Document Cloud 9

Acrobat Web 10

425 ≫ Acrobat Webって何？

A PDFの編集や作成などを行うことができるオンラインサービスです。

Acrobat Webとは、Adobeが提供しているオンラインサービス版のAcrobatです。OfficeファイルなどのPDF変換や、PDFへのテキストの追加、ページ整理、結合などを行うことが可能です。ほとんどの機能はAcrobat Webのホームページにアクセスすることで利用できます。そのため、アプリケーションをダウンロードする必要はありません。

利用できるツールには、さまざまなファイルをPDFに変換できる「変換」、ページの追加や並べ替えができる「編集」、ファイルを共有したりPDFにパスワードを設定したりできる「共有」、署名の依頼や追加が行える「署名」などがあります。

Acrobat Webでは、変換や編集などさまざまなツールが用意されており、それぞれのツール内にも多くの機能があります。

PDFにパスワードを設定することができ、セキュリティ対策に役立ちます。機密性の高い文書を扱う場合などに利用しましょう。

操作が簡略化されており、ほとんどの作業はファイルをドラッグ&ドロップでアップロードし、変換や編集を行ってファイルをダウンロードすることで行えます。

ファイルに自分の署名を追加したり、ほかのユーザーに署名を依頼したりすることができます。ファイルを印刷することなく文書にサインをすることが可能です。

Q 426 ≫ Acrobat Webを使いたい！

‖Acrobat Web‖　エディション　Standard　Pro　Reader

A 誰でも無料で利用することができます。

Acrobat Webは、Adobe IDなどのアカウントでログインすることにより誰でも無料で利用することができます。なお、無料版の場合、一部の機能には利用できる回数に制限があります（Q.427参照）。

1 Webブラウザで「https://documents.adobe.com/」にアクセスします。

2 Q.391を参考にAcrobat Webにログインします。

3 Acrobat Webのホーム画面が表示されます。

Q 427 ≫ Acrobat Webの回数や機能の制限をなくしたい！

‖Acrobat Web‖　エディション　Standard　Pro　Reader

A 有料版のAdobe IDでログインする必要があります。

Acrobat Web は無料で利用することができますが、変換やファイルの結合などの一部の機能には、利用できる回数や機能に制限があります。回数制限をなくすためには、有料版のAcrobat を購入したAdobe ID が必要です。

1 変換などの機能を使用すると、有料版の案内が表示されます。

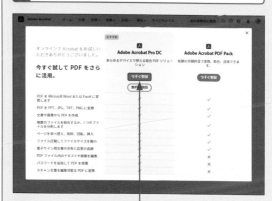

2 ＜今すぐ登録＞をクリックします。

3 注文の内容を確認し、必要事項を記入します。

4 ＜注文する＞をクリックします。

Q 428 ≫ URLを直接入力して編集機能にアクセスするには?

‖Acrobat Web‖

エディション Standard Pro Reader

A 「.new」のURLを入力します。

Adobeは、さまざまなファイルをPDFに変換する「PDF.new」、入力と署名を行う「Sign.new」、PDFを圧縮する「CompressPDF.new」、Microsoft WordをPDFに変換する「ConvertPDF.new」「WordtoPDF.new」などのURLを用意しています。これらの機能はAdobe IDがなくても利用できるものもあります。

URL	機能
PDF.new	さまざまなファイルをPDFに変換する
ConvertPDF.new	
Sign.new	フォームに入力して署名を追加する
CompressPDF.new	PDFを圧縮する
WordtoPDF.new	Microsoft WordをPDFに変換する

1 Webブラウザを表示し、URL（ここでは「PDF.new」）を入力し、Enterキーを押します。

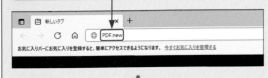

2 ファイルをPDFに変換する機能に直接アクセスできます。

Q 429 ≫ Acrobat WebでPDFのページを整理したい!

‖ 編集 ‖

エディション Standard Pro Reader

A 「編集」画面で<ページを整理>をクリックします。

Acrobat Webでは、PDFのページの並べ替えや削除などによりPDFを整理することが可能です。

1 Q.426を参考にAcrobat Webのホーム画面を表示します。

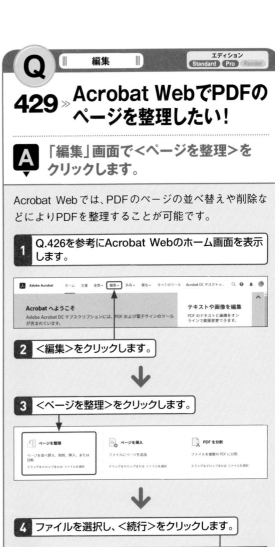

2 <編集>をクリックします。

3 <ページを整理>をクリックします。

4 ファイルを選択し、<続行>をクリックします。

5 並べ替えや削除、回転などでページを整理します。

6 <保存>をクリックして、画面の指示に従いPDFを保存します。

PDFとAcrobatの基本 1

表示と閲覧 2

印刷 3

編集と管理 4

作成と保護 5

校正とレビュー 6

フォームと署名 7

モバイル版 8

Document Cloud 9

Acrobat Web 10

Q 430 » Acrobat WebでパソコンにあるPDFを編集したい！

編集 | Standard | Pro | Reader | エディション

A ファイルの選択画面で＜マイコンピューター＞を選択します。

Acrobat WebではAdobe IDでサインインしていればDocument Cloudのファイルが利用できますが、パソコンのファイルをアップロードして編集することもできます。ファイルの選択画面で＜マイコンピューター＞をクリックし、パソコンのファイルをドラッグ＆ドロップするか、＜ユーザーのデバイスからファイルを追加＞をクリックしてファイルを選択します。操作によっては、ファイルがDocument Cloudに保存される場合もあります。

1 ファイルの選択画面で、＜マイコンピューター＞をクリックします。

2 ＜ユーザーのデバイスからファイルを追加＞をクリックします。

3 ファイルを選択し、＜開く＞をクリックします。

Q 431 » Acrobat Webで編集したPDFを保存するには？

編集 | Standard | Pro | Reader | エディション

A ＜保存＞や＜閉じる＞をクリックすると変更内容が保存されます。

Acrobat Webで編集した内容は、＜閉じる＞をクリックすることで保存されます。また、編集の途中であっても編集した内容は自動保存されています。

1 編集しているPDFを表示し、＜保存＞や＜閉じる＞をクリックします。

2 「保存中」と表示されます。

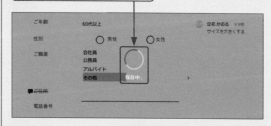

3 PDFがフルプレビューで表示されます。共有やダウンロード、印刷などの操作を行えます。

PDFとAcrobatの基本

1

表示と閲覧

2

印刷

3

編集と管理

4

作成と保護

5

校正とレビュー

6

フォームと署名

7

モバイル版

8

Document Cloud

9

Acrobat Web

10

Q 編集　エディション Standard Pro Reader

432 Acrobat WebでPDFのページを回転したい!

A 「編集」画面で<ページを回転>をクリックします。

Acrobat Web では、PDFのページを右方向または左方向に90度回転させることができます。ページの向きを直したいときなどに役立ちます。

1 Q.429を参考に、「編集」画面を表示します。

2 <ページを回転>をクリックします。

3 ファイルを選択し、<続行>をクリックします。

4 ◦または◦をクリックして、ページを回転させます。

5 <保存>をクリックして、画面の指示に従いPDFを保存します。

Q 編集　エディション Standard Pro Reader

433 Acrobat WebでPDFのページを追加したい!

A 「編集」画面で<ページを挿入>をクリックします。

Acrobat Webでは、PDFにページを追加できます。ページを追加したあとに並べ替えや削除、回転を行うことも可能です。

1 Q.429を参考に、「編集」画面を表示します。

2 <ページを挿入>をクリックし、ファイルを選択します。

3 ページを追加したい位置の + をクリックします。

4 追加したいファイルを選択し、<続行>をクリックします。

5 ページが追加されます。

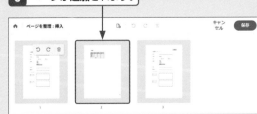

Q 434 ≫ Acrobat Webで PDFのページを入れ替えたい!

A 「編集」画面で<ページを並べ替え>を クリックします。

Acrobat Webでは、PDFのページを入れ替えることが できます。2ページ以上をまとめて入れ替えることも 可能です。

1 Q.429を参考に、「編集」画面を表示します。

2 <ページを並べ替え>をクリックし、ファイルを選択 します。

3 移動したいページをクリックし、並べ替えたい位置 にドラッグします。

4 ドロップすると、ページが入れ替わります。

5 <保存>をクリックして、画面の指示に従いPDFを 保存します。

Q 435 ≫ Acrobat WebでPDFの ページをトリミングしたい!

A Acrobat Proから行います。

ページのトリミングは、Acrobat Webでは利用できま せん。画面の指示に従いAcrobat Proを起動します。

1 Q.429を参考に、「編集」画面を表示し、<ページ をトリミング>をクリックします。

2 Acrobatの起動の許可画面が表示されるので、<開 く>をクリックし、起動します。

3 <ツール>→<PDFを編集>の順にクリックし、トリ ミングしたいファイルを選択します。

4 <ページをトリミング>をクリックし、トリミングした い範囲をドラッグで指定して、境界線内をダブルク リックします。

5 <OK>をクリックします。

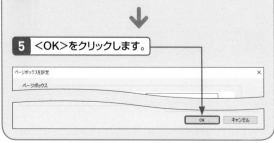

PDFとAcrobatの基本 1
表示と閲覧 2
印刷 3
編集と管理 4
作成と保護 5
校正とレビュー 6
フォームと署名 7
モバイル版 8
Document Cloud 9
Acrobat Web 10

Q 436 >> 編集　Acrobat Webで複数のPDFを1つに結合したい！

エディション　Standard　Pro　Reader

A 「編集」画面で<ファイルを結合>をクリックします。

Acrobat Webでは、複数のPDFを結合し、1つのPDFにして、新しいファイルとして保存することができます。ファイル名の変更も可能です。

1 Q.429を参考に、「編集」画面を表示します。

2 <ファイルを結合>をクリックし、ファイルを選択します。

↓

3 <ファイルを追加>をクリックし、結合したいファイルを選択します。

↓

4 ファイル名を入力します。

5 <結合>をクリックします。

↓

6 ファイルが結合されます。

Q 437 >> 編集　Acrobat WebでPDFを複数に分割したい！

エディション　Standard　Pro　Reader

A 「編集」画面で<PDFを分割>をクリックします。

Acrobat Webでは、1つのPDFを最大19本の分割線を選択することによって、複数の新しいPDFに分割することができます。

1 Q.429を参考に、「編集」画面を表示します。

2 <PDFを分割>をクリックし、ファイルを選択します。

↓

3 分割したい位置をクリックします。

↓

4 <続行>をクリックします。

↓

5 <保存>をクリックします。

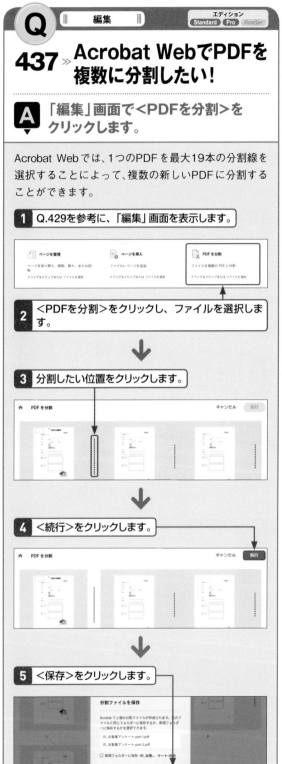

Q 438》 Acrobat WebでPDFの ページを削除したい！

編集　｜｜｜
エディション Standard Pro Reader

A 「編集」画面で＜ページを削除＞を クリックします。

Acrobat Webでは、不要なページなどを選択して削除 することができます。2ページ以上をまとめて削除す ることも可能です。

1 Q.429を参考に、「編集」画面を表示します。

2 ＜ページを削除＞をクリックし、ファイルを選択しま す。

3 削除したいページにマウスカーソルを合わせ、 を クリックします。

4 ページが削除されます。

5 ＜保存＞をクリックして、画面の指示に従いPDFを 保存します。

Q 439》 Acrobat Webで PDFを圧縮したい！

編集　｜｜｜
エディション Standard Pro Reader

A 「変換」画面で＜PDFを圧縮＞を クリックします。

Acrobat WebではPDFを圧縮してファイルサイズを小 さくすることが可能です。圧縮レベルは高圧縮、標準圧 縮、低圧縮から選択できます。

1 ホーム画面で、＜変換＞をクリックします。

2 ＜PDFを圧縮＞をクリックし、ファイルを選択しま す。

3 圧縮レベルを選択し、＜圧縮＞をクリックします。

4 PDFが圧縮されます。

PDFとAcrobatの基本 1
表示と閲覧 2
印刷 3
編集と管理 4
作成と保護 5
校正とレビュー 6
フォームと署名 7
モバイル版 8
Document Cloud 9
Acrobat Web 10

Q 440 » Acrobat WebでPDFの テキストと画像を編集したい！

A 「編集」画面で＜テキストと画像を編集＞をクリックします。

Acrobat Webでは、PDF内のテキスト内容の変更や、テキストの追加、画像の移動、大きさの変更などをすることができます。

1 Q.429を参考に、「編集」画面を表示します。

2 ＜テキストと画像を編集＞をクリックし、ファイルを選択します。

3 テキストや画像をクリックし、編集します。

4 ＜閉じる＞をクリックすると、編集した内容が保存されます。

Q 441 » Acrobat WebでPDFに コメントを追加したい！

A 「編集」画面で＜注釈を追加＞をクリックします。

Acrobat Webでは、PDFに注釈を追加することでコメントを表示させることができます。注釈にはノート注釈やテキスト、ハイライトなどさまざまな種類があります。

1 Q.429を参考に、「編集」画面を表示します。

2 ＜注釈を追加＞をクリックします。

3 コメントを追加したいファイルを選択し、＜続行＞をクリックします。

4 ファイルが表示されます。＜注釈を追加＞をクリックします。

5 メモの内容を入力し、＜投稿＞をクリックすると注釈が追加されます。

Q 442 ≫ Acrobat WebでPDFに ノート注釈を追加したい！

編集　エディション Standard Pro Reader

A ＜注釈を追加＞から 💬をクリックします。

Acrobat Webでは、ノート注釈を利用することで、ふせんのようにPDFにコメントを追加できます。注釈を付けたい位置をより詳細に決めることが可能です。

1 Q.441を参考に＜注釈を追加＞からファイルを表示します。

10周年大感謝祭

2 💬をクリックします。

3 ノート注釈を追加したい場所をクリックします。

4 注釈をダブルクリックします。

5 メモの内容を入力し、

6 ＜投稿＞をクリックします。

Q 443 ≫ Acrobat Webで テキストを追加したい！

編集　エディション Standard Pro Reader

A ＜注釈を追加＞から Ｔをクリックします。

＜注釈を追加＞では、PDFにテキストでの注釈を追加することができます。ノート注釈とは違い、PDFに書き込む形になります。テキストの色やサイズは変更が可能です。

1 Q.441を参考に＜注釈を追加＞からファイルを表示します。

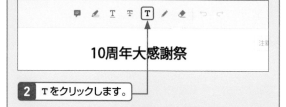

10周年大感謝祭

2 Ｔをクリックします。

3 テキストの色や大きさを設定します。

4 テキスト注釈を追加したい場所をクリックします。

5 テキストの内容を入力します。

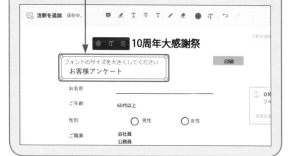

PDFとAcrobatの基本　1
表示と閲覧　2
印刷　3
編集と管理　4
作成と保護　5
校正とレビュー　6
フォームと署名　7
モバイル版　8
Document Cloud　9
Acrobat Web　10

Q 444 ≫ Acrobat Webで 追加した注釈を編集したい!

A ＜注釈を追加＞から 編集したい注釈をクリックします。

追加した注釈はいつでも内容を変更できます。また、＜返信を追加＞をクリックすると、注釈に返信することが可能です。

1 Q.441を参考に＜注釈を追加＞からファイルを表示します。

2 編集したい注釈をクリックします。

3 …→＜編集＞の順にクリックします。

4 注釈の内容を入力します。

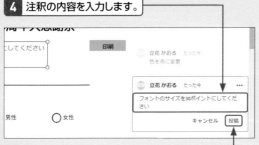

5 ＜投稿＞をクリックすると、編集した内容が保存されます。

Q 445 ≫ Acrobat Webで 注釈の色を変更したい!

A カラーパレットから 好きな色を選択します。

ノート注釈やテキスト注釈などの色は変更できます。色は18色の中から選択することが可能です。文書の色や重要度などで使い分ける場合に役立ちます。

1 Q.441を参考に＜注釈を追加＞からファイルを表示します。

2 色を変更したい注釈をクリックします。

3 ◉をクリックします。

4 カラーパレットから色を選択し、クリックします。

5 注釈の色が変更されます。

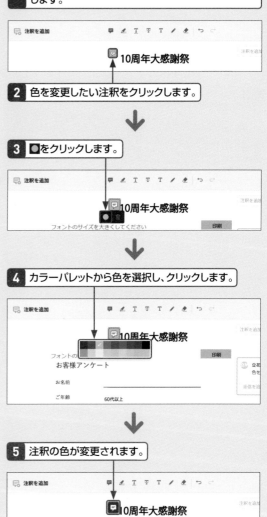

446 » Acrobat Webで追加した注釈を削除するには？

A ＜注釈を追加＞から🗑をクリックします。

追加した注釈は削除することができます。Q.444手順**3**で＜削除＞をクリックすることでも、注釈を削除することが可能です。なお、ほかのユーザーが追加した注釈の編集や削除はできません。

1 Q.441を参考に＜注釈を追加＞からファイルを表示します。

2 削除したい注釈をクリックします。

3 🗑をクリックします。

4 注釈が削除されます。

447 » Acrobat Webでテキストにハイライトを追加したい！

A ＜注釈を追加＞から🖊をクリックします。

テキストにハイライトを追加することで、テキストを目立たせることができます。ハイライトの注釈のメモも編集が可能です。

1 Q.441を参考に＜注釈を追加＞からファイルを表示します。

2 🖊をクリックします。

3 ハイライトを付けたいテキストをドラッグして選択します。

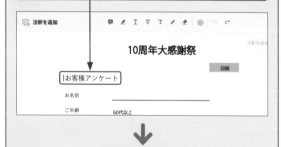

4 テキストにハイライトが追加されます。

5 注釈をダブルクリックすると、メモの内容を編集できます。

PDFとAcrobatの基本 1

表示と閲覧 2

印刷 3

編集と管理 4

作成と保護 5

校正とレビュー 6

フォームと署名 7

モバイル版 8

Document Cloud 9

Acrobat Web 10

Q 448 » [編集] Acrobat Webでテキストに取り消し線を追加したい!

エディション Standard Pro Reader

A <注釈を追加>から ꞙ をクリックします。

テキストに取り消し線を追加することで、テキストの修正の指示などを表示できます。注釈のメモも編集できるので、よりわかりやすく伝えることが可能です。

1 Q.441を参考に<注釈を追加>からファイルを表示します。

2 ꞙ をクリックします。

3 取り消し線を付けたいテキストをドラッグして選択します。

4 テキストに取り消し線が追加されます。

5 注釈をダブルクリックすると、メモの内容を編集できます。

Q 449 » [編集] Acrobat Webでテキストに下線を追加したい!

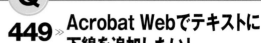

A <注釈を追加>から T をクリックします。

テキストに下線を追加することができます。下線の注釈のメモも編集できるので、ほかのユーザーにもわかりやすい注釈を作成することが可能です。

1 Q.441を参考に<注釈を追加>からファイルを表示します。

2 T をクリックします。

3 下線を付けたいテキストをドラッグして選択します。

4 テキストに下線が追加されます。

5 注釈をダブルクリックすると、メモの内容を編集できます。

Q 編集　エディション　Standard　Pro　Reader

450 » Acrobat Webで テキストをコピーしたい!

A ＜注釈を追加＞からテキストを ドラッグします。

Acrobat Webでは、PDF内のテキストをコピーすることができます。テキストはクリップボードにコピーされます。手順2の画面で、選択した範囲を右クリックし、＜テキストをコピー＞をクリックすることでもコピーができます。

1 Q.441を参考に＜注釈を追加＞からファイルを表示します。

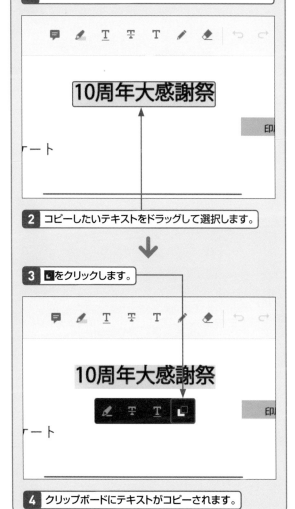

2 コピーしたいテキストをドラッグして選択します。

3 をクリックします。

4 クリップボードにテキストがコピーされます。

Q 編集　エディション　Standard　Pro　Reader

451 » Acrobat Webで 描画ツールを使いたい!

A ＜注釈を追加＞から ✏をクリックします。

Acrobat Webの描画ツールでは、PDFに描画することで注釈を追加することができます。また、ファイルを表示しているときにファイルを右クリックし、＜描画ツールを使用＞をクリックすることでも、描画することが可能です。

1 Q.441を参考に＜注釈を追加＞からファイルを表示します。

2 ✏をクリックします。

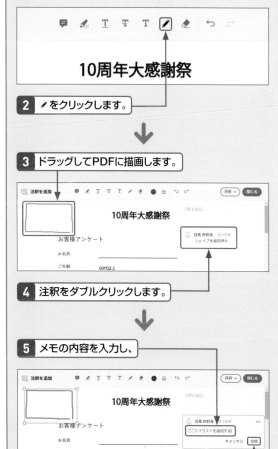

3 ドラッグしてPDFに描画します。

4 注釈をダブルクリックします。

5 メモの内容を入力し、

6 ＜投稿＞をクリックすると、編集した内容が保存されます。

Q 452 » Acrobat Webで PDFを表示するには?

表示　　エディション Standard Pro Reader

A 「文書」画面でPDFを クリックします。

ホーム画面で＜文書＞をクリックすると、Acrobat Web内のすべてのファイルが表示されます。ファイル をクリックすると、ファイルがフルスクリーンで表示 されます。PDFを表示したあとにダウンロードや印刷 などの操作をすることも可能です。

1 ホーム画面で＜文書＞をクリックします。

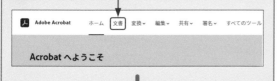

↓

2 Acrobat Web内のすべてのファイルが表示されま す。

3 表示したいPDFをクリックします。

↓

4 PDFが表示されます。

Q 453 » Acrobat Webで PDF内を検索するには?

表示　　エディション Standard Pro Reader

A PDFを表示して 🔍 をクリックします。

Acrobat Webでは、PDFなどの文書内を検索すること ができます。ページ数が多いPDFから必要な情報だけ を確認したい場合などに役立ちます。1つのファイル からだけでなく、Acrobat Web内のすべてのPDFから 検索することも可能です。

1 Q.452手順**4**の画面で、🔍 をクリックします。

↓

2 検索したい言葉を入力し、Enter キーを押します。

3 検索された言葉が赤く表示されます。

↓

4 もう一度 Enter キーを押すと、検索された言葉の 次の候補が表示されます。

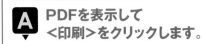

Q 454 » Acrobat WebでPDFを印刷したい！

A PDFを表示して＜印刷＞をクリックします。

Acrobat Webでは、PDFを印刷することができます。一般的な印刷と同様に、印刷する部数やページ、カラーといった設定を変更することが可能です。より詳細に設定したい場合は、手順**2**の画面で＜その他の設定＞をクリックします。

1 印刷したいPDFを表示し、🖨 をクリックします。

```
Q  共有  ↓  🖨  ⋯ | ✓ ? 🔔 ●

⊿感謝祭                      📝 編集
トにお答えいただ                テキストと画像を編集
ト！                          ページを整理
                             PDF を分割
                             テキスト認識
                             ページをトリミング

                           📝 注釈
                           🔄 変換
                           ✍ 署名
```

2 印刷のプレビューが表示されます。プリンターや部数などを設定します。

```
印刷
合計: 1 枚の用紙

プリンター
EPSONCA87C3 (PX-M7050 Se... ∨

部数
1

ページ
● すべて
○ 例: 1-5, 8, 11-13

カラー
カラー                ∨

両面印刷
片面印刷              ∨

その他の設定 ∨
システム ダイアログを使用して印刷 (Ctrl+Shift+P)
プリンターの問題のトラブルシューティング

印刷    キャンセル
```

3 ＜印刷＞をクリックすると、PDFが印刷されます。

Q 455 » Acrobat WebでPDFに書き込まれた注釈も印刷できる？

A PDFに書き込まれた注釈は印刷されます。

＜注釈を追加＞などを使用してPDFに書き込まれた注釈はすべて印刷されます。なお、印刷されるのはテキストや下線、描画などのPDF上に表示されている注釈のみで、注釈のメモの内容は印刷されないため注意が必要です。

1 印刷したいPDFを表示し、🖨 をクリックします。

```
Q  共有  ↓  🖨  ⋯ | ? 🔔 ●

10周年大感謝祭        📝 編集
                     テキストと画像を編集
              印刷    ページを整理
                     PDF を分割
                     テキスト認識
以上                  ページをトリミング

○ 男性   ○ 女性    📝 注釈
員                   🔄 変換
バイト                ✍ 署名
```

2 印刷のプレビューが表示されます。注釈などがプレビューに表示されていることを確認します。

```
印刷
合計: 2 枚の用紙

プリンター
EPSONCA87C3 (PX-M7050 Se... ∨

部数
1

ページ
● すべて
○ 例: 1-5, 8, 11-13

カラー
カラー                ∨

両面印刷
両面印刷              ∨

その他の設定 ∨
システム ダイアログを使用して印刷 (Ctrl+Shift+P)
プリンターの問題のトラブルシューティング

印刷    キャンセル
```

3 ＜印刷＞をクリックすると、PDFが印刷されます。

PDFとAcrobatの基本 1
表示と閲覧 2
印刷 3
編集と管理 4
作成と保護 5
校正とレビュー 6
フォームと署名 7
モバイル版 8
Document Cloud 9
Acrobat Web 10

PDFとAcrobatの基本

1

表示と閲覧

2

印刷

3

編集と管理

4

作成と保護

5

校正とレビュー

6

フォームと署名

7

モバイル版

8

Document Cloud

9

Acrobat Web

10

Q 変換 エディション Standard Pro Reader

456 » Acrobat WebでOfficeファイルをPDFに変換したい!

A Word、Excel、PowerPointをPDFに変換できます。

Acrobat Webでは、WordやExcel、PowerPointといったOfficeファイルをPDFに変換することができます。変換したあと、ファイルは自動保存されるため、Acrobat Webでいつでも確認することが可能です。

1 Q.439を参考に、「変換」画面を表示します。

2 <ExcelをPDFに>をクリックします。

3 ファイルを選択し、<続行>をクリックします。

4 選択したファイルがPDFに変換されます。

Q 変換 エディション Standard Pro Reader

457 » Acrobat WebでPDFをOfficeファイルに変換したい!

A PDFをWord、Excel、PowerPointに変換できます。

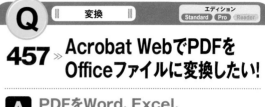

PDFをWordやExcel、PowerPointといったOfficeファイルに変換することができます。ファイルの種類によって、<PDFをWordに><PDFをExcelに><PDFをPPT>からクリックして選択します。

1 Q.439を参考に、「変換」画面を表示します。

2 <PDFをWordに>をクリックし、ファイルを選択します。

3 書き出し形式や文書の言語を設定します。

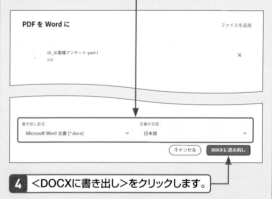

4 <DOCXに書き出し>をクリックします。

5 選択したファイルがWordに変換されます。

PDFとAcrobatの基本　1

表示と閲覧　2

印刷　3

編集と管理　4

作成と保護　5

校正とレビュー　6

フォームと署名　7

モバイル版　8

Document Cloud　9

Acrobat Web　10

Q 変換 エディション Standard Pro Reader

458» Acrobat WebでPDFをJPEGファイルに変換したい!

A 「変換」画面で<PDFをJPGに>をクリックします。

ファイルがPDFのままでは編集や利用ができない場合などに、Acrobat Webを利用して、JPEGファイルに書き出すことができます。

1 Q.439を参考に、「変換」画面を表示します。

2 <PDFをJPGに>をクリックし、ファイルを選択します。

3 形式や画質を設定します。

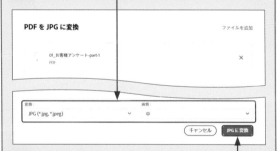

4 <JPGに変換>をクリックします。

5 <ダウンロード>をクリックすると、ファイルを確認できます。

Q 変換 エディション Standard Pro Reader

459» Acrobat WebでJPEGファイルをPDFに変換したい!

A 「変換」画面で<JPGをPDFに>をクリックします。

Acrobat Webでは、画像などのJPEGファイルからPDFを作成することができます。作成したPDFには、ほかのPDFと同様に注釈や署名などを追加することが可能です。

1 Q.439を参考に、「変換」画面を表示します。

2 <JPGをPDFに>をクリックします。

3 ファイルを選択し、<続行>をクリックします。

4 ファイルがPDFに変換されます。

Q 460 》 Acrobat WebでテキストファイルをPDFに変換したい！

A 「変換」画面で<PDFに変換>をクリックします。

Acrobat Webでは、OfficeファイルやJPEGファイルのほかにも、テキストファイルをPDFに変換することが可能です。ファイルは自動で保存されます。

1 Q.439を参考に、「変換」画面を表示します。

2 <PDFに変換>をクリックします。

3 ファイルを選択し、<続行>をクリックします。

4 ファイルがPDFに変換されます。

Q 461 》 Acrobat WebでPDFからテキストファイルを書き出したい！

A 「変換」画面で<PDFを書き出し>をクリックします。

PDFからテキストファイルを書き出すことができます。書き出すときに、文書の言語を設定することも可能です。

1 Q.439を参考に、「変換」画面を表示します。

2 <PDFを書き出し>をクリックします。

3 ファイルを選択し、書き出し形式の ⌄ をクリックします。

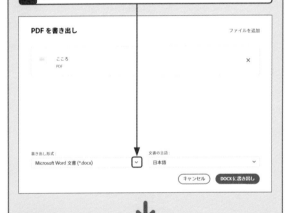

4 書き出し形式（ここでは<リッチテキスト形式>）を選択し、

5 <RTFに書き出し>をクリックします。

PDFとAcrobatの基本 1

表示と閲覧 2

印刷 3

編集と管理 4

作成と保護 5

校正とレビュー 6

フォームと署名 7

モバイル版 8

Document Cloud 9

Acrobat Web 10

Q 462 » 保護 | エディション Standard Pro Reader | Acrobat WebでPDFにパスワードを設定したい!

A 「共有」画面で＜PDFを保護＞をクリックします。

Acrobat Webでは、個人情報などが含まれるPDFに、＜PDFを保護＞からパスワードを設定することで、安全性を高めることができます。

1 ホーム画面で＜共有＞をクリックします。

2 ＜PDFを保護＞をクリックし、ファイルを選択します。

3 パスワードを入力し、＜パスワードを設定＞をクリックします。

4 パスワードが設定されます。

Q 463 » 保護 | エディション Standard Pro Reader | Acrobat Webで墨消しを追加するには？

A Acrobat Proを使用します。

墨消しとは、PDFから情報を削除することです。墨消しはAcrobat Webでは利用できません。Acrobat Proの起動の許可画面が表示されるので、指示に従って操作します。

1 Q.462を参考に「共有」画面を表示し、＜墨消し＞をクリックします。

2 Acrobat Proの起動の許可画面が表示されます。＜Acrobat Proを開く＞をクリックします。

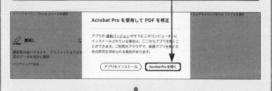

3 ファイルを選択し、墨消ししたい範囲をドラッグで選択して、＜適用＞をクリックします。

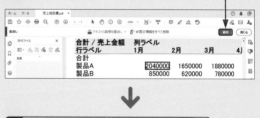

4 ＜OK＞→＜保存＞の順にクリックします。

PDFとAcrobatの基本 1
表示と閲覧 2
印刷 3
編集と管理 4
作成と保護 5
校正とレビュー 6
フォームと署名 7
モバイル版 8
Document Cloud 9
Acrobat Web 10

Q 464 フォーム ||| エディション Standard Pro Reader

Acrobat Webでフォームに入力するには?

A 「署名」画面で＜入力と署名＞をクリックします。

Acrobat Webでは、PDFのフォームに入力を行うことができます。なお、Acrobat DCで作成した、ラジオボタンやドロップダウンリストといった一部のフィールドはAcrobat Webでは認識されません。ラジオボタンなどを作成したい場合は、＜テンプレートを作成＞からフォームフィールドを追加します（Q.470参照）。

1 ホーム画面で＜署名＞をクリックします。

2 ＜入力と署名＞をクリックし、ファイルを選択します。

3 画面上部に入力のためのツールが表示されます。

4 |Abをクリックします。

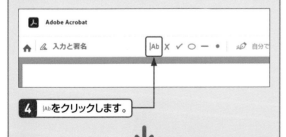

5 入力したい位置をクリックし、内容を入力します。

Q 465 フォーム ||| エディション Standard Pro Reader

Acrobat Webでフォームに署名を追加したい!

A 「署名」画面で＜署名を追加＞をクリックします。

Acrobat Webでは、フォームに署名を追加することができます。

1 Q.464を参考に、「署名」画面を表示します。

2 ＜入力と署名＞をクリックし、ファイルを選択します。

3 ＜自分で署名＞をクリックし、PDFに追加したい署名（ここでは＜K.T＞）を選択します。

4 署名を追加したい位置をクリックすると、署名が追加されます。

5 ＜OK＞をクリックします。

Q 466 》 Acrobat Webでフォームに追加した署名を移動したい！

エディション　Standard　Pro　Reader
フォーム

A 署名をドラッグして移動します。

フォームに追加した署名やイニシャルはドラッグすることで移動ができます。署名やイニシャルの大きさを変更することも可能です。フォームに合うように調整しましょう。

1 Q.465手順4の画面で、移動したい署名をクリックします。

2 署名をドラッグして移動します。

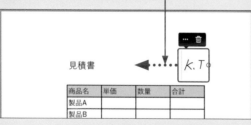

3 ◇ をドラッグすると、署名の大きさを変更することができます。

Q 467 》 Acrobat Webでフォームに追加した署名を削除したい！

エディション　Standard　Pro　Reader
フォーム

A PDFを保存する前であれば 🗑 をクリックして削除できます。

フォームに追加した署名は、PDFを保存する前であれば削除することが可能です。署名を削除する前に、＜共有＞または＜閉じる＞をクリックすると入力した情報を変更したり削除したりできなくなるため、注意が必要です。＜共有＞＜閉じる＞をクリックするまでは、編集することができます。

1 Q.465手順4の画面で、削除したい署名をクリックします。

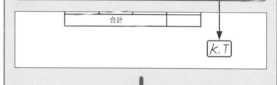

2 🗑 をクリックします。

商品名	単価	数量	合計
製品A			
製品B			
製品C			
合計			

K. T

3 署名が削除されます。

見積書

商品名	単価	数量	合計
製品A			
製品B			
製品C			
合計			

Q 468 » Acrobat Webで入力した フォームを送信したい！

エディション Standard Pro Reader

A ＜共有＞をクリックして 送信方法を選択します。

入力済みのフォームはリンクの取得や、コピーの送信、コピーのダウンロードなど、さまざまな方法で共有することができます。なお、Acrobat Reader では手順**3**の画面で＜リンクを取得＞→＜リンクを作成＞の順にクリックし、作成されたリンクをコピーして、メールなどに貼り付けて送信します。

1 Q.464を参考に、フォームに入力します。

2 ＜共有＞をクリックします。

Acrobat DC デスクトップをダウンロード
|Ab X ✓ ○ — ●　♪⬤ 自分で署名　署名を依頼　共有 ∨　閉じる

3 ＜コピーを送信＞をクリックします。

Acrobat DC デスクトップをダウンロード
|Ab X ✓ ○ — ●　♪⬤ 自分で署名　署名を依頼　共有　閉じる

お客様アンケート

リンクを取得
コピーを送信
署名を依頼
コピーをダウンロード

4 送信先のメールアドレスやメッセージを入力します。

どのようにファイルを送信しますか？　×

Q 電子メールアドレスを入力…

@gmail.com ×

お客様アンケート

個人的なメッセージを入力 (オプション)

POWERED BY
Adobe Sign　送信

5 ＜送信＞をクリックします。

Q 469 » Acrobat Webでフォームの テンプレートを作成するには？

エディション Standard Pro Reader

A 「共有」画面で＜テンプレートを 作成＞をクリックします。

頻繁に送信する文書にフォームフィールドを追加しテンプレートを作成しておくと、毎回フォームフィールドを追加する手間が省けて効率化できます。

1 Q.462を参考に、「共有」画面を表示します。

テンプレートを作成
他の人に署名前に追加できる再利用可能な文書を作成

2 ＜テンプレートを作成＞をクリックします。

3 テンプレート名を入力し、ファイルを選択します。

テンプレート名
会議用資料

ファイル*　ファイルを追加

⬤ 売上報告書.pdf　×

ここに追加のファイルをドラッグ

プレビューおよびフィールドを追加

4 ＜プレビューおよびフィールドを追加＞をクリックします。

5 フォームフィールドを追加し、＜保存＞をクリックします。

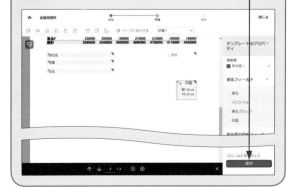

Q 470 » Acrobat Webでフォームにフィールドを追加したい！

A 「テンプレートのプロパティ」からフォームフィールドをドラッグします。

Acrobat Webでも、文書にフォームフィールドを追加することができます。追加したフォームフィールドはドラッグすることで移動が可能です。

1 Q.469を参考に＜テンプレートを作成＞からファイルを表示します。

2 「テンプレートのプロパティ」からフォームフィールドをドラッグし、追加したい位置まで移動します。

3 ドロップすると、文書にフォームフィールドが追加されます。

4 フォームフィールドをドラッグします。

5 フォームフィールドが移動します。

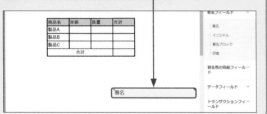

Q 471 » Acrobat Webでフォームのフィールドの大きさを変更したい！

A ドラッグして大きさを変更します。

文書に追加したフォームフィールドは自由に大きさを変更することができます。フォームフィールドの内容や文書のレイアウトに合わせて調整しましょう。

1 Q.470を参考にファイルにフォームフィールドを追加します。

2 大きさを変更したいフォームフィールドにマウスカーソルを合わせます。

3 フォームフィールドの右下に表示される ⌟ をドラッグします。

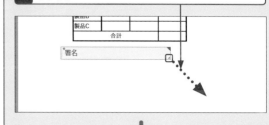

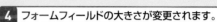

4 フォームフィールドの大きさが変更されます。

1 PDFとAcrobatの基本

2 表示と閲覧

3 印刷

4 編集と管理

5 作成と保護

6 校正とレビュー

7 フォームと署名

8 モバイル版

9 Document Cloud

10 Acrobat Web

Q 472 » Acrobat Webでフォームの フィールドを削除したい！

エディション Standard Pro Reader
フォーム

A 右クリックして＜削除＞を クリックします。

追加したフォームフィールドや、ファイルを読み込んだ際に検出されたフォームフィールドは削除できます。手順**3**の画面で＜編集＞→＜フィールドを削除＞の順にクリックすることでも、フォームフィールドを削除することが可能です。

1 Q.470を参考にファイルにフォームフィールドを追加します。

見積書

商品名	単価	数量	合計
製品A			
製品B			
製品C			
合計			

署名

2 削除したいフォームフィールドを右クリックします。

3 ＜削除＞をクリックします。

商品名	単価	数量	合計
製品A			
製品B			
製品C			
合計			

署名

フィールドをコピー
✎ 編集
🗑 削除

4 フォームフィールドが削除されます。

見積書

商品名	単価	数量	合計
製品A			
製品B			
製品C			
合計			

Q 473 » Acrobat Webで 署名を依頼するには？

エディション Standard Pro Reader
フォーム

A 「署名」画面で＜署名を依頼＞を クリックします。

Acrobat Webでは、PDFをほかのユーザーに署名してもらうことができます。PDFにはメッセージの添付も可能です。なお、無料版では署名を依頼できる回数に制限があります。

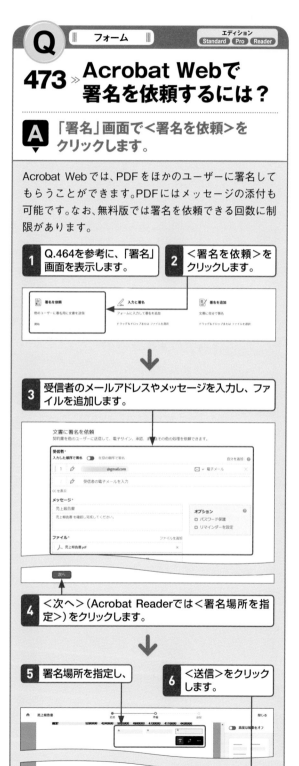

1 Q.464を参考に、「署名」画面を表示します。 **2** ＜署名を依頼＞をクリックします。

📝 署名を依頼
他のユーザーに署名し同じ文書を送信

✎ 入力と署名
フォームに入力して署名を追加
ドラッグ＆ドロップまたは ファイルを選択

📝 署名を追加
文書に自分で署名
ドラッグ＆ドロップまたは ファイルを選択

3 受信者のメールアドレスやメッセージを入力し、ファイルを追加します。

文書に署名を依頼
契約書を他のユーザーに送信して、電子サイン、承認、またはその他の処理を依頼できます。

受信者*
入力した順序で署名 ○ 任意の順序で署名 自分を追加 ❓

1 ✎ @gmail.com ✉ ∨ 電子メール ✕

✎ 受信者の電子メールを入力

CCを表示

メッセージ*
売上報告書

売上報告書を確認し完成してください。

オプション ❓
□ パスワード保護
□ リマインダーを設定

ファイル* ファイルを追加
📄 売上報告書.pdf ✕

次へ

4 ＜次へ＞（Acrobat Readerでは＜署名場所を指定＞）をクリックします。

5 署名場所を指定し、 **6** ＜送信＞をクリックします。

🏠 売上報告書 閉じる
高度な編集をオフ

2 /3 ⊖ ⊕ 戻る 送信
進行状況を保存

PDFとAcrobatの基本　1

表示と閲覧　2

印刷　3

編集と管理　4

作成と保護　5

校正とレビュー　6

フォームと署名　7

モバイル版　8

Document Cloud　9

Acrobat Web　10

Q 共有　エディション Standard Pro Reader

474 » Acrobat Webで ファイルを共有するには?

A 「共有」画面で＜共有＞を クリックします。

Acrobat Webでは、ファイルをほかのユーザーと共有することができます。共有にはファイルへのリンクを取得する方法と、メールアドレスを入力してファイルを送信する方法があります（Q.413〜414参照）。

1 Q.462を参考に「共有」画面を表示し、＜共有＞をクリックして、ファイルを選択します。

2 ＜リンクを作成＞をクリックすると、ファイルへのリンクを取得できます。

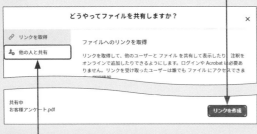

3 ＜他の人と共有＞をクリックします。

4 メールアドレスを入力し、＜送信＞をクリックすると、ファイルが送信されます。

Q 共有　エディション Standard Pro Reader

475 » Acrobat Webでほかのユーザーが コメントできないようにしたい!

A 「コメントを許可」の チェックを外します。

「コメントを許可」のチェックを外して共有をした場合、共有されたユーザーはPDFにコメントを追加できません。

1 Q.462を参考に「共有」画面を表示します。

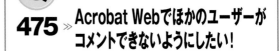

2 ＜共有＞をクリックし、ファイルを選択します。

3 「コメントを許可」の ☑ をクリックして □ にし、

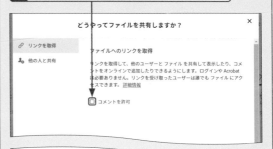

4 ＜リンクを作成＞をクリックして、Q.414を参考にファイルを共有します。

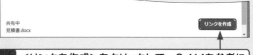

5 共有されたファイルには、コメントを追加することができません。

<table>
</table>

左端の縦書きタブ:

PDFとAcrobatの基本 1 / 表示と閲覧 2 / 印刷 3 / 編集と管理 4 / 作成と保護 5 / 校正とレビュー 6 / フォームと署名 7 / モバイル版 8 / Document Cloud 9 / Acrobat Web 10

左カラム

Q ‖ 共有 ‖ エディション Standard Pro Reader

476 » Acrobat Webで共有した ファイルの状況を確認するには？

A 「文書」画面で＜自分が共有＞を クリックします。

共有されたすべてのファイルは、さまざまな情報とともに表示することができます。ファイルを共有しているユーザーの名前や、共有したあとにファイルを表示したユーザーの人数、ファイルが最後に編集された日時などを確認できます。手順2の画面で＜他のユーザーが共有＞をクリックした場合、ほかのユーザーが共有したすべてのファイルと情報が表示されます。

1 ホーム画面で＜文書＞をクリックします。

Adobe Acrobat　ホーム　文書　変換∨　編集∨　共有∨　署名∨　すべてのツール

Acrobat へようこそ

2 ＜自分が共有＞をクリックします。

Adobe Acrobat　ホーム　文書　変換∨　編集∨　共有∨　署名∨　すべてのツール

ファイル
スター付き
自分が共有
他のユーザーが共有

すべての契約書
処理中 (2)
未返答 (0)

ファイル
□　名前
　　Adobe Scan フォルダー
　　お客様アンケート.pdf PDF
　　見積書.pdf PDF

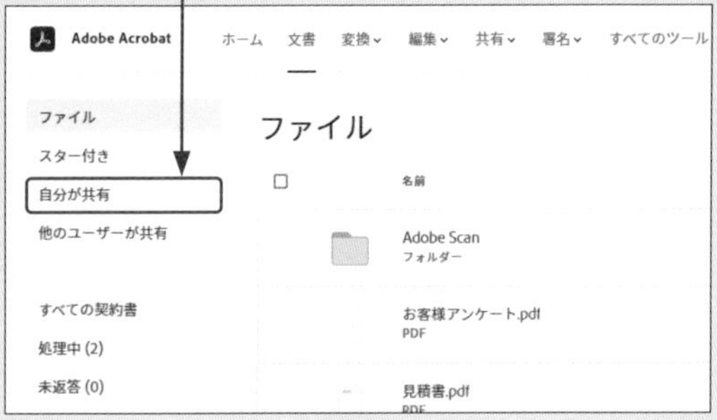

3 共有されたすべてのファイルが表示されます。

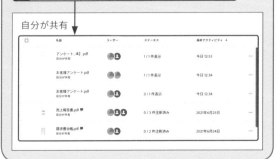

自分が共有

□	名前	ユーザー	ステータス	最終アクティビティ ↓
	アンケート_本】.pdf 自分が共有		1/1 件表示	今日 12:53
	お客様アンケート.pdf 自分が共有		1/1 件表示	今日 12:34
	お客様アンケート.pdf 自分が共有		0/1 件表示	今日 12:34
	売上報告書.pdf 自分が共有		0/3 件注釈済み	2021年6月25日
	請求書B.pdf 自分が共有		0/2 件注釈済み	2021年6月24日

右カラム

Q ‖ 共有 ‖ エディション Standard Pro Reader

477 » Acrobat Webで共有された ファイルを閲覧するには？

A 「文書」画面で＜他のユーザーが 共有＞をクリックします。

Acrobat Web では、ほかのユーザーから共有されたファイルをまとめて表示できます。ファイルをクリックすると閲覧が可能です。

1 ホーム画面で＜文書＞をクリックします。

Adobe Acrobat　ホーム　文書　変換∨　編集∨　共有∨　署名∨　すべてのツール

Acrobat へようこそ

2 ＜他のユーザーが共有＞をクリックします。

Adobe Acrobat　ホーム　文書　変換∨　編集∨　共有∨　署名∨　すべてのツール

ファイル
スター付き
自分が共有
他のユーザーが共有

ファイル
□　名前
　　Adobe Scan フォルダー

3 ほかのユーザーから共有されたファイルが表示されます。

他のユーザーが共有

□	名前	ユーザー	ステータス
	見積書.pdf 鈴木 と共有		1/2 件注釈済み

4 閲覧したいファイルをクリックします。

5 ファイルが表示されます。

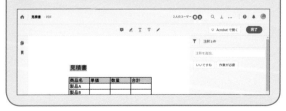

見積書　PDF　　　　　2人のユーザー　　　Acrobatで開く　完了

見積書

商品名	単価	数量	合計
製品A			
製品B			

282

Q 478 » Acrobat Webで共有した ファイルのコメントを確認するには?

A ファイルを表示するとコメントを 確認できます。

共有されたファイルを表示すると、そのファイルに追加されたコメントも確認することができます。コメントには返信を追加することができます。

1 Q.452を参考にホーム画面で＜文書＞をクリックし、ファイルを表示します。

2 ＜他のユーザーが共有＞をクリックします。

3 コメントを確認したいファイルをクリックします。

4 コメントが表示されます。

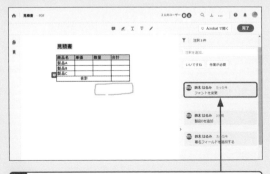

5 コメントをクリックすると、コメントに対する返信を追加できます。

Q 479 » Acrobat Webで共有した ファイルを削除したい!

A ＜共有ファイルを削除＞を クリックします。

共有したファイルが不要になった場合、ファイルを削除することができます。削除したファイルは共有しているユーザーのフォルダからも削除されます。なお、手順**3**の画面で＜ファイルの共有を解除＞をクリックすると、ファイルが残ったまま共有が解除されます。

1 Q.417を参考に自分が共有したファイルを表示します。

2 削除したいファイルにマウスカーソルを合わせ、…をクリックします。

3 ＜共有ファイルを削除＞をクリックします。

4 ＜削除＞をクリックします。

お問い合わせについて

本書に関するご質問については、本書に記載されている内容に関するもののみとさせていただきます。本書の内容と関係のないご質問につきましては、一切お答えできませんので、あらかじめご了承ください。また、電話でのご質問は受け付けておりませんので、必ず FAX か書面にて下記までお送りください。

なお、ご質問の際には、必ず以下の項目を明記していただきますようお願いいたします。

1 お名前
2 返信先の住所または FAX 番号
3 書名（今すぐ使えるかんたん　PDF & Acrobat　完全ガイドブック　困った解決 & 便利技）
4 本書の該当ページ
5 ご使用の OS のバージョンと Acrobat の種類
6 ご質問内容

なお、お送りいただいたご質問には、できる限り迅速にお答えできるよう努力いたしておりますが、場合によってはお答えするまでに時間がかかることがあります。また、回答の期日をご指定なさっても、ご希望にお応えできるとは限りません。あらかじめご了承くださいますよう、お願いいたします。

問い合わせ先

〒 162-0846
東京都新宿区市谷左内町 21-13
株式会社技術評論社　書籍編集部
「今すぐ使えるかんたん　PDF & Acrobat　完全ガイドブック　困った解決 & 便利技」質問係
FAX 番号　03-3513-6167
URL：https://book.gihyo.jp/116

■ お問い合わせの例

FAX

1 お名前

技術　太郎

2 返信先の住所または FAX 番号

03-XXXX-XXXX

3 書名

今すぐ使えるかんたん
PDF & Acrobat
完全ガイドブック
困った解決 & 便利技

4 本書の該当ページ

66 ページ、Q.087

5 ご使用の OS のバージョンと Acrobat の種類

Windows 10
Acrobat Pro DC

6 ご質問内容

手順 3 の画面が
表示されない

質問の際にお送り頂いた個人情報は、質問の回答に関わる作業にのみ利用します。回答が済み次第、情報は速やかに破棄させて頂きます。

今すぐ使えるかんたん
PDF & Acrobat　完全ガイドブック
困った解決 & 便利技

2021 年 9 月 23 日　初版　第 1 刷発行

著　者●リンクアップ
発行者●片岡　巌
発行所●株式会社 技術評論社
　　　　東京都新宿区市谷左内町 21-13
　　　　電話　03-3513-6150　販売促進部
　　　　　　　03-3513-6160　書籍編集部
カバーデザイン●志岐デザイン事務所（岡崎　善保）
本文デザイン／ DTP ●リンクアップ
編集●リンクアップ
担当●田中　秀春
製本／印刷●大日本印刷株式会社

定価はカバーに表示してあります。

ISBN978-4-297-12293-5 C3055
Printed in Japan